Vom Calculus zum Chaos

von
David Acheson

Oldenbourg Verlag München Wien

Autorisierte Übersetzung der englischsprachigen Originalausgabe, erschienen im Verlag Oxford University Press, Great Clarendon Street, Oxford OX2 6DP, unter dem Titel *From Calculus to Chaos, An Introduction to Dynamics.*

© 1997 David Acheson

Übersetzung von Martin Reck

Die Deutsche Bibliothek - CIP-Einheitsaufnahme

Acheson, David:
Vom Calculus zum Chaos / von David Acheson. [Übers. von Martin Reck]. – Autoris. Übers. – München ; Wien : Oldenbourg, 1999
  Einheitssacht.: From calculus to chaos <dt.>
  ISBN 3-486-24833-2

© 1999 Oldenbourg Wissenschaftsverlag GmbH
Rosenheimer Straße 145, D-81671 München
Telefon: (089) 45051-0, Internet: http://www.oldenbourg.de

Lektorat: Martin Reck
Herstellung: Rainer Hartl
Umschlagkonzeption: Kraxenberger Kommunikationshaus, München
Gedruckt auf säure- und chlorfreiem Papier
Gesamtherstellung: R. Oldenbourg Graphische Betriebe GmbH, München

Vorwort

Dieses Buch ist eine Einführung in einige der interessantesten Anwendungen des Calculus (das heißt der Differentialrechnung, d. Ü.), die seit Newton in der Physik gemacht wurden. Im wesentlichen handelt es sich dabei um Probleme aus der Dynamik, also um Fragen danach, wie und warum sich Dinge mit der Zeit ändern.

Der neuartige Zugang wird, so hoffe ich, das Thema für eine breite Leserschaft interessant machen,

- für Studierende der Mathematik und anderer Naturwissenschaften,
- für naturwissenschaftlich interessierte Schüler der Oberstufe,
- für Lehrende aus dem Bereich Mathematik und Naturwissenschaften und
- ganz allgemein für alle Leserinnen oder Leser, die sich durch ein paar Formeln nicht abschrecken lassen.

Voraussetzung sind lediglich Grundkenntnisse in der Differentialrechnung.

Mit diesem Buch möchte ich Menschen helfen, einige wirklich bemerkenswerte Anwendungen der Mathematik zu verstehen und an der Problematik Spaß zu finden. Dazu werde ich mit einfachen Beispielen in aufregende Entdeckungen und Ergebnisse einführen, ohne die dahinterstehenden zentralen Ideen in einer Flut von Details untergehen zu lassen. So werden wir zügig von den ersten Grundüberlegungen zur Forschungsspitze gelangen.

Ebenfalls neu ist die Art und Weise, wie der Computer zum Verständnis der Materie eingesetzt wird. Selbstverständlich kann man alle Ergebnisse, die im Buch vorgestellt werden, einfach so hinnehmen. Das Buch eröffnet jedoch jedem, der Zugang zu einem PC hat, die Chance, auch ohne Vorkenntnisse in Programmierung die Dynamik mittels PC zu erkunden. Ermöglicht wird das durch eine praxisnahe Programmieranleitung und viele Programmbeispiele.

Während ich an diesem Buch arbeitete, erhielt ich viele hilfreiche Ratschläge von potentiellen Lesern und Leserinnen, sowohl von Lehrenden als auch von Studierenden aus dem Schul- und Hochschulbereich. Insbesondere möchte ich folgenden Personen danken: Julian Addison, Ian Aitchison, Arthur Barnes, Andrew Bassom, Peter Clifford, Stephen Cox, David Crighton, Tom Evans, John Gittins, Sarah Hennell, Raymond Hide, David Hughes, Mark Mathieson, Janet Mills, Tom Mullin, Paul Newton, Howell

Peregrine, John Roe, Helen Sansom und Dan Waterhouse, sie gaben mir wertvolle Hinweise zu einzelnen Kapiteln und zum ganzen Buch. Mein besonderer Dank geht an die Studierenden des Jesus College und Keble College, die die vielen Entwürfe testeten und mich mit Vorschlägen und Ermutigungen unterstützten.

Inhaltsverzeichnis

1 Einleitung

1.1 Die Anfänge der Mechanik

Im August 1684 reiste der Astronom Edmund Halley nach Cambridge. Er hoffte, in einem Gespräch mit Newton wichtige Impulse zur Lösung der Planetenbewegung zu erhalten – einem zentralen wissenschaftlichen Problem der damaligen Zeit.

Man wußte bereits, daß sich jeder Planet auf einer Ellipse um die Sonne bewegt. Man vermutete weiterhin, daß die Sonne eine Schwerkraft auf die Planeten ausübt, die proportional zu $1/r^2$ ist, wobei r den Abstand zwischen Planet und Sonne bezeichnet. Offen war allerdings, ob sich die Form der Planetenbahnen aus der Form der Schwerkraft herleiten läßt.

Ein Zeitgenosse berichtete über das Treffen zwischen Dr. Halley und Newton wie folgt:

... nachdem Sie eine Zeitlang zusammen waren, fragte der Doktor ihn, wie wohl die Bahn eines Planeten aussehen würde, vorausgesetzt, er würde eine Kraft in Richtung Sonne erfahren, die umgekehrt proportional zum Quadrat seiner Entfernung zu ihr ist. Herr Isaac antwortete darauf, es wäre eine Ellipse. Der Doktor war erstaunt und erfreut und fragte, woher er das wisse. ,Nun', sagte er, ,ich habe es ausgerechnet ...'

Diese Erkenntnis sollte sich als einer der großen Fortschritte in der Wissenschaft erweisen.

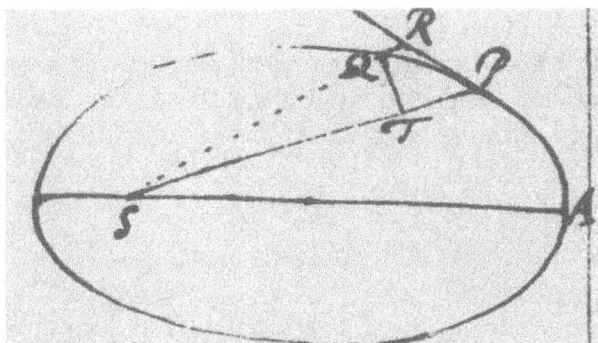

Abbildung 1.1: Eine Skizze zur Planetenbewegung aus Newtons unveröffentlichtem Manuskript *De Motu Corpurem in gyrum* (1684). Der sich bewegende Punkt *P* steht für einen Planeten, der feste Punkt *S* für die Sonne (Cambridge University Library).

Abbildung 1.2: Isaac Newton (1642–1727).

Bevor wir tiefer einsteigen, wollen wir uns an einem einfachen Beispiel anschauen, wie ein Problem der Mechanik heute typischerweise gelöst wird.

Wir nehmen an, eine Kugel der Masse m wird in der Höhe h mit einer Geschwindigkeit v horizontal abgeschossen (siehe Abbildung 1.3). Die Schwerkraft wird die Kugel von ihrer geraden Bahn ablenken. Gefragt wird nun nach der sich daraus ergebenden Bewegung.

Wir spannen ein Koordinatensystem (x, y) auf und zerlegen das Grundgesetz der Mechanik

$$\text{Kraft} = \text{Masse} \times \text{Beschleunigung} \tag{1.1}$$

in eine x- und eine y-Komponente. Wenn wir die Luftreibung vernachlässigen, sind in diesem Fall die Komponenten der Kraft gleich 0 und $-mg$. Die Komponenten der

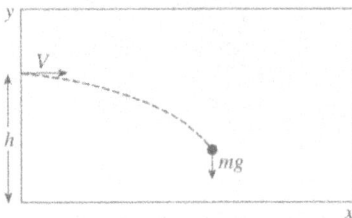

Abbildung 1.3: Vereinfacht dargestellte Flugbahn eines Geschosses.

Beschleunigung sind d^2x/dt^2 und d^2y/dt^2. Wir erhalten also als Differentialgleichung der Bewegung

$$m\frac{d^2x}{dt^2} = 0, \qquad m\frac{d^2y}{dt^2} = -mg. \tag{1.2}$$

Wir versuchen nun, die Aufgabe unter den hier gegebenen Anfangsbedingungen

$$\left.\begin{array}{ll} x = 0, & y = h \\[2mm] \dfrac{dx}{dt} = V, & \dfrac{dy}{dt} = 0 \end{array}\right\} \quad \text{bei} \quad t = 0 \tag{1.3}$$

zu lösen.

Das Problem ist glücklicherweise recht einfach. Durch Integration der rechten Gleichung von (1.2) erhält man

$$\frac{dy}{dt} = -gt + c.$$

c ist die Integrationskonstante. Aus der Anfangsbedingung $dy/dt = 0$ bei $t = 0$ folgt, daß c gleich null ist. Erneute Integration ergibt

$$y = -\frac{1}{2}gt^2 + d.$$

Die Integrationskonstante d muß dabei gleich h sein, damit die Anfangsbedingung $y = h$ bei $t = 0$ erfüllt wird:

$$y = h - \frac{1}{2}gt^2. \tag{1.4}$$

Auf ähnliche Weise finden wir durch Integration der linken Seite von (1.2), daß

$$x = Vt. \tag{1.5}$$

Durch Eliminierung der Zeit aus den Gleichungen (1.4) und (1.5) erhält man die Bahn der Kugel als

$$y = h - \frac{1}{2}g\frac{x^2}{V^2}. \tag{1.6}$$

Die Bewegung beschreibt eine Parabel, wie Galileo bereits um das Jahr 1609 durch Experimente herausfand (siehe Abbildung 1.4).

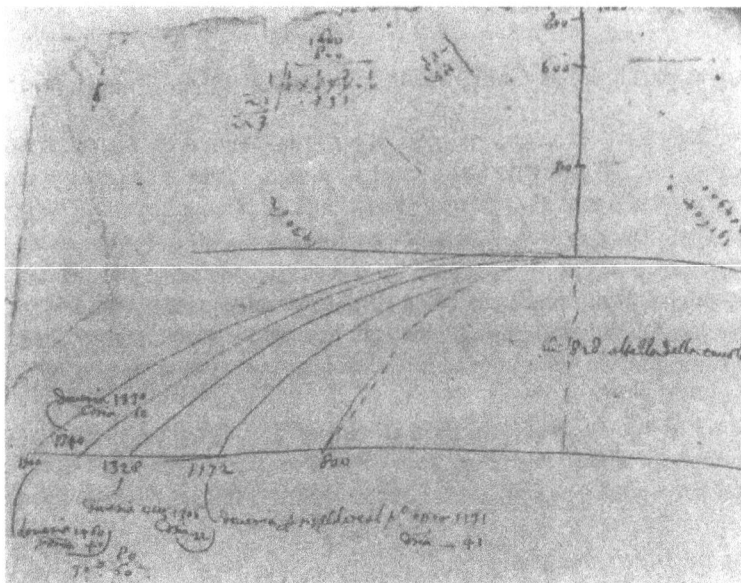

Abbildung 1.4: Um das Jahr 1609 machte Galileo Fallexperimente mit Kugeln, die verschiedene horizontale Anfangsgeschwindigkeiten besaßen. In den Flugbahnen erkannte er Parabeln. Das abgebildete Fragment stammt von dem Blatt 116v aus seinen Aufzeichnungen zur Bewegung, die in der Biblioteca Nazionale Centrale in Florenz aufbewahrt werden.

Abbildung 1.5: Leonhard Euler (1707 – 1783)

Newtons *Principia* aus dem Jahre 1687 gilt zurecht als Meisterwerk der Wissenschaft. Wer aber einmal hineingeschaut hat, weiß, daß sie keine Spur der Differentialgleichungen wie (1.2) oder einen Teil ihrer Herleitung enthält. Die Infinitesimalrechnung war noch in einem sehr frühen Stadium, und Newtons Ansatz war eine eher intuitive Übertragung klassischer Geometrie auf die Mechanik (siehe Abbildung 1.1).

Erst etwa 60 Jahre später hat Leonhard Euler (1707 – 1783) in verschiedenen Schriften einen Ansatz dargelegt, wie wir ihn oben verwendet haben.

Euler war der brillanteste Mathematiker des 18. Jahrhunderts. Er war äußerst produktiv und schrieb gut 800 Abhandlungen und einige hervorragende Lehrbücher. In einer Abhandlung aus dem Jahre 1749 findet sich nicht nur zum ersten Mal die Gleichung (1.2) sondern die allgemeine Bewegungsgleichung für einen einzelnen Massepunkt in drei Dimensionen (siehe auch Abbildung 1.6):

$$m\frac{\mathrm{d}^2x}{\mathrm{d}t^2} = F_x, \qquad m\frac{\mathrm{d}^2y}{\mathrm{d}t^2} = F_y, \qquad m\frac{\mathrm{d}^2z}{\mathrm{d}t^2} = F_z. \tag{1.7}$$

Kraft und Beschleunigung wurden in drei zueinander senkrecht stehende Komponenten aufgespalten, die parallel zu den Koordinatenachsen liegen. Dies scheint heute eine Selbstverständlichkeit, damals war die Idee jedoch neu und bedeutete einen erheblichen Fortschritt.

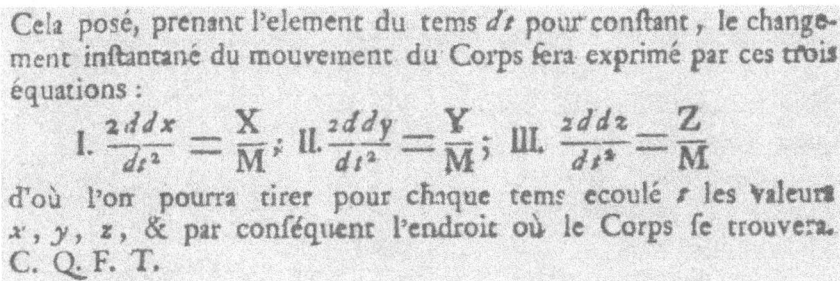

Cela posé, prenant l'element du tems dt pour conſtant, le change-ment inſtantané du mouvement du Corps ſera exprimé par ces trois équations :

I. $\frac{2\,ddx}{dt^2} = \frac{X}{M}$; II. $\frac{2\,ddy}{dt^2} = \frac{Y}{M}$; III. $\frac{2\,ddz}{dt^2} = \frac{Z}{M}$

d'où l'on pourra tirer pour chaque tems ecoulé t les valeurs x, y, z, & par conſéquent l'endroit où le Corps ſe trouvera. C. Q. F. T.

Abbildung 1.6: Die Differentialgleichungen der Bewegung eines Massepunktes finden sich erstmals in einer Veröffentlichung Eulers in den *Mémoires de l'Académie des Sciences*, Berlin 1749.

So entwickelte sich im Laufe des 18. Jahrhunderts allmählich die Vorstellung, daß in der Formulierung und anschließenden Lösung geeigneter Differentialgleichungen ein wesentlicher Schlüssel zum Verständnis der Natur liegt.

1.2 Vom Calculus zum Chaos

In diesem Buch werden einige der wichtigen Anwendungen des ‚Calculus' (oder wie man heute sagt: der Infinitesimalrechnung) von der Zeit Newtons bis zur Gegenwart skizziert. Zwar ist die Gliederung des Buches im wesentlichen chronologisch, das heißt, jüngere Entwicklungen sind eher weiter hinten zu finden, die Priorität lag aber darauf, in den Kapiteln jeweils ein einzelnes Thema einigermaßen abschließend zu behandeln. Das Buch gliedert sich in folgende Kapitel:

Ein kurzer Überblick über die Infinitesimalrechnung

Wir beginnen damit, grundlegende Ergebnisse der Infinitesimalrechnung darzustellen, die später im Buch benötigt werden.

Gewöhnliche Differentialgleichungen

Wir zeigen einige einfache Methoden zur Lösung von Differentialgleichungen. Das führt uns zu der Unterscheidung von linearen Differentialgleichungen wie zum Beispiel

$$\frac{\mathrm{d}^2 x}{\mathrm{d}t^2} + x = 0$$

und nicht-linearen Differentialgleichungen Letztere sind im allgemeinen schwieriger zu lösen und ihre Lösungen sind vielfältiger und manchmal überraschend.

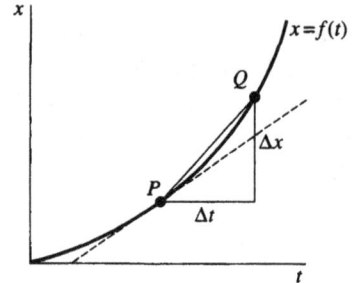

nicht-linear:
$$\frac{\mathrm{d}^2 x}{\mathrm{d}t^2} + x^3 = 0$$

Numerische Verfahren

Die Idee besteht darin, die fragliche Differentialgleichung in Differenzengleichungen umzuwandeln, so daß aus dem alten Wert für x zum Zeitpunkt t ein ‚neuer' Wert für den Zeitpunkt $t + \Delta t$ berechnet wird. Diesen Rechenschritt führt ein Computer aus. Mit einer DO...LOOP-Anweisung wird der Schritt beliebig oft wiederholt. Der einfachste Ansatz dieser Art stammt von Euler aus dem Jahre 1768 und verwendet die recht grobe Näherung

$$\frac{\mathrm{d}x}{\mathrm{d}t} \approx \frac{x_{\mathrm{neu}} - x_{\mathrm{alt}}}{\Delta t}.$$

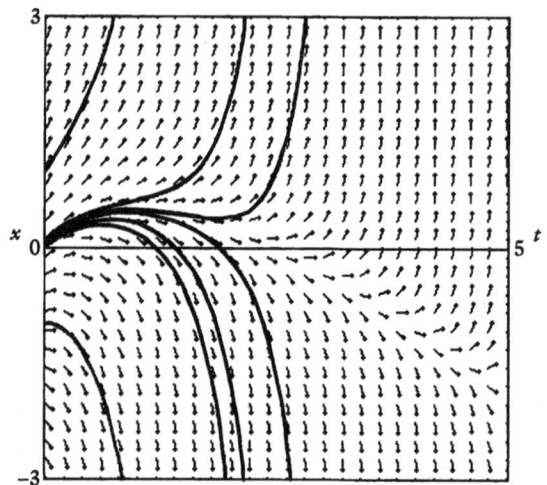

Klassische Schwingungen

Probleme der Mechanik führen oft zu nicht-linearen Differentialgleichungen zweiter Ordnung. Beschränkt man sich auf kleine Oszillationen um eine Gleichgewichtslage herum, so vereinfachen sich die Gleichung erheblich. Gekoppelte Oszillatoren sind von besonderem Interesse, wie etwa das schon in den 1730er Jahren von Euler und Daniel Bernoulli untersuchte Doppelpendel.

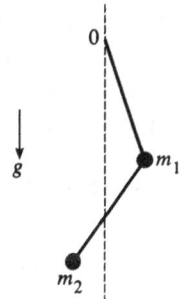

Planetenbewegung

Wir behandeln zunächst die Frage Halleys an Newton: Läuft ein Planet in einer elliptischen Bahn um die Sonne, wenn die Gravitationskraft umgekehrt proportional zur Distanz ist? Wir werden die Frage mit ‚Ja‘ beantworten, doch nicht bei ihr stehenbleiben. Bei Drei- und Mehrkörperproblemen werden wir sehr komplexe Bewegungen kennenlernen.

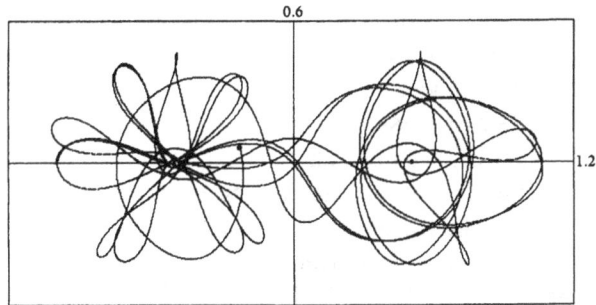

Wellen und Diffusion

Viele Phänomene werden nicht durch gewöhnliche, sondern durch partielle Differentialgleichungen beschrieben, wie etwa Wellenausbreitung

$$\frac{\partial^2 z}{\partial t^2} = c^2 \frac{\partial^2 z}{\partial x^2}.$$

Dabei ist z eine Funktion von x *und* t. Die Gleichung wurde erstmals 1745 zur Beschreibung schwingender Saiten aufgestellt. In den 1860er Jahren gelang es Maxwell, Licht mit Hilfe der Gleichung als elektromagnetische Welle zu beschreiben.

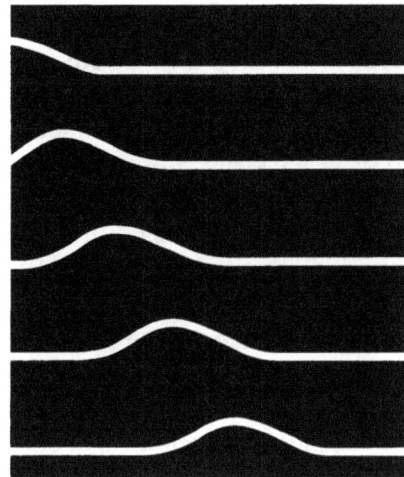

Die bestmögliche Welt?

In diesem Kapitel werden wir Probleme der Mechanik aus einem völlig anderen Blickwinkel betrachten. Anstatt im Schema von Ursache und Wirkung zu denken und die Entwicklung eines Systems von der Zeit t bis zur Zeit $t + \delta t$ zu untersuchen, nehmen wir die Be-

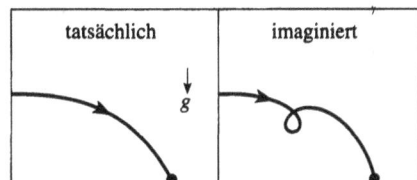

wegung als Ganzes und vergleichen sie mit anderen, vorstellbaren Bewegungen, die statt dessen ablaufen könnten. Dieser Zugang führt zu einem raffinierten Formalismus, nämlich dem Variationsprinzip, und ist in der modernen theoretischen Physik von großem Wert.

Hydrodynamik

Die Strömungslehre ist ein wichtiger Teilbereich der Mechanik, mit der sich unter anderem aerodynamische Eigenschaften eines Flugzeugflügels behandeln lassen. Eine zentrale Größe ist dabei die Viskosität μ. In vielen realistischen Beispielen scheint sie vernachlässigbar klein zu sein. Man ist versucht, $\mu = 0$ zu setzen. Unter manchen Umständen führt das zu hervorragenden Ergebnissen – unter anderen erhält man völlig falsche Resultate, unabhängig davon wie klein der tatsächliche Wert von μ ist. Die Gründe für dieses überraschende Verhalten begann man im Jahre 1904 zu verstehen, ihre Folgen sind aber noch heute Gegenstand von Untersuchungen.

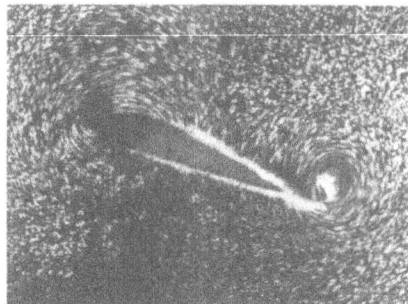

Instabilität und Katastrophe

Manchmal lassen sich bereits sehr wesentliche Aspekte eines Systems herleiten, indem man seine Gleichgewichtszustände findet und überprüft, ob sie gegen kleine Störungen stabil oder instabil sind. Dabei kann man auch Sprünge aufdecken, die das System vollzieht. Ein Beispiel ist der hier gezeigte biegsame Streifen. Er ist auf der einen Seite festgeklemmt und wird von einem Gewicht an seiner anderen Seite nach rechts gebogen. Vergrößert man den Winkel α der Klammer kontinuierlich, wird der Streifen bei einem kritischen Winkel plötzlich nach links in einen viel tieferen Zustand umschlagen.

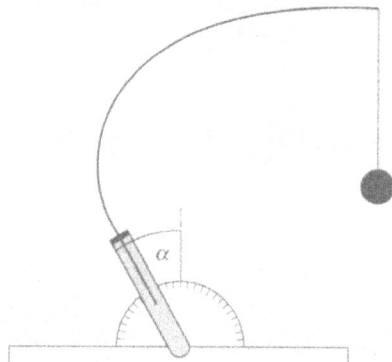

Nicht-lineare Oszillation und Chaos

Eine der wichtigsten Entdeckungen der letzten zwanzig Jahre ist, daß selbst recht einfache oszillierende Systeme erstaunliche Eigenschaften haben, wenn die zugrundeliegenden Gleichungen nicht-linear sind. Manchmal entstehen unabhängig von den

Anfangsbedingungen sehr regelmäßige Schwingungen. In anderen Fällen, wie bei dieser Gleichung

$$\frac{d^2x}{dt^2} + k\frac{dx}{dt} + x^3 = F\cos t,$$

kann die Oszillation sehr unregelmäßig oder chaotisch sein. Als Folge davon sind diese Systeme auf kleinste Variationen oder Unsicherheiten in den Anfangsbedingungen derart sensitiv, daß langfristige Vorhersagen praktisch nicht möglich sind.

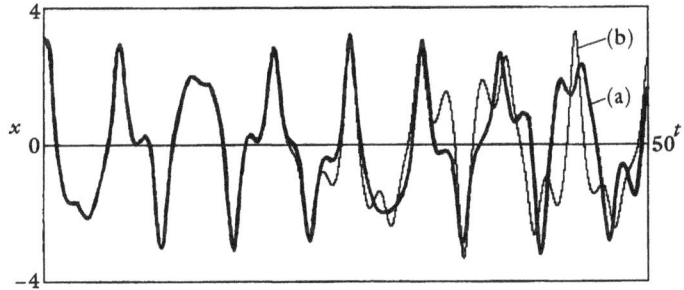

Das verkehrte Pendel

In der jüngsten Zeit erleben Pendel in der wissenschaftlichen Literatur ein starkes Come-back. Das liegt im wesentlichen daran, daß sich mit ihnen anschauliche Versuche zu chaotischem Verhalten durchführen lassen. Wir schließen das Buch aber mit einem recht außergewöhnlichen Balanceakt ab: mit einem n-fachen Pendel das auf den Kopf gestellt wurde. An diesem Beispiel wird deutlich, wie manche der am längsten untersuchten physikalischen Systeme noch verblüffende Überraschungen bereithalten können.

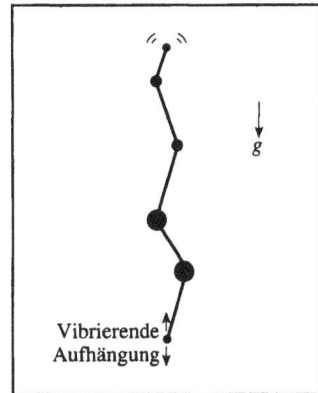

2 Ein kurzer Überblick über die Infinitesimalrechnung

2.1 Einführung

Die Infinitesimalrechnung ist zwar das mathematische Werkzug zum Verständnis der Natur, ihre Wurzeln liegen aber in der Behandlung geometrischer Probleme.

So ist die Ableitung einer Funktion $y = f(x)$, definiert durch

$$\frac{dy}{dx} = \lim_{\Delta x \to 0} \frac{f(x + \Delta x) - f(x)}{\Delta x}, \tag{2.1}$$

entwickelt worden auf die Frage nach der Tangente einer Kurve an einer bestimmten Stelle. dy/dx entspricht der Steigung der Tangente und damit auch der Kurve an diesem Punkt (siehe Abbildung 2.1). Oft wird die Schreibweise $f'(x)$ anstelle von dy/dx verwendet.

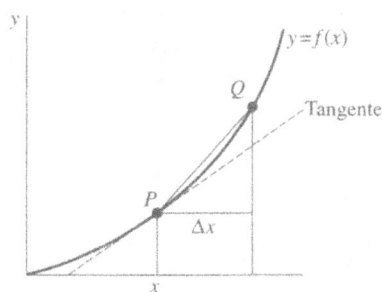

Abbildung 2.1: Man findet die Tangente, indem man Q immer dichter an P legt.

Aus dem Blickwinkel dieses Buches ist die Integration die Umkehrung der Differentiation. Das heißt, man sucht zu einer gegebenen Funktion $f(x)$ eine Funktion $I(x)$, für die gilt

$$\frac{dI}{dx} = f(x) \tag{2.2}$$

und bezeichnet das Ergebnis mit

$$I = \int f(x)\mathrm{d}x. \tag{2.3}$$

Das Integral wird dadurch bis auf eine frei wählbare additive Konstante bestimmt. Auch hier gibt es wieder eine geometrische Interpretation. Das Integral liefert die Fläche unter der Kurve (siehe Abbildung 2.2).

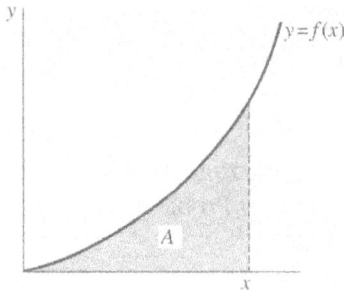

Abbildung 2.2: Die Fläche A unter der Kurve hat die Eigenschaft $\mathrm{d}A/\mathrm{d}x = f(x)$.

Es ist hier nicht unser Ziel, eine systematische Abhandlung der Infinitesimalrechnung zu geben. Wir wollen lediglich die wichtigsten Resultate und Zusammenhänge kurz in Erinnerung rufen.

2.2 Einige elementare Ergebnisse

Wir setzen voraus, daß Sie vertraut sind mit einigen Fällen der Differentiation und Integration wie beispielsweise

$$\frac{\mathrm{d}}{\mathrm{d}x}(x^n) = nx^{n-1} \tag{2.4}$$

und seiner Umkehrung

$$\int x^n \mathrm{d}x = \frac{x^{n+1}}{n+1}, \qquad n \neq -1. \tag{2.5}$$

Hierbei muß n keine ganze Zahl sein. Es ist nicht schwer zu zeigen, daß die Ergebnisse auch gelten, wenn n rational, also $n = p/q$ mit den ganzen Zahlen p und q ist.

Zwei Beziehungen, die wir häufig brauchen werden, sind

$$\frac{\mathrm{d}}{\mathrm{d}x}(\sin x) = \cos x \qquad \text{und} \qquad \frac{\mathrm{d}}{\mathrm{d}x}(\cos x) = -\sin x \tag{2.6}$$

für Winkel in Bogenmaß.

Bei komplizierten Funktionen helfen manchmal Produkt- oder Quotientenregel weiter,

$$\frac{\mathrm{d}}{\mathrm{d}x}(uv) = \frac{\mathrm{d}u}{\mathrm{d}x}v + u\frac{\mathrm{d}v}{\mathrm{d}x},$$
$$\frac{\mathrm{d}}{\mathrm{d}x}\left(\frac{u}{v}\right) = \frac{1}{v^2}\left(v\frac{\mathrm{d}u}{\mathrm{d}x} - u\frac{\mathrm{d}v}{\mathrm{d}x}\right), \tag{2.7}$$

die Leibniz entdeckte. Aus der ersten Regel läßt sich die partielle Integration ableiten:

$$\int \frac{\mathrm{d}u}{\mathrm{d}x}v\mathrm{d}x = uv - \int u\frac{\mathrm{d}v}{\mathrm{d}x}\mathrm{d}x. \tag{2.8}$$

Oft hat man eine Variable y, die Funktion von x ist, das wiederum eine Funktion von t ist. Somit kann man y als eine Funktion von t betrachten. Die Kettenregel von Leibniz besagt dann, daß

$$\frac{\mathrm{d}y}{\mathrm{d}t} = \frac{\mathrm{d}y}{\mathrm{d}x}\frac{\mathrm{d}x}{\mathrm{d}t}. \tag{2.9}$$

Diese Regel hat ihr natürliches Gegenstück in der Integration durch Substitution:

$$\int z\mathrm{d}x = \int z\frac{\mathrm{d}x}{\mathrm{d}t}\mathrm{d}t. \tag{2.10}$$

Abbildung 2.3: G. W. Leibniz (1646–1716)

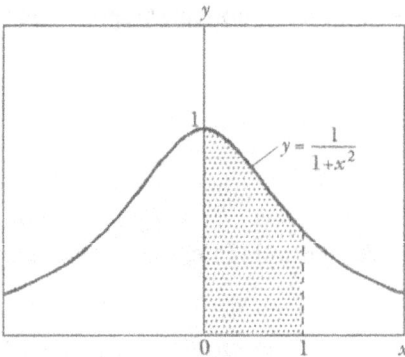

Abbildung 2.4: Die Fläche A aus Gleichung (2.11)

Ein Anwendungsbeispiel illustriert die Regel. Gesucht ist die Fläche unter der Kurve (siehe Abbildung 2.4)

$$A = \int_0^1 \frac{1}{1+x^2}\, dx. \tag{2.11}$$

Mit der Substitution $x = \tan\theta$ schreibt sich das Integral als

$$A = \int_0^{\pi/4} \frac{1}{(1+\tan^2)\theta} \frac{dx}{d\theta}\, d\theta = \int_0^{\pi/4} \frac{1}{(1+\tan^2)\theta}(1+\tan^2)\theta\, d\theta = \int_0^{\pi/4} d\theta.$$

So erhält man auf elegante Wiese

$$\int_0^1 \frac{1}{1+x^2}\, dx = \frac{\pi}{4}. \tag{2.12}$$

2.3 Taylor-Reihen

Oft benötigt man eine Näherung für die Funktion $y = f(x)$ für einen Wert x in der Nähe eines bestimmten Wertes a. Eine grobe, aber naheliegende Näherung besteht darin, durch den fraglichen Punkt eine Gerade mit korrekter Steigung $f'(a)$ zu ziehen (Abbildung 2.5). Damit erhält man

$$y \approx f(a) + (x-a)f'(a). \tag{2.13}$$

Dabei wurde natürlich die Krümmung der Kurve nicht berücksichtigt. Ein besseres Ergebnis wird eine quadratische Funktion von $(x-a)$ liefern: $y = c_0 + c_1(x-a) + c_2(x-a)^2$. Die Konstanten c_0, c_1 und c_2 werden so gewählt, daß man für die Werte

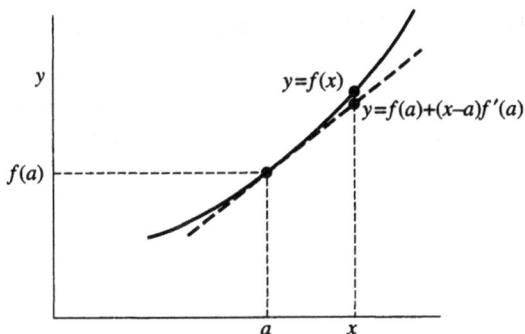

Abbildung 2.5: Illustration zu (2.13)

von y, y' und y'' an der Stelle $x = a$ die richtigen Werte erhält. Das setzt voraus, daß $c_0 = f(a)$, $c_1 = f'(a)$ und $c_2 = \frac{1}{2} f''(a)$ ist. Führt man diesen Ansatz entsprechend fort, so erhält man die Taylor-Reihe für $y = f(x)$ mit dem Entwicklungspunkt $x = a$:

$$y = f(a) + (x - a) f'(a) + \frac{(x - a)^2}{2!} f''(a) + \frac{(x - a)^3}{3!} f'''(a) + \cdots. \tag{2.14}$$

Zwei Beispiele für $a = 0$ sind

$$\sin x = x - \frac{x^3}{3!} + \frac{x^5}{5!} - \frac{x^7}{7!} \cdots$$

$$\cos x = 1 - \frac{x^2}{2!} + \frac{x^4}{4!} - \frac{x^6}{6!} \cdots. \tag{2.15}$$

Für $\sin x$ zeigt Abbildung 2.6 wie schon die ersten Terme eine gute Näherung bilden, wenn $|x|$ entsprechend klein ist. Für große $|x|$ müssen weitere Terme hinzugenommen

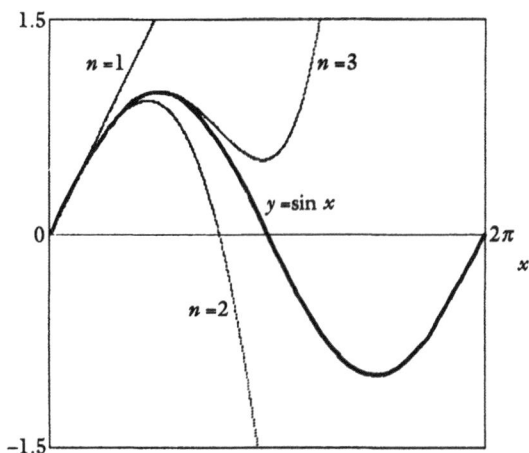

Abbildung 2.6: Die Taylor-Reihe für $y = \sin x$ an der Stelle $x = 0$ mit einer unterschiedlichen Anzahl berücksichtigter Terme. Für $n = 8$ erhält man für das gesamte gezeigte Intervall eine hervorragende Näherung.

werden, um eine gute Näherung zu erhalten. Die Reihen (2.15) konvergieren aber für jeden Wert von x.

Im allgemeinen konvergieren Taylor-Reihen (2.14) nur für $|x - a|$ kleiner als eine bestimmte Zahl R, die als Konvergenzradius bezeichnet wird. Ein wichtiges Beispiel ist die Binomische Reihe

$$(1+x)^\alpha = 1 + \alpha x + \frac{\alpha(\alpha-1)}{2!}x^2 + \frac{\alpha(\alpha-1)(\alpha-2)}{3!}x^3 + \cdots, \tag{2.16}$$

die nur für $|x| < 1$ konvergiert. α kann dabei jede beliebige reelle Zahl sein, positiv oder negativ. Im speziellen Fall $\alpha = -1$ sieht man die Notwendigkeit der Bedingung $|x| < 1$ besonders leicht. Für die Summe der ersten n Terme gilt

$$1 - x + x^2 \cdots + (-1)^{n-1}x^{n-1} = \frac{1 + (-1)^{n-1}x^n}{1+x}, \tag{2.17}$$

wie man leicht sieht, wenn man beide Seiten mit $1 + x$ multipliziert. Im Limes $n \to \infty$ erhalten wir $(1+x)^{-1}$, wie erwartet, vorausgesetzt $|x| < 1$. Nur in diesem Fall geht der Term $(-1)^{n-1}x^n$ im Zähler auf der rechten Seite von (2.17) gegen null. Andernfalls springt er für $n \to \infty$ immer wilder zwischen plus und minus hin und her.

Zwar wurde die allgemeine Form (2.14) von Brook Taylor 1715 veröffentlicht, die Beziehung wurde jedoch schon viel früher von Newton und anderen genutzt. In der

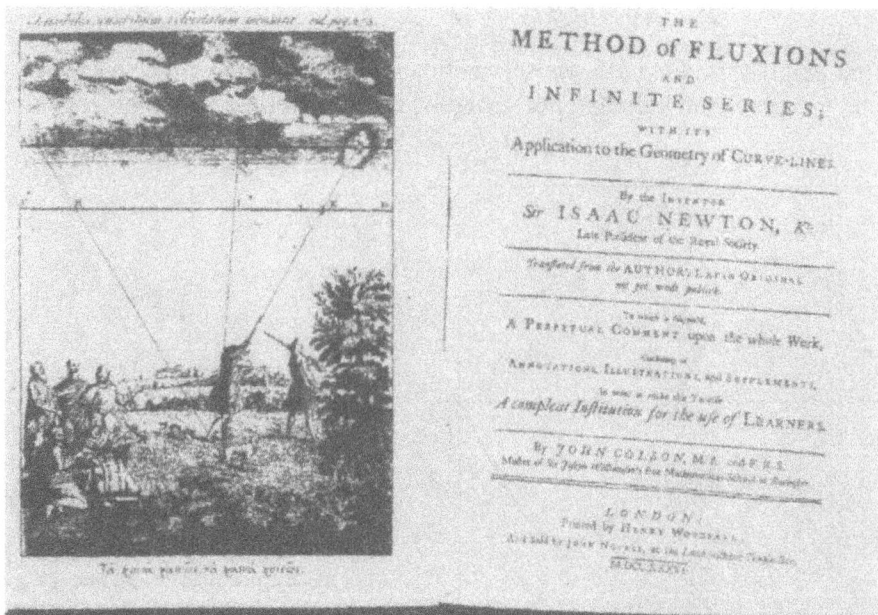

Abbildung 2.7: Newtons Abhandlung zur Infinitesimalrechnung von 1671, veröffentlicht im Jahre 1736.

Tat waren unendliche Reihen in Newtons Arbeit zur Infinitesimalrechnung zentral. Oft führte er eine Integration durch, indem er den Integranden in eine Reihe zerlegte und dann die einzelnen Glieder der Reihe integrierte. Unter Ausnutzung der Beziehung (2.12) läßt sich folgendes typisches Beispiel zeigen:

$$\frac{\pi}{4} = \int_0^1 \frac{1}{1+x^2}\,dx = \int_0^1 1 - x^2 + x^4 - x^6 \cdots dx$$

$$= \left[x - \frac{x^3}{3} + \frac{x^5}{5} - \frac{x^7}{7} \cdots \right]_0^1, \tag{2.18}$$

mit dem wunderschönen Ergebnis

$$\frac{\pi}{4} = 1 - \frac{1}{3} + \frac{1}{5} - \frac{1}{7} + \cdots. \tag{2.19}$$

Meist wird diese Gleichung Gregory oder Leibniz zugesprochen. Anscheinend haben aber indische Mathematiker die Gleichung bereits gut 150 Jahre früher entdeckt.

2.4 Die Funktion e^x und log x

Im Rahmen dieses Buches ist die wichtigste Eigenschaft der Exponentialfunktion $y = \exp$, daß sie gleich ihrer eigenen Ableitung ist:

$$\frac{d}{dx}[\exp(x)] = \exp(x). \tag{2.20}$$

Wir nehmen das zusammen mit

$$\exp(0) = 1 \tag{2.21}$$

als Ausgangspunkt.

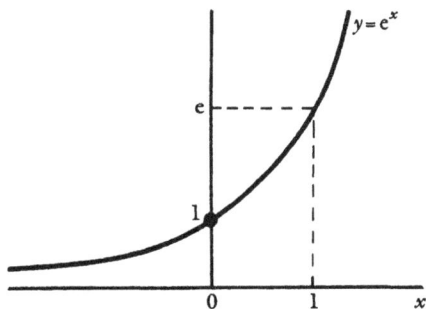

Abbildung 2.8: Die Exponentialfunktion

Sukzessive Differenzierung zeigt, daß tatsächlich alle Ableitungen von $\exp(x)$ gleich $\exp(x)$ sind. Dann impliziert (2.21), daß für $x = 0$ alle gleich 1 sind. Die Taylor-Reihe für $\exp(x)$ mit dem Entwicklungspunkt $x = 0$ ist folglich

$$\exp(x) = 1 + x + \frac{x^2}{2!} + \frac{x^3}{3!} + \cdots . \tag{2.22}$$

Es kann gezeigt werden, daß sie für alle x konvergiert.

Mit der Definition $e = \exp(1)$ erhält man

$$\begin{aligned} e &= 1 + 1 + \frac{1}{2!} + \frac{1}{3!} + \cdots \\ &= 2{,}718281828459045\ldots \end{aligned} \tag{2.23}$$

Mit (2.20) und (2.21) läßt sich zeigen (siehe Aufgabe 2.2), daß

$$\exp(x + y) = \exp(x)\exp(y). \tag{2.24}$$

Es folgt für $n \in \mathbb{N}$, daß

$$\exp(nx) = [exp(x)]^n$$

und insbesondere, daß

$$\exp(n) = e^n \tag{2.25}$$

Dieses Ergebnis kann ohne größere Schwierigkeiten auf $n \in \mathbb{R}$ erweitert werden. Und da in der elementaren Mathematik der Ausdruck e^x für irrationale x nicht definiert ist, ist es sinnvoll, ihn mit $\exp(x)$ gleichzusetzen. Es gilt also

$$\exp(x) = e^x \tag{2.26}$$

für alle reellen x.

Mit (2.20), (2.26) und der Kettenregel (2.9) kann man zeigen, daß

$$\frac{\mathrm{d}}{\mathrm{d}x}(e^{kx}) = ke^{kx} \tag{2.27}$$

für jede Konstante k gilt. Wir werden dieses Ergebnis des öfteren benutzen.

Die Funktion log x

Die Funktion $z = \log x$ läßt sich als Umkehrfunktion der Exponentialfunktion definieren, das heißt

$$z = \log x \qquad \Leftrightarrow \qquad x = e^z. \tag{2.28}$$

Einige wichtige Konsequenzen sind

$$\log 1 = 0, \tag{2.29}$$

$$\log(ab) = \log a + \log b. \tag{2.30}$$

Ebenso folgt, daß

$$\frac{d}{dx}(\log x) = \frac{1}{x}. \tag{2.31}$$

Damit wurde nebenbei das in (2.5) noch nicht definierte Integral von x^{-1} gefunden: es ist $\log x$ (plus einer Konstanten).

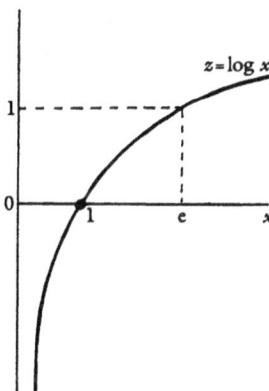

Abbildung 2.9: Die Funktion $\log x$.

Die Eulersche Formel für $e^{i\theta}$

Es läßt sich zeigen, daß die Taylor-Reihe (2.22) für alle reellen x Gültigkeit hat. Etwas unverfroren wagen wir einen Sprung und setzen $x = i\theta$ mit $i = \sqrt{-1}$ und $\theta \in \mathbb{R}$. Wir erhalten

$$
\begin{aligned}
e^{i\theta} &= 1 + i\theta - \frac{\theta^2}{2!} - \frac{i\theta^3}{3!} + \frac{\theta^4}{4!} + \frac{i\theta^5}{5!} \cdots \\
&= \left(1 - \frac{\theta^2}{2!} + \frac{\theta^4}{4!} \cdots \right) + i\left(\theta - \frac{\theta^3}{3!} + \frac{\theta^5}{5!} \cdots \right),
\end{aligned} \tag{2.32}
$$

und unter Verwendung von (2.15) wird dies zu

$$e^{i\theta} = \cos\theta + i\sin\theta \tag{2.33}$$

Diese außergewöhnliche Formel von Euler wurde ursprünglich auf andere Weise hergeleitet (Abbildung 2.10). Wir müssen hier (2.33) als Definition von $e^{i\theta}$ akzeptieren, da wir einem imaginären Exponenten noch keine Bedeutung zugewiesen haben. Nichtsdestotrotz findet man schnell, daß sich $e^{i\theta}$ nach den bekannten Regeln verhält. Insbesondere ist

$$\frac{d}{d\theta}(e^{i\theta}) = i e^{i\theta} \tag{2.34}$$

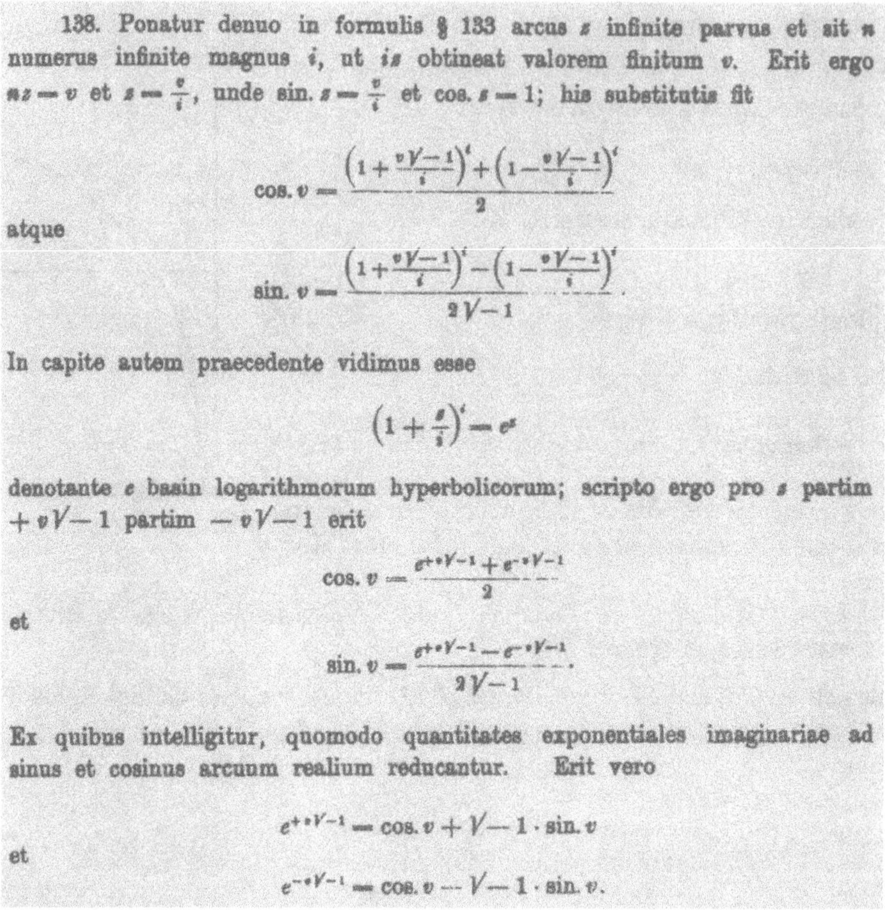

138. Ponatur denuo in formulis § 133 arcus s infinite parvus et sit n numerus infinite magnus i, ut is obtineat valorem finitum v. Erit ergo $nz = v$ et $s = \frac{v}{i}$, unde sin.$s = \frac{v}{i}$ et cos.$s = 1$; his substitutis fit

$$\cos. v = \frac{\left(1 + \frac{v\sqrt{-1}}{i}\right)^i + \left(1 - \frac{v\sqrt{-1}}{i}\right)^i}{2}$$

atque

$$\sin. v = \frac{\left(1 + \frac{v\sqrt{-1}}{i}\right)^i - \left(1 - \frac{v\sqrt{-1}}{i}\right)^i}{2\sqrt{-1}}.$$

In capite autem praecedente vidimus esse

$$\left(1 + \frac{s}{i}\right)^i = e^s$$

denotante e basin logarithmorum hyperbolicorum; scripto ergo pro s partim $+v\sqrt{-1}$ partim $-v\sqrt{-1}$ erit

$$\cos. v = \frac{e^{+v\sqrt{-1}} + e^{-v\sqrt{-1}}}{2}$$

et

$$\sin. v = \frac{e^{+v\sqrt{-1}} - e^{-v\sqrt{-1}}}{2\sqrt{-1}}.$$

Ex quibus intelligitur, quomodo quantitates exponentiales imaginariae ad sinus et cosinus arcuum realium reducantur. Erit vero

$$e^{+v\sqrt{-1}} = \cos. v + \sqrt{-1} \cdot \sin. v$$

et

$$e^{-v\sqrt{-1}} = \cos. v - \sqrt{-1} \cdot \sin. v.$$

Abbildung 2.10: Die Formel (2.33) hat Euler erstmals 1748 in der *Introductio in analysin infinitorum* beschrieben. Vergleichen Sie die dritte Gleichung mit (2.38). Damals war das Konzept des Limes noch nicht klar definiert und i stand für einen unendlich großen Wert. Erst später führte Euler die Schreibweise $i = \sqrt{-1}$ ein.

und bei Multiplikation addieren sich die Exponenten (Aufgabe 2.5)

$$e^{i\theta_1} e^{i\theta_2} = e^{i(\theta_1 + \theta_2)}. \tag{2.35}$$

Als Folge davon ist

$$(e^{i\theta})^n = e^{in\theta},$$

wobei n eine natürliche Zahl ist. Oder anders geschrieben

$$(\cos\theta + i\sin\theta)^n = \cos n\theta + i\sin n\theta. \tag{2.36}$$

Diese Beziehung ist auch als *Satz von Moivre* bekannt.

Schließlich erhält man aus der Eulerschen Formel (2.33) die Beziehung

$$e^{i\pi} = -1, \tag{2.37}$$

die die Fundamentalen Größen e, π und i miteinander verknüpft. Sie gilt als eine der schönsten Gleichungen in der Mathematik.

Übungen

Aufgabe 2.1

Eine Funktion $y = f(x)$ besitzt in einem Punkt eine waagrechte Tangente, wenn $dy/dx = 0$. Finden Sie diese Stellen für die Funktion

$$y = x^3 - ax + 1,$$

wobei a eine Konstante ist. Ermitteln Sie das Vorzeichen von d^2y/dx^2 an diesen Stellen, um herauszufinden, ob es sich um ein lokales Maximum oder Minimum handelt.

Aufgabe 2.2

Leiten Sie aus (2.20) und (2.21) ab, daß

$$\exp(x+y) = \exp(x)\exp(y),$$

indem Sie

$$\frac{\exp(x+y)}{\exp(x)},$$

bei konstant gehaltenem y betrachten.

Aufgabe 2.3

Mit dem interessanten Grenzwert

$$\lim_{n \to \infty} \left(1 + \frac{\alpha}{n}\right)^n = e^\alpha. \tag{2.38}$$

läßt sich ebenfalls die Exponentialfunktion definieren. Für $\alpha = 1$ und ganzzahligem n hat man eine weitere Möglichkeit, e zu nähern, die allerdings sehr langsam konvergiert (Tabelle 2.1).

Beweisen Sie (2.38). Zeigen Sie zunächst, daß

$$\lim_{\Delta x \to 0} \frac{\log(x + \Delta x) - \log x}{\Delta x} = \frac{1}{x}$$

aus (2.31) folgt, und setzen Sie dann $\Delta x = 1/n$.

Tabelle 2.1: Näherung von e mit (2.38).

n	$(1 + (1/n))^n$
1	2,0000
10	2,5937
100	2,7048
1000	2,7169
10 000	2,7181

Aufgabe 2.4

Die Funktion $\cosh x$ und $\sinh x$ sind wie folgt definiert:

$$\cosh x = \frac{1}{2}(e^{\dot{x}} + e^{-x}), \qquad \sinh x = \frac{1}{2}(e^x - e^{-x}).$$

Zeigen Sie, daß

$$\frac{d}{dx} \cosh x = \sinh x, \qquad \frac{d}{dx} \sinh x = \cosh x$$

und

$$\cosh^2 x + \sinh^2 x = 1.$$

Aufgabe 2.5

Beweisen Sie, daß

$$e^{i\theta_1} e^{i\theta_2} = e^{i(\theta_1 + \theta_2)}.$$

3 Gewöhnliche Differentialgleichungen

3.1 Einführung

In diesem Kapitel werden einige Methoden dargestellt, Differentialgleichungen erster und zweiter Ordnung zu lösen.

Wir fangen mit Gleichungen ersten Grades an. Sie haben die Form

$$\frac{dx}{dt} = f(x,t). \tag{3.1}$$

$f(x,t)$ steht dabei für eine gegebene Funktion von x und t. Zusätzlich wird es eine Anfangsbedingung

$$x = x_0 \qquad \text{bei} \quad t = 0 \tag{3.2}$$

geben, wobei x_0 eine gegebene Konstante ist.

Wir werden hier versuchen, eine exakte Lösung von x als Ausdruck von t zu finden. In vielen praktischen Fällen steht die qualitative Entwicklung von x jedoch im Vordergrund: (siehe dazu Abbildung 3.1).

(a) Geht $|x| \to \infty$?

(b) Nähert sich x einem endlichen Grenzwert?

(c) Wird x sich auf eine regelmäßige Oszillation einpendeln?

(d) Oder wird es chaotisch (innerhalb endlicher Grenzen) hin und her oszillieren?

Wir wollen gleich zu Beginn die geometrische Interpretation von Differentialgleichungen hervorheben. Betrachten wir zum Beispiel die Gleichung

$$\frac{dx}{dt} = \lambda x, \tag{3.3}$$

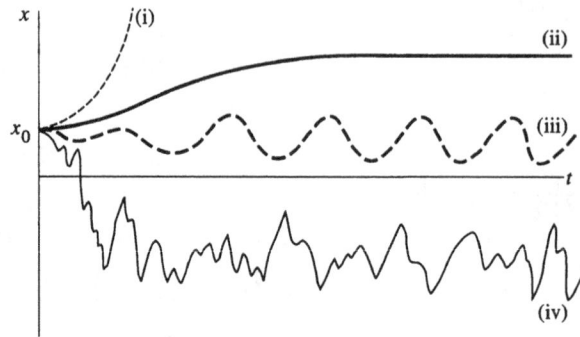

Abbildung 3.1: Vier denkbare Verläufe von $x(t)$ als Lösung einer Differentialgleichung bei gegebener Anfangsbedingung.

wobei λ eine Konstante ist. Für $\lambda > 0$ ergibt sich diese Gleichung aus dem einfachsten Populationsmodell, nämlich einer Geburtenrate dx/dt proportional zur Population x. Mit (2.27) läßt sich schnell zeigen, daß

$$x = x_0 e^{\lambda t} \tag{3.4}$$

die Gleichung (3.3) unter der Anfangsbedingung (3.2) erfüllt. Für $\lambda = 1$ sind in Abbildung 3.2 Lösungen für verschiedene Anfangsbedingungen graphisch dargestellt. Wir haben aber auch die Tatsache ausgenutzt, daß die Differentialgleichung (3.1) direkt die Steigung von $f(x,t)$ für jeden Punkt der (t,x)-Ebene angibt. Wir haben deswegen in jedem Punkt eines Rasters die Steigung durch einen kleinen Pfeil gekennzeichnet (in diesem speziellen Fall ist die Steigung gleich x). Die verschiedenen Lösungen folgen augenscheinlich dem Richtungsfeld.

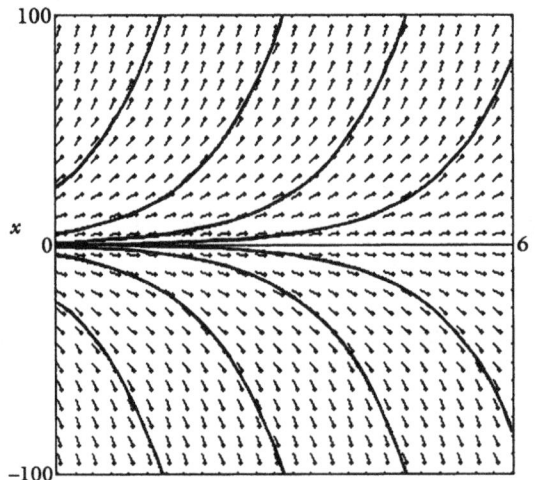

Abbildung 3.2: Richtungsfeld für die Gleichung (3.3) für $\lambda = 1$ und Lösungen für die Anfangsbedingungen $|x| = 0{,}2$; 1; 5 und 25.

Praktischen Nutzen hat die geometrische Herangehensweise, wenn die Gleichung (3.1) so schwierig ist, daß man keine exakte Lösung in der Art von (3.4) angeben kann. In diesem Fall könnte man im Prinzip das Richtungsfeld konstruieren und vom gegebenen Anfangswert $(0, x_0)$ aus sukzessive von Punkt zu Punkt dem Richtungsfeld folgen.

In diesem Kapitel wollen wir uns aber damit beschäftigen, wie man die Spezialfälle erkennt und löst, in denen man eine exakte Lösung angeben kann.

Lineare und nicht-lineare Differentialgleichungen

Durch das ganze Buch hindurch werden wir immer wieder klar zwischen linearen und nicht-linearen Differentialgleichungen unterscheiden müssen.

Eine lineare Differentialgleichung liegt vor, wenn die 'unbekannte' oder auch abhängige Variable x und ihre verschiedenen Ableitungen nur in linearen Termen auftreten. Beispielsweise ist

$$\frac{\mathrm{d}x}{\mathrm{d}t} = c_1 x + c_2$$

mit den Konstanten c_1 und c_2 linear, da x und $\mathrm{d}x/\mathrm{d}t$ nur in der ersten Potenz auftreten. Die Gleichung wäre auch dann noch linear, wenn c_1 und c_2 komplizierte Funktionen von t wären. Es kommt nur auf die Form der abhängigen Variablen und ihrer Ableitungen an. Ein Beispiel für eine nicht-lineare Differentialgleichung ist

$$\frac{\mathrm{d}x}{\mathrm{d}t} = (1 - x)x,$$

da ein Term x^2 auftritt. Ebenso sind

$$\frac{\mathrm{d}x}{\mathrm{d}t} = \sin x$$

und

$$x\frac{\mathrm{d}x}{\mathrm{d}t} = x + t$$

nicht-linear.

Bei der Behandlung von Differentialgleichungen zweiter Ordnung im Abschnitt 3.4 wird klar werden, wieso lineare Differentialgleichungen erheblich einfacher zu behandeln sind.

3.2 Lineare Differentialgleichungen erster Ordnung

Die Gleichung (3.1) ist linear, wenn $f(x,t)$ die Form $a(t)x + b(t)$ hat. Die Gleichung (3.3) ist mit $a(t) = \lambda$ und $b(t) = 0$ von dieser Art. Im Prinzip läßt sich jede Gleichung dieser Art mit Hilfe eines integrierenden Faktors lösen.

Als Beispiel nehmen wir die Gleichung

$$\frac{dx}{dt} + 2x = t. \tag{3.5}$$

Wenn wir beide Seiten mit e^{2t} multiplizieren, wird die linke Seite zu der Ableitung eines Produktes, denn

$$e^{2t}\frac{dx}{dt} + 2e^{2t}x = te^{2t}$$

läßt sich auch schreiben als

$$\frac{d}{dt}(xe^{2t}) = te^{2t}. \tag{3.6}$$

Integration (partielle Integration auf der rechten Seite) führt zu

$$xe^{2t} = \frac{1}{2}te^{2t} - \frac{1}{4}e^{2t} + c.$$

Mit der Anfangsbedingung (3.2) findet man, daß $c = x_0 + \frac{1}{4}$, und somit

$$x = \frac{1}{2}t - \frac{1}{4} + (x_0 + \frac{1}{4})e^{-2t}. \tag{3.7}$$

In Abbildung 3.3 sind Lösungen für verschiedene x_0 zusammen mit dem Richtungsfeld dargestellt. Entsprechend (3.5) ist die Steigung an jedem Ort $t - 2x$. Abbildung und Gleichung zeigen, daß die Kurve sich mit wachsendem t der Geraden $x = \frac{1}{2}t - \frac{1}{4}$ annähert.

Kurze Überlegungen zeigen, daß die obige Methode im Prinzip auf jede Differentialgleichung erster Ordnung angewendet werden kann:

$$\frac{dx}{dt} + p(t)x = q(t), \tag{3.8}$$

$p(t)$ und $q(t)$ seien gegebene Funktionen von t. Der geeignete integrierende Faktor, mit dem beide Seiten multipliziert werden, ist

$$I = e^{\int p(t)dt}. \tag{3.9}$$

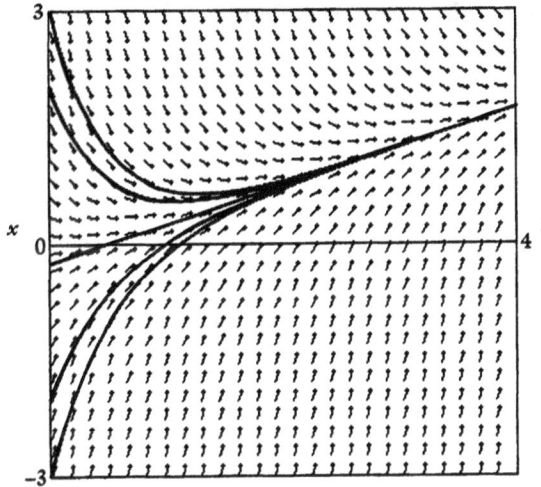

Abbildung 3.3: Verschiedene Lösungen für die Gleichung (3.5)

Dieser hat die gewünschte Eigenschaft, daß seine Ableitung nach t gleich $p(t)$ mal ihm selbst ist. Im obigen Beispiel ist $p(t) = 2$ und $I = e^{2t}$.

3.3 Nicht-lineare Differentialgleichungen erster Ordnung

Bei nicht-linearen Differentialgleichungen unterscheidet man allgemein zwischen autonomen und nicht-autonomen.

Autonome Differentialgleichungen

Die Gleichung (3.1) bezeichnet man als autonom, wenn die Ableitung von x nur eine Funktion von x ist und nicht explizit von t abhängt:

$$\frac{dx}{dt} = f(x). \tag{3.10}$$

Eine Folge von (2.9) ist, daß $dx/dt = (dt/dx)^{-1}$ ist. Damit läßt sich (3.10) schreiben als

$$\frac{dt}{dx} = \frac{1}{f(x)}. \tag{3.11}$$

Integriert man über x erhält man

$$t = \int \frac{1}{f(x)} dx. \tag{3.12}$$

Wir betrachten nun eine Reihe von Beispielen.

'Explosion'

Die Gleichung

$$\frac{\mathrm{d}x}{\mathrm{d}t} = x^2 \qquad\qquad (3.13)$$

ist nicht-linear, da sie den Term x^2 enthält. Sie ist jedoch von der Form (3.10). Mit (3.12) findet man $t = c - 1/x$, und mit der Anfangsbedingung (3.2) erhält man

$$x = \frac{1}{\frac{1}{x_0} - t} \qquad\qquad (3.14)$$

In Abbildung 3.4 werden die Kurven der Lösungen für verschiedene positive x_0 gezeigt. Die bemerkenswerteste Eigenschaft der Lösung ist die 'Explosion', wenn t sich dem Wert $1/x_0$ nähert. Im scharfen Kontrast zu (3.3) und (3.5) existiert hier nur eine Lösung bis zu einer endlichen Zeit. Die Explosionszeit hängt von den Anfangsbedingungen ab. Je größer der Wert von x_0 ist, desto schneller wird die Unendlichkeitsstelle erreicht.

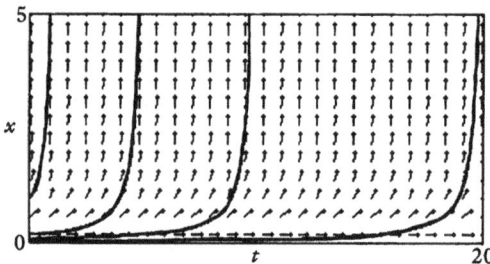

Abbildung 3.4: Eine möglich Folge von Nichtlinearität ist die 'Explosion' des Funktionswertes in endlicher Zeit. Die Anfangsbedingungen sind $x_0 = 1; 0,2; 0,1$ und $0,05$.

Modell einer Epidemie

Nehmen wir an, der Bruchteil x einer Population hätte eine ansteckende Krankheit und der Bruchteil $S = 1 - x$ hätte sie nicht. Im einfachsten Modell der Krankheitsausbreitung nehmen wir an, daß alle Individuen die gleiche Ansteckungswahrscheinlichkeit haben. Dann ist die Ansteckungsrate proportional zu x und S, also

$$\frac{\mathrm{d}x}{\mathrm{d}t} = rx(1-x), \qquad\qquad (3.15)$$

wobei r eine positive Konstante ist.

Es ist somit

$$
\begin{aligned}
rt &= \int \frac{1}{x(1-x)} dx \\
&= \int \frac{1}{x} + \frac{1}{1-x} dx \\
&= \log x - \log(1-x) + c.
\end{aligned}
$$

Und es folgt, daß

$$
\frac{x}{1-x} = A e^{rt} \tag{3.16}
$$

und somit

$$
x = \frac{1}{1+Be^{rt}},
$$

mit $B = A^{-1}$. Mit der Anfangsbedingung (3.2) erhalten wir schließlich:

$$
x = \frac{1}{1-\left(1-\frac{1}{x_0}\right)e^{-rt}}. \tag{3.17}
$$

Die auffälligste Eigenschaft der Lösung ist, daß $x \to 1$ für $t \to \infty$ geht, daß sich also früher oder später alle angesteckt haben, unabhängig davon, wie wenige zu Beginn von der Krankheit infiziert waren (außer für $x_0 = 0$, dann bleibt $x = 0$ für alle Zeiten). Glücklicherweise stellt das Modell eine zu große Vereinfachung dar. Zum Beispiel wurde nicht berücksichtigt, daß die Kranken vielleicht von den Gesunden getrennt werden oder daß manche auch wieder gesunden.

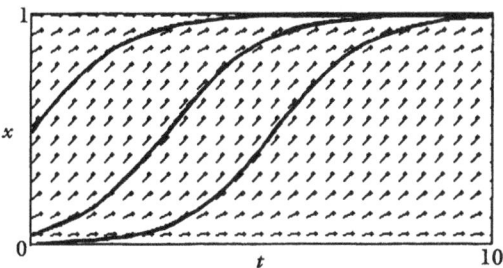

Abbildung 3.5: Einige Lösungen für die 'Epidemie'-Gleichung (3.15) mit $r = 1$ und $x_0 = 0,5$; 0,05; 0,005.

Das Fehlen von Oszillationen

Eine unmittelbare und sehr einschränkende Eigenschaft, die sich durch die geometrische Sichtweise sofort erschließt, ist das Fehlen von oszillierenden Lösungen für autonome Differentialgleichungen (3.10). Egal wie raffiniert wir die Funktion $f(x)$ wählen, nie werden sich Kurvenverläufe wie (iii) oder (iv) in Abbildung 3.1 ergeben. Dies liegt einfach daran, daß das Richtungsfeld unabhängig von t ist, wie in den Beispielen in Abbildung 3.2, 3.4 und 3.5, und deswegen eine Lösungskurve, die an einer Stelle steigt an keiner anderen fallen kann und umgekehrt.

Nicht-autonome Differentialgleichungen

Für diese Differentialgleichungen lassen sich nur unter bestimmten Bedingungen exakte Lösungen finden.

Ein sehr häufiger Fall ist, wenn die Funktion $f(x,t)$ aus (3.1) das Produkt einer Funktion von x und einer von t ist, also

$$\frac{dx}{dt} = g(x)h(t). \tag{3.18}$$

Die Gleichung wird dann separabel genannt, da man

$$\frac{1}{g(x)}\frac{dx}{dt} = h(t)$$

schreiben und dann auf beiden Seiten nach t integrieren kann

$$\int \frac{1}{g(x)}\frac{dx}{dt}dt = \int h(t)dt.$$

Nach (2.10) ist dies äquivalent zu

$$\int \frac{1}{g(x)}dx = \int h(t)dt. \tag{3.19}$$

Sind die Funktionen g und h einfach genug, kann man die Integration ausführen und erhält direkt die Beziehung zwischen x und t.

Als Beispiel betrachten wir

$$\frac{dx}{dt} = (1-t)x^2. \tag{3.20}$$

Die Gleichung führt zu

$$\int \frac{1}{x^2}dx = \int (1-t)dt$$

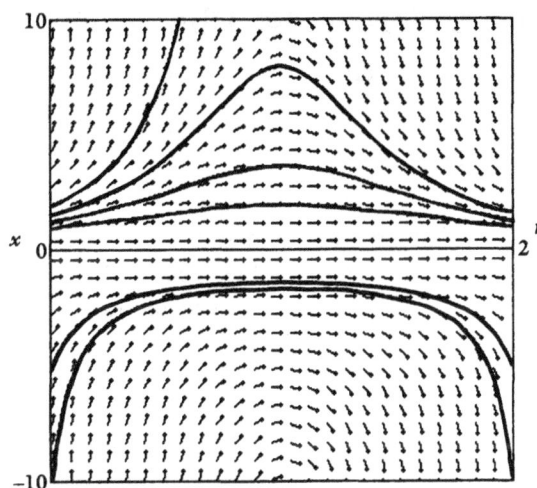

Abbildung 3.6: Richtungsfeld und verschiedene Lösungen für (3.20).

und nach Integration zu

$$-\frac{1}{x} = t - \frac{1}{2}t^2 + c.$$

Mit der Anfangsbedingung $x = x_0$ bei $t = 0$ erhalten wir

$$x = \frac{1}{\frac{1}{x_0} - \frac{1}{2} + \frac{1}{2}(1-t)^2}. \tag{3.21}$$

3.4 Lineare Differentialgleichungen zweiter Ordnung

Eine lineare gewöhnliche Differentialgleichung zweiter Ordnung hat die Form

$$a\frac{d^2x}{dt^2} + b\frac{dx}{dt} + cx = d, \tag{3.22}$$

wobei a, b, c und d Konstanten oder Funktionen von t sind, die unabhängig von x und den Ableitungen von x sind.

Die Hauptvereinfachung, die sich bei linearen Differentialgleichungen ergibt, wird deutlich, wenn man sogenannte homogene Differentialgleichungen mit $d = 0$ betrachtet.

Homogene lineare Differentialgleichungen

Nehmen wir an, wir hätten für die Gleichung

$$a\frac{d^2x}{dt^2} + b\frac{dx}{dt} + cx = 0 \qquad (3.23)$$

zwei spezielle Lösungen gefunden. Wir kennen also mit anderen Worten zwei Funktionen $x = x_1(t)$ und $x = x_2(t)$, so daß $a\ddot{x}_1 + b\dot{x}_1 + cx_1 = 0$ und $a\ddot{x}_2 + b\dot{x}_2 + cx_2 = 0$ ist (ein Punkt bedeutet Ableitung nach t). Durch Einsetzen in (3.23) zeigt sich, daß auch

$$x = Ax_1(t) + Bx_2(t) \qquad (3.24)$$

eine Lösung für beliebige Konstanten A und B darstellt (siehe Aufgabe 3.3. Vorausgesetzt, daß die spezielle Lösung $x_2(t)$ nicht einfach nur eine Konstante mal $x_1(t)$ ist, ist (3.23) tatsächlich die allgemeine Lösung. Durch geeignete Wahl der Konstanten A und B lassen sich die beiden Anfangsbedingungen erfüllen, die typischerweise mit einer Differentialgleichung zweiter Ordnung verbunden sind:

$$x = x_0, \qquad \frac{dx}{dt} = v_0 \qquad \text{bei} \quad t = 0, \qquad (3.25)$$

wobei x_0 und v_0 gegebene Konstanten sind.

Wir betonen, daß die Gewinnung einer allgemeinen Lösung durch Linearkombination spezieller Lösungen nur möglich ist, wenn die Differentialgleichung linear ist.

Beispiel: konstante Koeffizienten

Einer der wichtigsten Spezialfälle von (3.23) ist

$$\frac{d^2x}{dt^2} + \beta x = 0, \qquad (3.26)$$

wobei β eine Konstante ist. Wenn $\beta > 0$ ist, kann man mit $\omega = \sqrt{\beta}$ auch schreiben

$$\frac{d^2x}{dt^2} + \omega^2 x = 0. \qquad (3.27)$$

Eine Lösung ist $x_1 = \cos\omega t$, da $\dot{x}_1 = -\omega\sin\omega t$ und somit $\ddot{x}_1 = -\omega^2\cos\omega t = -\omega^2 x_1$. Ebenso ist $x_2 = \sin\omega t$ eine Lösung.

$$x = A\cos\omega t + B\sin\omega t \qquad (3.28)$$

ist also die allgemeine Lösung.

Ist $\beta < 0$, erhält man mit $q = \sqrt{-\beta}$

$$\frac{\mathrm{d}^2 x}{\mathrm{d}t^2} - q^2 x = 0. \tag{3.29}$$

Nun ist $x_1 = \mathrm{e}^{qt}$ eine Lösung, da $\dot{x}_1 = q\mathrm{e}^{qt}$ und somit $\ddot{x}_1 = q^2\mathrm{e}^{qt}$. Entsprechendes gilt für $x_2 = \mathrm{e}^{-qt}$. Die allgemeine Lösung ist also

$$x = C\mathrm{e}^{qt} + D\mathrm{e}^{-qt}, \tag{3.30}$$

wobei C und D frei wählbare Konstanten sind.

In Abhängigkeit vom Vorzeichen erhält man also zwei recht unterschiedliche Lösungen für (3.26). Oszillationen wie (3.28) werden in Kapitel 5 weiter behandelt, während unendliches Wachstum von $|x|$ für $t \to \infty$ wie bei (3.30) im Zusammenhang mit Instabilität im Kapitel 10 näher untersucht wird.

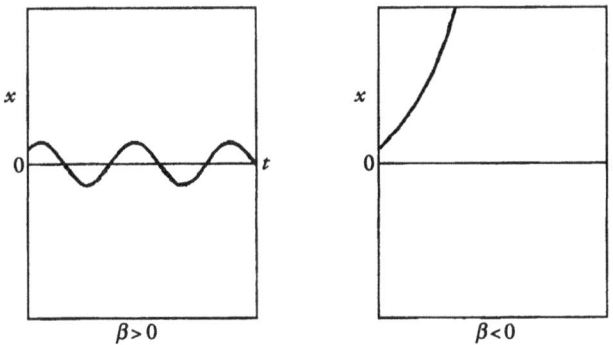

Abbildung 3.7: Typische Lösungen für (3.26) je nach Vorzeichen von β.

Sind a, b und c Konstanten so ergibt sich für (3.23) ganz allgemein eine Lösung $x = \mathrm{e}^{mt}$, wenn

$$am^2 + bm + c = 0. \tag{3.31}$$

Bezeichnen m_1 und m_2 die (im allgemeinen komplexen) Wurzeln der quadratischen Gleichung, so haben wir zwei spezielle Lösungen $\mathrm{e}^{m_1 t}$ und $\mathrm{e}^{m_2 t}$. Die allgemeine Lösung ist dann

$$x = E\mathrm{e}^{m_1 t} + F\mathrm{e}^{m_2 t}, \tag{3.32}$$

außer wenn $m_1 = m_2$ (siehe Aufgabe 3.4).

Nicht-homogene lineare Differentialgleichungen

Wir nehmen an, wir haben eine Lösung $x_p(t)$ der nicht-homogenen Differentialgleichung (3.22) gefunden, die

$$a\ddot{x}_p + b\dot{x}_p + cx_p = d \tag{3.33}$$

erfüllt. Dann läßt sich eine Funktion u definieren

$$u = x - x_p(t), \tag{3.34}$$

die die zu (3.23) korrespondierende homogene Differentialgleichung

$$a\ddot{u} + b\dot{u} + cu = 0 \tag{3.35}$$

erfüllt. Diese erhält man, wenn man (3.33) von (3.22) abzieht.

Wir können also eine nicht-homogene lineare Differentialgleichung lösen, indem wir zunächst die allgemeine Lösung u der homogenen Differentialgleichung ermitteln und dann nach einer speziellen Lösung $x_p(t)$ suchen (siehe Aufgabe 3.5). Auch diese Vorgehensweise führt nur zum Ziel, da die behandelte Differentialgleichung (3.22) linear ist.

3.5 Nicht-lineare Differentialgleichungen zweiter Ordnung

Wir haben bereits angemerkt, daß bei nicht-linearen Differentialgleichungen zwischen autonomen und nicht-autonomen unterschieden werden muß.

Autonome Differentialgleichungen

Eine autonome nicht-lineare Differentialgleichung zweiter Ordnung hat die Form

$$\frac{\mathrm{d}^2 x}{\mathrm{d}t^2} = f\left(x, \frac{\mathrm{d}x}{\mathrm{d}t}\right), \tag{3.36}$$

wobei f eine nicht-lineare Funktion von x und $\mathrm{d}x/\mathrm{d}t$ ist, aber nicht explizit von t abhängt. Ein Beispiel ist der sogenannte Van-der-Pol-Oszillator

$$\frac{\mathrm{d}^2 x}{\mathrm{d}t^2} + \varepsilon(x^2 - 1)\frac{\mathrm{d}x}{\mathrm{d}t} + x = 0. \tag{3.37}$$

Der Term $x^2 \mathrm{d}x/\mathrm{d}t$ verursacht hier die Nichtlinearität. Diese Gleichung taucht im Zusammenhang mit einer bestimmten elektrischen Schaltung auf (siehe auch Abschnitt 11.2).

Oft ist es sinnvoll die Gleichung (3.36) in ein Paar gekoppelter Differentialgleichungen erster Ordnung aufzutrennen:

$$\frac{\mathrm{d}x}{\mathrm{d}t} = v,$$

$$\frac{\mathrm{d}v}{\mathrm{d}t} = f(x, v). \tag{3.38}$$

Wir können dann die Kettenregel (2.9) verwenden, um t zu eliminieren, und erhalten

$$\frac{\mathrm{d}v}{\mathrm{d}x} = \frac{f(x, v)}{v}. \tag{3.39}$$

Nun haben wir eine Differentialgleichung erster Ordnung für v als Funktion von x. Ihre Lösung ergibt $\mathrm{d}x/\mathrm{d}t \; (= v)$ als Funktion von x. Es bleibt noch eine Differentialgleichung erster Ordnung für x als Funktion von t zu lösen.

Sonderfall: $f(x, v)$ ist nur eine Funktion von x

Manchmal hat (3.36) die einfache Form

$$\frac{\mathrm{d}^2 x}{\mathrm{d}t^2} = f(x). \tag{3.40}$$

Dann führt (3.39) auf jeden Fall zum Erfolg, da die Gleichung separabel ist.

Abbildung 3.8: Eine Masse an einer Feder.

Ein Beispiel für diesen Fall ist eine Masse m, die an eine Feder befestigt wurde. Die Feder übt eine Kraft $F(x)$ in Abhängigkeit der Auslenkung x auf die Masse aus (Abbildung 3.8). Die Bewegungsgleichung lautet

$$m \frac{\mathrm{d}^2 x}{\mathrm{d}t^2} = -F(x). \tag{3.41}$$

Und (3.39) wird zu

$$\frac{\mathrm{d}v}{\mathrm{d}x} = -\frac{F(x)}{mv}. \tag{3.42}$$

Dies läßt sich separieren (vergl. (3.18))

$$\int mv\,\mathrm{d}v = -\int F(x)\mathrm{d}x.$$

und man erhält

$$\frac{1}{2}mv^2 + \int F(x)\mathrm{d}x = \text{konstant} \qquad (3.43)$$

Mit der Definition

$$V(x) = \int\limits_0^x F(s)\mathrm{d}s \qquad (3.44)$$

und unter Verwendung von (3.38) läßt sich (3.43) schreiben als

$$\frac{1}{2}m\dot{x}^2 + V(x) = \text{konstant} \qquad (3.45)$$

Diese Gleichung läßt sich physikalisch auch als Energieerhaltung interpretieren, mit der kinetischen Energie der Masse $\frac{1}{2}m\dot{x}^2$ und der potentiellen Energie der Feder $V(x)$. Mit den Anfangsbedingungen

$$x = x_0, \qquad \dot{x} = 0 \qquad \text{bei} \quad t = 0 \qquad (3.46)$$

muß die Konstante aus (3.45) gleich $V(x_0)$ sein, und man erhält

$$\frac{\mathrm{d}x}{\mathrm{d}t} = \pm\sqrt{\frac{2}{m}\left(V(x_0) - V(x)\right)}. \qquad (3.47)$$

Auch diese Gleichung läßt sich separieren:

$$\pm\int\limits_{x_0}^x \frac{\mathrm{d}x}{\sqrt{\frac{2}{m}\left(V(x_0) - V(x)\right)}} = t. \qquad (3.48)$$

Ist die Funktion $V(x)$ bekannt, und läßt sich das Integral bestimmen, so erhält man die gewünschte Beziehung zwischen x und t.

Nicht-autonome Differentialgleichungen

Ein Beispiel für diese Differentialgleichungen ist

$$\ddot{x} + k\dot{x} + x^3 = A\cos\Omega t \qquad (3.49)$$

mit den Konstanten k, A und Ω. Die Gleichung ist von gewissem praktischen Interesse. Sie ist jedoch nicht-linear wegen des Terms x^3 und nicht-autonom wegen der expliziten Zeitabhängigkeit von $A \cos \Omega$.

Exakte Lösungen sind bei Differentialgleichungen dieser Art sehr selten, was im Zusammenhang mit dem möglichen chaotischen Verhalten von $x(t)$ steht (siehe Abschnitt 11.1).

3.6 Phasenraum

Abschließend wollen wir ein physikalisches System betrachten, das sich durch ein System von Differentialgleichungen erster Ordnung darstellen läßt:

$$
\begin{aligned}
\dot{x}_1 &= f_1(x_1, x_2, \ldots, x_N) \\
\dot{x}_2 &= f_2(x_1, x_2, \ldots, x_N) \\
&\vdots \\
\dot{x}_N &= f_N(x_1, x_2, \ldots, x_N).
\end{aligned}
\tag{3.50}
$$

Beachten Sie, daß das System autonom ist, da die Zeit t nicht explizit erscheint.

Mit den Koordinaten $x_1, x_2, \ldots, x_N$ wird der sogenannte N-dimensionale Phasenraum aufgespannt.

Das Konzept des Phasenraumes soll an einfachen Beispielen verdeutlicht werden. Nehmen wir den Oszillator (vergleiche (3.27))

$$
\frac{\mathrm{d}^2 x}{\mathrm{d}t^2} + \omega^2 x = 0.
\tag{3.51}
$$

Mit $y = \mathrm{d}x/\mathrm{d}t$ spaltet man die Gleichung entsprechend (3.50) in

$$
\begin{aligned}
\dot{x} &= y, \\
\dot{y} &= -\omega^2 x
\end{aligned}
\tag{3.52}
$$

auf. Der Phasenraum in diesem Problem ist zweidimensional, die gewählten Koordinaten sind x und y.

Bei dem nächsten Beispiel (siehe (3.5))

$$
\frac{\mathrm{d}x}{\mathrm{d}t} = -2x + t
\tag{3.53}
$$

vermutet man zunächst einen eindimensionalen Phasenraum. Dies ist aber falsch, da (3.53) durch die explizite Abhängigkeit von t nicht mehr autonom ist. Die Gleichung kann aber in ein System autonomer Differentialgleichungen erster Ordnung umgewandelt werden. Es bedarf lediglich des trivialen Zusatzes $dt/dt = 1$:

$$
\begin{aligned}
\dot{x} &= -2x + t, \\
\dot{t} &= 1.
\end{aligned}
\tag{3.54}
$$

Etwas verwirrend mag sein, daß t wie eine abhängige Variable behandelt wird und gleichzeitig die unabhängige Variable im System ist. Stören Sie sich nicht daran! Der Phasenraum unseres Systems ist zweidimensional, seine Koordinaten sind x und t.

Als nächstes wandeln wir (3.49) in die Form

$$
\begin{aligned}
\dot{x} &= y, \\
\dot{y} &= -ky - x^3 + A \cos \Omega t, \\
\dot{t} &= 1
\end{aligned}
\tag{3.55}
$$

um. Hier ist der Phasenraum dreidimensional.

Es bleibt noch die Frage zu klären, warum man sich der ganzen Mühe unterzieht. Es gibt tatsächlich drei gute Gründe dafür.

Als erstes ist es manchmal einfacher eine exakte Lösung zu finden, wenn man eine autonome Differentialgleichung zweiter Ordnung in ein System von zwei Gleichungen erster Ordnung umformt. Ein Beispiel dafür haben wir in Abschnitt 3.5 gesehen.

Ein gewichtigerer Grund ist, daß sich fundamentale Eigenschaften von Problemen der Art von (3.50) im Phasenraum durch geometrische Argumente erschließen. Wir werden in Abschnitt 5.5 und Kapitel 11 Beispiele dafür kennenlernen.

Für das nächste Kapitel besonders interessant ist aber, daß sich ein System (3.50) erheblich einfacher numerisch bearbeiten läßt.

Übungen

Aufgabe 3.1

Lösen Sie

$$
\frac{dx}{dt} + 2tx = t
$$

mit der Anfangsbedingung $x = 1$ bei $t = 0$.

Aufgabe 3.2

Lösen Sie

$$\frac{dx}{dt} = \frac{x^2}{1+t}$$

mit der Anfangsbedingung $x = 1$ bei $t = 0$. 'Explodiert' das System in endlicher Zeit?

Aufgabe 3.3

(a) Verifizieren Sie, daß (3.24) die Gleichung (3.23) für beliebige Konstanten A und B erfüllt.

(b) Lösen Sie

$$\ddot{x} - x = 0$$

mit den Anfangsbedingungen $x = 1$ und $\dot{x} = 0$ bei $t = 0$.

Aufgabe 3.4

Betrachten Sie die allgemeine Form der homogenen linearen Differentialgleichung (3.23)

$$a\ddot{x} + b\dot{x} + cx = 0,$$

wobei a, b und c gegebene Funktionen von t sind. Nehmen wir an, wir hätten eine spezielle Lösung $x = x_1(t)$ gefunden, jedoch Schwierigkeiten eine weitere Lösung zu finden. Zeigen Sie, daß mit $x = x_1(t)u(t)$ sich das Problem auf eine Differentialgleichung erster Ordnung mit der Variablen $z = \dot{u}$ reduzieren läßt.

Verwenden Sie die Methode, um

$$\ddot{x} - 2\dot{x} + x = 0$$

mit den Anfangsbedingungen $x = 1$ und $\dot{x} = 0$ bei $t = 0$ zu lösen. Beachten Sie, daß in diesem speziellen Fall die Methode, die zu (3.31) führt, nur *eine* Lösung $x_1(t) = e^t$ liefert.

Aufgabe 3.5

Lösen Sie

$$\ddot{x} - x = t$$

mit den Anfangsbedingungen $x = 1$ und $\dot{x} = 0$ bei $t = 0$.

Aufgabe 3.6

Für eine lineare Feder ergibt sich ein harmonischer Oszillator. Die Federkraft (3.41) ist $F(x) = \alpha x$, wobei α die Federkonstante ist. Wir haben also

$$m\frac{\mathrm{d}^2 x}{\mathrm{d}t^2} = -\alpha x.$$

Die Anfangsbedingungen seien $x = x_0$ und $\dot{x} = 0$ bei $t = 0$. Zeigen Sie, daß die potentielle Energie durch

$$V = \frac{1}{2}\alpha x^2$$

gegeben ist. Führen Sie die Integration von (3.48) durch. Überprüfen Sie das Ergebnis auf Übereinstimmung mit (3.26) und (3.28).

4 Numerische Verfahren

4.1 Einführung

Oft ist es nicht möglich, eine Differentialgleichung exakt zu lösen, insbesondere wenn sie nicht-linear ist. Doch selbst wenn wir einen Lösungsweg kennen, können die damit verbundenen Integrale oder unendlichen Reihen derart kompliziert sein, daß man zu keinem Ergebnis gelangt.

Eine der ersten Differentialgleichungen, die schriftlich aufgezeichnet wurden (Newton 1671), bietet dafür ein gutes Beispiel:

$$\frac{dx}{dt} = (1+t)x + 1 - 3t + t^2. \tag{4.1}$$

Diese Differentialgleichung ist linear und erster Ordnung, wir könnten sie also prinzipiell mit Hilfe eines integrierenden Faktors (Abschnitt 3.2) lösen. Tatsächlich kann man aber die abschließende Integration nicht durchführen. Von diesem Ansatz erhalten wir auch keinen Hinweis auf eine der zentralen Eigenschaften von (4.1), nämlich, daß x für $t \to \infty$ gegen $+\infty$ oder $-\infty$ geht, je nachdem, ob der Anfangswert x_0 größer oder kleiner 0,066 ist. Eine Berechnung mit dem Computer lieferte Abbildung 4.1, woraus dieses Verhalten sofort ersichtlich ist.

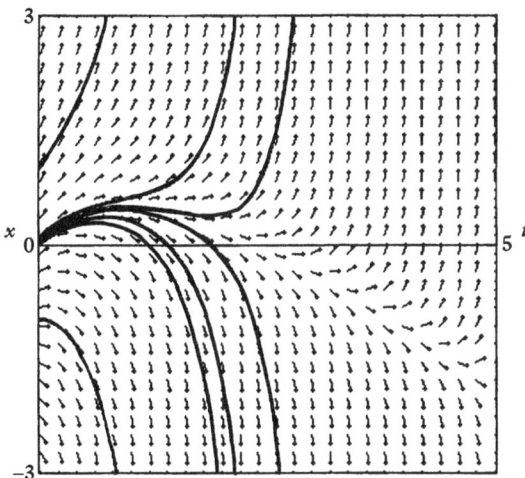

Abbildung 4.1: Numerische Lösungen der Gleichung (4.1) für die Anfangswerte $x_0 = -1$; 0; 0,03; 0,06; 0,07; 0,10 und 1.

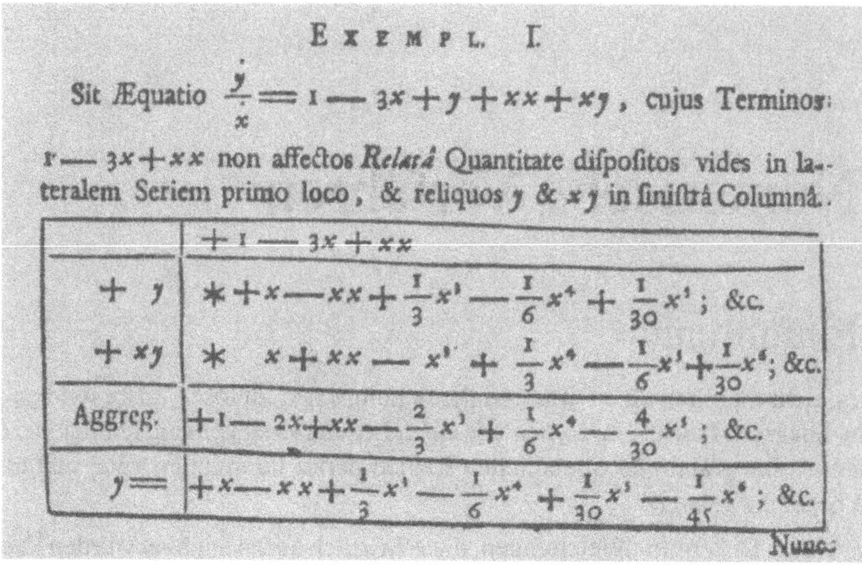

Exempl. I.

Sit Æquatio $\frac{\dot{y}}{x} = 1 - 3x + y + xx + xy$, cujus Terminos

$1 - 3x + xx$ non affectos *Relatâ* Quantitate difpofitos vides in lateralem Seriem primo loco, & reliquos y & xy in finiftrâ Columnâ.

$+ 1 - 3x + xx$				
$+ y$	$* + x - xx + \frac{1}{3}x^3 - \frac{1}{6}x^4 + \frac{1}{30}x^5$; &c.			
$+ xy$	$*\quad x + xx - x^3 + \frac{1}{3}x^4 - \frac{1}{6}x^5 + \frac{1}{30}x^6$; &c.			
Aggreg.	$+ 1 - 2x + xx - \frac{2}{3}x^3 + \frac{1}{6}x^4 - \frac{4}{30}x^5$; &c.			
$y =$	$+ x - xx + \frac{1}{3}x^3 - \frac{1}{6}x^4 + \frac{1}{30}x^5 - \frac{1}{45}x^6$; &c.			

Nunc.

Abbildung 4.2: Die Differentialgleichung (4.1) in Newtons *Methodus Fluxionum et Serierum Infinitorum* von 1671. Sein Ansatz der unendlichen Reihen liefert für die Anfangsbedingung $x = 0$ für $t = 0$ die Lösung $x = t - t^2 + \frac{1}{3}t^3 - \frac{1}{6}t^4 + \cdots$.

Wir werden nun drei Algorithmen dieser Art vorstellen. Das einfachste Verfahren wurde von Euler im Jahre 1768 vorgeschlagen. Als erste Anwendung werden wir jedes der Verfahren auf ein Problem erster Ordnung anwenden:

$$\frac{dx}{dt} = f(x,t), \qquad \text{mit} \quad x = x_0 \quad \text{bei} \quad t = 0. \tag{4.2}$$

4.2 Eulersches Verfahren

Die Anfangsbedingung gibt uns für die Zeit $t = 0$ den Wert $x = x_0$ vor. Des weiteren wissen wir durch (4.2), daß die Steigung der gesuchten Kurve dx/dt an der Stelle $t = 0$ gleich $f(x_0, 0)$ ist. Wir können damit einen Näherungswert $x = x_1$ für die Zeit h berechnen, indem wir zu x_0 den Wert $hf(x_0, 0)$ hinzuaddieren:

$$x_1 = x_0 + hf(x_0, 0)$$

(siehe auch Abbildung 4.3). Von dem berechneten Punkt können wir erneut einen Schritt weiter gehen. Diesmal werden aber für die Steigung $f(x,t)$ die neuen Werte $x = x_1$ und $t_1 = h$ genommen:

$$x_2 = x_1 + hf(x_1, t_1).$$

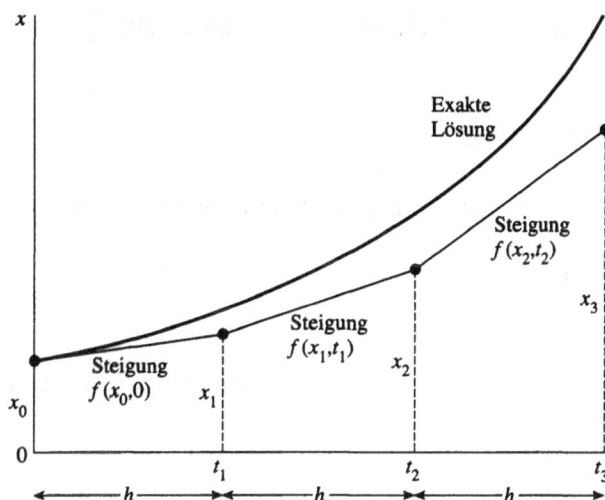

Abbildung 4.3: Eulersches Verfahren

Die Idee von Euler besteht darin, in kleinen Zeitschritten h voranzuschreiten und von dem Startwert x_0 ausgehend nach der Vorschrift

$$x_{n+1} = x_n + hf(x_n, t_n) \tag{4.3}$$

die Näherung x_n für die Zeit $t_n = nh$ auszurechnen. Die Rechenvorschrift läßt sich auch schreiben als

$$x_{neu} = x_{alt} + hf(x_{alt}, t_{alt}). \tag{4.4}$$

Die Näherung in Abbildung 4.3 ist sehr grob, da ein sehr großer Wert für die Schrittweite h genommen wurde. Für praktische und nicht didaktische Zwecke wählt man h so klein, daß man die tatsächliche Kurve auf dem untersuchten Intervall hinreichend genau annähert. Ein kleines h impliziert jedoch eine hohe Anzahl von Rechenschritten.

Ein Beispiel

Wir greifen einen besonderen Fall heraus, um elegant und einfach die Tauglichkeit des Eulerschen Verfahrens zu demonstrieren. Genauer gesagt werden wir zeigen, daß sich für einen beliebigen fest vorgegebenen Zeitpunkt $t = nh$ der Wert x_n, den das Eulersche Verfahren liefert, dem korrekten Wert x annähert, wenn die Schrittweite $h \to 0$ und entsprechend die Anzahl der Schritte $n \to \infty$ geht.

Der besondere Fall, den wir behandeln wollen, ist $f(x,t) = ax$, oder

$$\frac{dx}{dt} = ax, \qquad x = x_0 \quad \text{bei} \quad t = 0, \tag{4.5}$$

wobei a eine Konstante ist. Wir wissen, daß die exakte Lösung

$$x = x_0 e^{at} \tag{4.6}$$

ist (siehe (3.4)).

In unserem Fall ist also $f(x_n, t_n) = ax_n$, und ein Rechenschritt hat die Form

$$\begin{aligned} x_{n+1} &= x_n + hax_n \\ &= (1+ha)x_n. \end{aligned} \tag{4.7}$$

Wir haben hier das außergewöhnliche Glück, daß man x_n allgemein durch n ausdrücken kann. Die Gleichung (4.7) sagt nämlich aus, daß die Folge $x_0, x_1, x_2, \ldots$ einfach durch wiederholte Multiplikation mit einer Konstanten $1 + ha$ erzeugt wird. Daraus folgt, daß

$$x_n = x_0(1+ha)^n. \tag{4.8}$$

Mit der Zeit $t = nh$ erhält man

$$x_n = x_0 \left(1 + \frac{at}{n}\right)^n. \tag{4.9}$$

Bei festgehaltenem t lassen wir $h \to 0$ gehen (dabei geht $n \to \infty$, da $n = t/h$):

$$\lim_{\substack{h \to 0, \\ t \text{ fest}}} x_n = x_0 \lim_{\substack{h \to 0, \\ t \text{ fest}}} \left(1 + \frac{at}{n}\right)^n \tag{4.10}$$

Bemerkenswerter Weise ist die rechte Seite gleich (2.38), und wir wissen deswegen, daß

$$\lim_{\substack{h \to 0, \\ t \text{ fest}}} x_n = x_0 e^{at}, \tag{4.11}$$

was mit (4.6) übereinstimmt. Für den Spezialfall $f(x,t) = ax$ in (4.2) konnten wir also die Richtigkeit des Eulerschen Verfahrens nachweisen.

Es kann gezeigt werden, daß das Verfahren für beliebiges $f(x,t)$ und vorgegebenem t den richtigen Wert liefert, wenn man $h \to 0$ gehen läßt.

4.3 Computerprogramm für das Eulersche Verfahren

Selbst einem Leser ohne Erfahrung in Programmierung wird die Übertragung des Eulerschen Verfahrens auf einen PC keine Probleme bereiten. Wir werden die einfache

Programmiersprache QBasic verwenden. Im Anhang A findet sich eine Beschreibung, wie man die Programme in QBasic zum Laufen bekommt. Für Leser mit sehr wenig oder keiner Erfahrung ist es ratsam, zunächst Anhang A durchzuarbeiten, bevor sie mit diesem Kapitel fortfahren.

Fühlen Sie sich in Basic-Programmierung fit genug, betrachten Sie das folgende Beispiel

$$\frac{\mathrm{d}x}{\mathrm{d}t} = x, \qquad x = 1 \quad \text{bei} \quad t = 0. \tag{4.12}$$

Bereits in diesem kurzen Programm

```
h = 0.01 : tm = 1
t = 0 : x = 1
DO
  x = x + h * (x)
  t = t + h
LOOP UNTIL ABS(t - tm) < h/2
PRINT t, x
```

ist das Wesentliche des Eulerschen Verfahrens enthalten.

Die erste Zeile definiert die Schrittweite h und den maximalen Wert für t, bis zu dem die Routine laufen soll. Er wird mit tm bezeichnet, eine Art Abkürzung für 't_{max}'. Die zweite Zeile setzt die Variablen t und x auf die Anfangswerte.

Das Herz des Programmes ist die nun folgende DO...LOOP-Schleife. In der ersten Zeile wird der Variablen x entsprechend (4.4) ein neuer Wert zugewiesen. Hätten wir eine andere Funktion $f(x,t)$ auf der rechten Seite von (4.12), so müßten wir lediglich (x) durch diese Funktion ersetzen. Die nächste Zeile erhöht t um eine Schrittweite.

Die Schleife wiederholt nun die Berechnung neuer Werte für x und t, bis die Abbruchbedingung ABS(t-tm)<h/2, also $|t - tm| < h/2$, erreicht ist. Die Bedingung sieht etwas seltsam aus. Das liegt daran, daß im allgemeinen – selbst wenn man die Rundungsfehler des Computers nicht mitberücksichtigt – das Zeitintervall tm kein ganzes Vielfaches der Schrittweite h sein wird. Die verwendete Konstruktion bricht dann ab, wenn die diskrete Zeit $t = nh$ dem Endwert tm am nächsten ist (in unserem Beispiel ist der Wert 1). Zum Schluß werden die letzten Werte von x und t auf dem Bildschirm ausgegeben.

Die exakte Lösung von (4.12) ist natürlich $x = e^t$, und der korrekte Wert für x bei $t = 1$ ist

$$e = 2{,}71828\ldots \tag{4.13}$$

Die Zahlenwerte, die mein PC ausgab, sind in Tabelle 4.1 wiedergegeben. An ihnen läßt sich eine Eigenschaft des Eulerschen Verfahrens ablesen: bei gegebener Zeit t ist der Fehler ungefähr proportional zur Schrittweite h. Eine Reduzierung der Schrittweite um den Faktor 10 verringert auch den Fehler um den Faktor 10.

Tabelle 4.1: Ergebnisse einer Computernäherung des Problems (4.12) nach dem Eulerschen Verfahren.

h	$x(1)$	Fehler
0,1	2,593743	−0,124539
0,01	2,704813	−0,013469
0,001	2,716920	−0,001361
0,0001	2,717872	−0,000410
0,00001	2,715541	−0,002741
0,000001	2,693228	−0,025053

Wird h jedoch immer kleiner, steigt irgendwann der Fehler wieder an (in unserem Beispiel bei $\lesssim 10^{-4}$). Dies liegt nicht an einem Fehler in der Theorie. Es sind die Auswirkungen der Rundungsfehler des Computers, die sich bei wachsender Anzahl der Schritte immer stärker aufaddieren.

Graphische Darstellung der Lösung

Auch diese Aufgabe läßt sich leicht bewältigen. Das folgende Programm in QBasic hat vier Zeilen mehr als das erste Programm. Es ist schlicht gehalten, aber es erfüllt seinen Zweck:

```
CLS : SCREEN 9
xm = 200 : tm = 6
VIEW (250, 10) - (550, 300), 0, 9
WINDOW (0, 0) - (tm, xm)
h = 0.01
t = 0 : x = 1
  DO
    x = x + h * (x)
    t = t + h
    PSET (t, x)
  LOOP UNTIL ABS (t - tm) < h/2
```

In der ersten Zeile wird der Bildschirm gelöscht und in einen hochauflösenden Graphikmodus umgeschaltet. Der Befehl VIEW legt den Teil des Bildschirms fest, auf dem die Ausgabe stattfinden soll. Der Befehl WINDOW definiert in diesen Bereich ein Koordinatensystem mit dem Ursprung (0, 0) unten links und dem Punkt (tm, xm) oben rechts. Der Befehl PSET setzt bei jedem Durchgang der Schleife auf dem Bildschirm einen Punkt mit den Koordinaten (t, x).*

---

* Soll das Programm für eine andere Basic-Version geschrieben werden, müssen vermutlich die Befehle CLS; SCREEN, VIEW, WINDOW und PSET angepaßt werden.

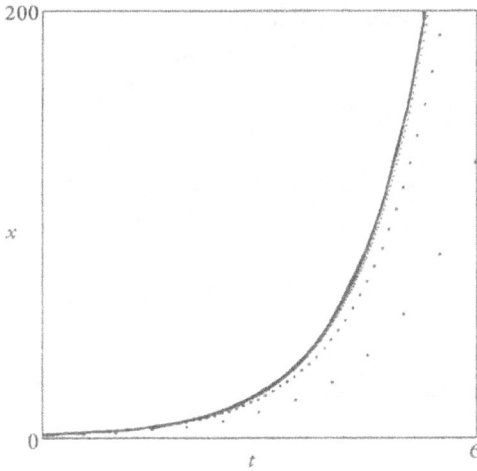

Abbildung 4.4: Die nach dem Eulerschen Verfahren berechneten Lösungen konvergieren mit abnehmender Schrittweite gegen die tatsächliche Kurve. Die unterste Punktreihe wurde mit $h = 0{,}5$ berechnet, die darüber mit $h = 0{,}1$. Für $h = 0{,}02$ ist die Abweichung von der 'exakten' Kurve mit $h = 0{,}004$ bei diesem Abbildungsmaßstab kaum noch zu erkennen.

Abbildung 4.4 zeigt die Ergebnisse von vier verschiedenen Schrittweiten h. Mit kleiner werdendem h konvergiert die Kurve offensichtlich gegen die exakte Lösung.

Ein nicht-lineares Problem

Der große Vorteil eines solchen Programms liegt darin, daß man es mit nur minimalen Änderungen auf jedes ähnliche Problem anwenden kann.

Unser nächstes Beispiel ist

$$\frac{\mathrm{d}x}{\mathrm{d}t} = t - x^2, \qquad x = x_0 \quad \text{bei} \quad t = 0. \tag{4.14}$$

Die Differentialgleichung ist nicht-linear, nicht-autonom und hat – trotz ihres einfachen Aussehens – keine exakte Lösung aus elementaren Funktionen.

Die Hauptänderung erfolgt in der Zeile nach der DO-Anweisung. Sie wird entsprechend (4.14) ersetzt durch

```
x = x + h * (t - x ^ 2).
```
(4.15)

Um positive wie negative Funktionswerte darstellen zu können, wurde die Zeile mit der WINDOW-Anweisung durch zwei neue Zeilen ersetzt.

```
WINDOW (0, -xm) - (tm, xm)
LINE (0, 0) - (tm, 0), 9
```

Die zweite Zeile zeichnet die t-Achse in Blau.

In Abbildung 4.5 ist das Ergebnis für eine Schrittweite von $h = 0{,}05$ und fünf verschiedenen Anfangswerten x_0 dargestellt. Ist $x_0 \lesssim -0{,}73$ geht die Lösung gegen $-\infty$. Für $x_0 \gtrsim -0{,}73$ nähern sich die Kurven je nach Anfangswert recht schnell einer gemeinsamen Kurve an. Lassen wir die Näherungsrechnung weiter laufen, zum Beispiel bis tm=36 und xm=6, so scheint diese Kurve $x = t^{1/2}$ zu sein.

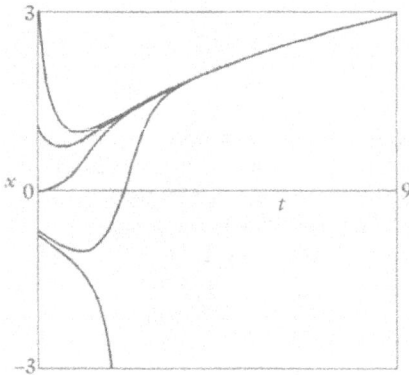

Abbildung 4.5: Numerische Integration von (4.14) mit dem Eulerschen Verfahren. Die Schrittweite ist $h = 0{,}05$ und die fünf verschiedenen Anfangswerte für x_0 sind 3; 1; 0; −0,7 und −0,75. Die Maximalwerte sind $tm = 9$ und $|xm| = 3$.

Lassen wir das Programm immer weiter laufen, so bekommen wir einen kleinen Schock! Ab etwa $t \sim 420$ setzt eine Oszillation mit großer Amplitude ein. x springt bei jedem Schritt hin und her. Ab etwa $t \gtrsim 700$ werden diese Oszillationen chaotisch (siehe Abbildung 4.6(a), vergleiche auch Aufgabe 11.6 und Abbildung 11.17).

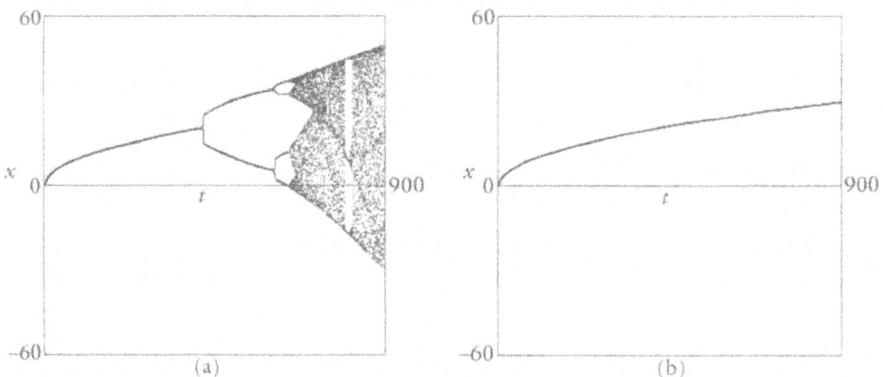

Abbildung 4.6: Numerische Integration von (4.14) über ein längeres Intervall ($tm = 900$ und $xm = 60$). Der linke Graph wurde mit $h = 0{,}05$ berechnet und zeigt das Versagen des Eulerschen Verfahrens. Mit $h = 0{,}025$ taucht der Fehler im rechten Graphen nicht mehr auf.

Dieses seltsame Verhalten hat jedoch nichts mit den wirklichen Eigenschaften von (4.14), sondern mit einem Versagen des Eulerschen Verfahrens zu tun. Eine Verringerung der Schrittweite läßt das Phänomen verschwinden (Abbildung 4.6(b)).

Das obige Beispiel liefert uns einen wichtigen Hinweis: Das Eulersche Verfahren, wie es in Abschnitt 4.2 dargestellt wurde, gilt bei festem h, aber nicht unbedingt für beliebig große Zeitintervalle t, auch wenn h sehr klein ist. Die Aussage war lediglich, daß bei *gegebenem* Intervall $t = nh$ der Fehler beliebig klein gehalten werden kann, indem man h hinreichend klein wählt.

In der Praxis geht man oft so vor, daß man die numerische Integration über ein Intervall t ausführt, dann die Schrittweite h halbiert und die Integration erneut ausführt. Dies wird so lange wiederholt, bis sich das Ergebnis nicht mehr nennenswert verändert.

Durch einen kleinen Zusatz läßt sich diese Prozedur mit unserem Programm vereinfachen:

```
CLS : SCREEN 9
xm = 60 : tm = 900
VIEW (250, 10) - (550, 300), 0, 9
WINDOW (0, -xm) - (tm, xm)
LINE (0, 0) - (tm, 0), 9
DO
  INPUT "h, Farbe" ; h, Farbe
  t = 0 : x = 0
   DO
    x = x + h * (t - x^2)
    t = t + h
    PSET (t, x), Farbe
  LOOP UNTIL ABS (t - tm) < h/2
LOOP
```

Sobald wir das Programm starten, fordert der Befehl INPUT uns auf, die Schrittweite h und die Nummer der Bildschirmfarbe (eine ganze Zahl zwischen 1 und 15) für PSET einzugeben. Man tippt die beiden Zahlen getrennt durch ein Komma ein und beendet die Eingabe mit der Return-Taste. Nun folgt die Integration. Ist sie abgeschlossen, springt das Programm wegen einer zweiten DO...LOOP-Schleife wieder zur Eingabeaufforderung zurück.

Die Lösung, die in Abbildung 4.6(b) dargestellt ist, wurde noch einmal mit $h = 0,0125$ überprüft. Das Ergebnis war von der gezeigten Kurve nicht zu unterscheiden.

Da wir im Rahmen dieses Buches auf eine tiefergehende Behandlung von Fehlern numerischer Verfahren verzichten, sollte wenigsten mit diesem einfachen Test die Ergebnisse überprüft werden.

4.4 Differentialgleichungssysteme

Bis jetzt haben wir das Eulersche Verfahren nur auf das Problem

$$\dot{x} = f(x,t) \tag{4.16}$$

mit $x = x_0$ bei $t = 0$ angewendet. Es läßt sich jedoch in ganz einfacher Weise auch auf Systeme von Differentialgleichungen erster Ordnung übertragen.

Nehmen wir an, wir hätten ein gekoppeltes System

$$\dot{x} = f(x,y,t),$$
$$\dot{y} = g(x,y,t), \tag{4.17}$$

wobei f und g Funktionen von x, y, und t sind. Die Frage lautet dann, wie sich x *und* y in der Zeit t entwickeln, wenn $x = x_0$ und $y = y_0$ bei $t = 0$ die Anfangsbedingungen sind. Für die numerische Lösung muß die Vorschrift (4.3) lediglich an das neue Problem angepaßt werden:

$$x_{n+1} = x_n + hf(x_n,y_n,t_n),$$
$$y_{n+1} = y_n + hg(x_n,y_n,t_n). \tag{4.18}$$

Gekoppelte Differentialgleichungen (4.17) tauchen zum Beispiel als Umformung von Differentialgleichungen zweiter Ordnung auf:

$$\ddot{x} = F(x,\dot{x},t) \tag{4.19}$$

mit $x = x_0$ und $\dot{x} = v_0$ bei $t = 0$. Diese Gleichung läßt sich stets umformen in ein Paar gekoppelter Differentialgleichungen erster Ordnung:

$$\dot{x} = y,$$
$$\dot{y} = F(x,y,t) \tag{4.20}$$

mit $x = x_0$ und $y = v_0$ bei $t = 0$ (vergleiche auch (3.38)). Durch die Umformung kann man mit dem Algorithmus (4.18) auch Differentialgleichungen zweiter Ordnung lösen.

Ein einfaches Beispiel

Als Test nehmen wir ein bereits gelöstes Problem:

$$\frac{d^2x}{dt^2} + \omega^2 x = 0 \qquad \text{mit} \quad x = 0, \quad \frac{dx}{dt} = v_0 \quad \text{bei} \quad t = 0. \tag{4.21}$$

ω und v_0 sind gegebene Konstanten (vergleiche (3.27)). Die exakte Lösung

$$x = \frac{v_0}{\omega} \sin \omega t. \tag{4.22}$$

dient als Referenz für das Eulersche Verfahren.

Dimensionslose Parameter (Skalierung)

Auf den ersten Blick erscheint es, als müßte man für unterschiedliche Werte von ω und v_0 jedesmal das Programm von neuem starten. Dies wäre eine enorme Zeitverschwendung! Eine einfache Transformation eliminiert die Variablen ω und v_0 aus der Berechnung.

Dazu machen wir den Ansatz

$$\tilde{x} = \frac{x}{a}, \qquad \tilde{t} = \frac{t}{b}, \tag{4.23}$$

wobei a und b frei wählbare Konstanten sind. Dann ist

$$\frac{dx}{dt} = a\frac{d\tilde{x}}{dt} = a\frac{d\tilde{x}}{d\tilde{t}}\frac{d\tilde{t}}{dt} = \frac{a}{b}\frac{d\tilde{x}}{d\tilde{t}} \tag{4.24}$$

und so weiter. Damit transformiert sich das Problem (4.21) zu

$$\frac{d^2\tilde{x}}{d\tilde{t}^2} + \omega^2 b^2 \tilde{x} = 0, \qquad \text{mit} \quad \tilde{x} = 0, \quad \frac{d\tilde{x}}{d\tilde{t}} = \frac{b}{a}v_0 \quad \text{bei} \quad \tilde{t} = 0. \tag{4.25}$$

Offensichtlich verschwinden die Parameter ω und v_0 aus den Berechnungen, wenn man $b = 1/\omega$ und $a = v_0/\omega$ setzt. Man hat dann

$$\tilde{x} = \frac{\omega}{v_0}x, \qquad \tilde{t} = \omega t, \tag{4.26}$$

und die Differentialgleichung lautet dann

$$\ddot{\tilde{x}} + \tilde{x} = 0 \qquad \text{mit} \quad \tilde{x} = 0, \quad \dot{\tilde{x}} = 1 \quad \text{bei} \quad \tilde{t} = 0. \tag{4.27}$$

Hier bezeichnet ein Punkt die Ableitung nach $\tilde{t}$.

Die Rechenschritte

Zunächst zerlegen wir (4.27) in zwei Differentialgleichungen erster Ordnung:

$$\begin{aligned} \dot{\tilde{x}} &= \tilde{y}, \\ \dot{\tilde{y}} &= -\tilde{x}, \end{aligned} \tag{4.28}$$

wobei $\tilde{x} = 0$ und $\tilde{y} = 1$ bei $\tilde{t} = 0$ ist.

Ein einfaches QBasic-Programm löst das Problem nach dem Eulerschen Verfahren (4.18):

```
CLS : SCREEN 9
xm = 2: tm = 5 * 2 * 3.14159
VIEW (250, 10) - (550, 300), 0, 9
WINDOW (0, -xm) - (tm, xm) : LINE (0, 0) - (tm, 0), 9
h = .05
t = 0: x = 0: y = 1
  DO
```

```
dx = h * (y)
dy = h * (-x)
x = x + dx
y = y + dy
t = t + h
PSET (t, x)
LOOP UNTIL ABS(t - tm) < h/2
```

Mit den vorgegebenen Werten läuft das Programm über fünf Perioden der exakten
Lösung

$$\tilde{x} = \sin \tilde{t}. \tag{4.29}$$

Wegen der Transformation (4.26) ist dies identisch mit der Gleichung (4.22).

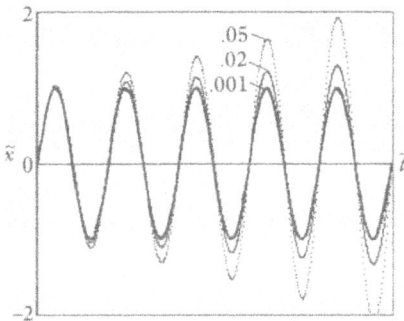

Abbildung 4.7: Das Eulersche Verfahren angewandt auf
(4.28) mit $\tilde{x} = 0$ und $\tilde{y} = 1$ bei $\tilde{t} = 0$ für drei verschiedene
(skalierte Schrittweiten $\tilde{h} = \tilde{t}_{neu} - \tilde{t}_{alt}$).

Die Ergebnisse sind in Abbildung 4.7 dargestellt. Die Graphen zeigen ein Wachstum
der Amplituden mit der Zeit. Dies ist aber keine reelle Eigenschaft von (4.29). Wie
man sieht, wird der Effekt schwächer, wenn ein kleineres $\tilde{h}$ gewählt wird.

Wieder stellt man fest, daß die Computerlösung bei festem Intervall konvergiert, wenn
$\tilde{h} \to 0$ geht.

4.5 Verbesserte numerische Verfahren

Das Eulersche Verfahren ist sehr einfach zu verstehen, aber der Fehler bei fester Zeit
t ist proportional zu der Schrittweite h. Für eine genaue Lösung muß h entsprechend
klein und die Anzahl der Schritte entsprechend groß sein. Das erhöht nicht nur die
Rechenzeit, es besteht auch die Gefahr, daß sich Rundungsfehler wie in Tabelle 4.1
aufaddieren.

Wir werden nun zwei raffiniertere Verfahren behandeln. Das erste hat bei festem t
einen Fehler proportional zu h^2, das zweite von h^4. Für kleines h bedeutet das im
Vergleich zum Eulerschen Verfahren eine drastische Verbesserung.

Glücklicherweise lassen sich beide Verfahren – ähnlich dem Eulerschen Verfahren – sowohl auf einzelne als auch auf Systeme von gekoppelten Differentialgleichungen erster Ordnung anwenden.

Das verbesserte Eulersche Verfahren

Die exakte Lösung des Anfangswertproblems

$$\frac{\mathrm{d}x}{\mathrm{d}t} = f(x,t) \quad \text{mit} \quad x = x_0 \quad \text{bei} \quad t = 0 \tag{4.30}$$

sei $x(t)$. Die Zeitpunkte, für die die Näherungswerte x_n zu den korrekten Werten $x(t_n)$ gesucht werden, sind $t_n = nh$.

Integration auf beiden Seiten von (4.30) über einen Zeitschritt ergibt ohne Näherung

$$x(t_{n+1}) - x(t_n) = \int_{t_n}^{t_{n+1}} f[x(t),t]\mathrm{d}t, \tag{4.31}$$

dabei bezeichnet $f[x(t),t]$ die Funktion, die man erhält, wenn man auf der rechten Seite von (4.30) die exakte Lösung $x(t)$ einsetzt. Wenn wir nun die Funktion $f[x(t),t]$ anstelle von $x(t)$ gegen t auftragen, ist die rechte Seite von (4.31) gerade die Fläche unter der Kurve von t_n bis t_{n+1} (Abbildung 4.8).

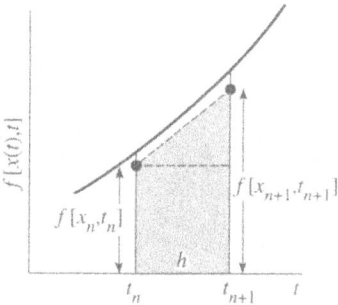

Abbildung 4.8: Geometrische Interpretation des Eulerschen und des verbesserten Eulerschen Verfahrens. Hier wurde im Gegensatz zur Abbildung 4.3 $f(x,t)$ gegen t aufgetragen.

So betrachtet, besteht das Eulersche Verfahren darin, die linke Seite von (4.31) durch $x_{n-1} - x_n$ und die rechte Seite durch eine Näherung der angegebenen Fläche zu ersetzen. Die Fläche wird mit einem Rechteck der Höhe $f(x_n,t_n)$ und der breite h angenähert. So erhalten wir

$$x_{n+1} = x_n + hf(x_n,t_n). \tag{4.32}$$

Sicherlich ist das grau unterlegte Trapez aus Abbildung 4.8 eine bessere Näherung für die Fläche:

$$\frac{1}{2}h\{f(x_n,t_n)+f(x_{n+1},t_{n+1})\}. \tag{4.33}$$

Dies ergäbe anstelle von (4.32)

$$x_{n+1} = x_n + \frac{1}{2}h\{f(x_n,t_n)+f(x_{n+1},t_{n+1})\}, \tag{4.34}$$

was aber für die Berechnung ungeeignet ist, da es keine explizite Angabe des 'neuen' Wertes x_{n+1} als Ausdruck von x_n ist.

Wir lösen das Problem, indem wir die Näherung (4.32) nehmen und sie auf der rechten Seite von (4.34) einsetzen. Statt $f(x_{n+1},t_{n+1})$ schreiben wir also $f\{x_n + hf(x_n,t_n),t_{n+1}\}$, was x_{n+1} explizit durch x_n ausdrückt.

Eulersches Verfahren	Verbessertes Eulersches Verfahren	
$c_1 = hf(x,t)$	$c_1 = hf(x,t)$	(4.35)
	$c_2 = hf(x+c_1,t+h)$	
$x_{\text{neu}} = x+c_1$	$x_{\text{neu}} = x+\frac{1}{2}(c_1+c_2)$	

In dem verbesserten Verfahren wird der neu berechnete Wert von c_1 dazu verwendet, c_2 zu ermitteln.

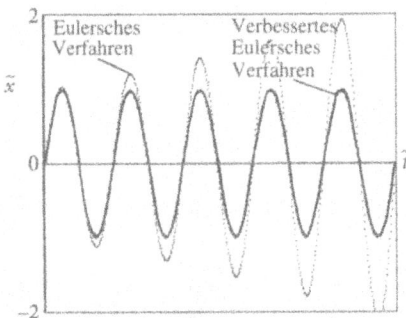

Abbildung 4.9: An einem Beispiel werden die Ergebnisse des Eulerschen und des verbesserten Eulerschen Verfahrens miteinander verglichen.

Abbildung 4.9 zeigt einen Vergleich zwischen den beiden Verfahren jeweils angewandt auf das Anfangswertproblem (4.27) und mit einer Schrittweite von $\tilde{h} = 0,05$. Das verbesserte Verfahren ist deutlich überlegen.

Das Runge-Kutta-Verfahren

Dieses Verfahren konvergiert mit einem Fehler proportional zu h^4 bei fester Zeit $t = nh$ noch schneller als das vorherige Verfahren. Es stammt aus dem Ende des letzten Jahrhunderts und beinhaltet fünf Teilschritte zur Berechnung des nächsten Wertes.

$$c_1 = hf(x,t)$$
$$c_2 = hf(x + \tfrac{1}{2}c_1, t + \tfrac{1}{2}h)$$
$$c_3 = hf(x + \tfrac{1}{2}c_2, t + \tfrac{1}{2}h)$$
$$c_4 = hf(x + c_3, t + h)$$
$$x_{\text{neu}} = x + \tfrac{1}{6}(c_1 + 2c_2 + 2c_3 + c_4). \tag{4.36}$$

Die komplette Herleitung des Runge-Kutta-Verfahrens ist sehr langwierig und würde den Rahmen des Buches übersteigen. In der Aufgabe 4.6 finden sich aber Hinweise zur Herleitung. In den Aufgaben 4.3 und 4.4 werden Differentialgleichungen mit bekannten Lösungen mit dem Runge-Kutta-Verfahren integriert. Dadurch wird die Funktionstüchtigkeit des Verfahrens gezeigt, bevor mit ihm in den späteren Kapiteln unbekannte Probleme behandelt werden.

An dieser Stelle sollte noch erwähnt werden, daß alle drei Verfahren auch mit variabler Schrittweite h verwendet werden können. Man muß also nicht ein konstantes h für das gesamte Intervall von $t = 0$ bis $t = $ tm nehmen. Wir können zum Beispiel für die Berechnung von x_{n+1} aus x_n in (4.36) einen bestimmten Wert für h einsetzen und bei dem nächsten Schritt von x_{n+1} nach x_{n+2} einen anderen nehmen. Geschickte Anpassung der Schrittweite kann Rechenzeit und Rundungsfehler verringern. Ein wichtiges Beispiel findet sich in Abschnitt 6.8.

Am Ende des Kapitels schließen wir wieder den Bogen zu seinem Anfang, nämlich zu der Differentialgleichung (4.1), die Newton erstmals 1671 behandelt hatte. Wir wenden alle drei Verfahren auf diese Differentialgleichung an, und wählen absichtlich den Anfangswert $x_0 = 0{,}0655$. Dieser ist sehr dicht an dem kritischen Wert von $0{,}06523$. Oberhalb dieses Wertes gehen die Lösungen gegen $+\infty$, unterhalb gegen $-\infty$ (vergleiche Abbildung 4.1). Bei allen Verfahren wird die gleiche Schrittweite von $h = 0{,}035$ verwendet.

Das Eulersche Verfahren liefert bis $t \lesssim 1$ eine befriedigende Näherung. Danach verläuft jedoch das Ergebnis in die 'falsche' Richtung. Das verbesserte Eulersche Verfahren schlägt zwar den 'richtigen' Weg ein, doch schon bei $t \sim 3$ weicht die Näherung deutlich von der korrekten Lösung ab. Die Näherung durch das Runge-Kutta-Verfahren läßt sich auf dem Zeitintervall nicht mehr von der tatsächlichen Kurve unterscheiden (was eine weitere Berechnung zeigt). Das Runge-Kutta-Verfahren wäre in diesem Fall sogar mit einer Schrittweite größer $0{,}1$ ausgekommen. Die hohe Genauigkeit des Runge-Kutta-Verfahrens macht es zur ersten Wahl für längere oder heikle Integrationen, die in späteren Kapiteln durchgeführt werden.

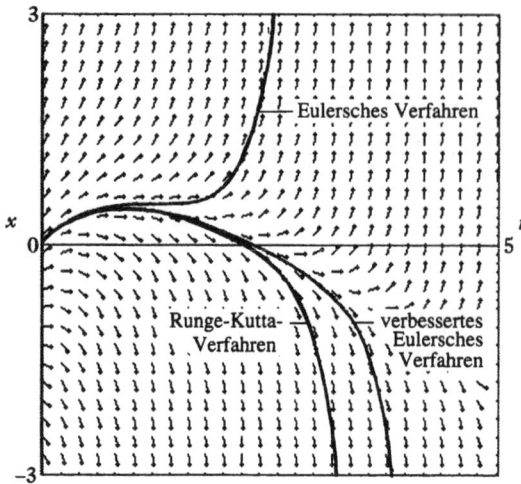

Abbildung 4.10: Vergleich dreier verschiedener numerischer Lösungsverfahren der Gleichung (4.1) bei gleichem Anfangswert $x_0 = 0{,}0655$ und gleicher Schrittweite $h = 0{,}035$.

Übungen

Aufgabe 4.1

Geben sie die verschiedenen Programme für das Eulersche Verfahren aus Abschnitt 4.3 ein. Lassen Sie sie laufen, und sichern Sie sie. Ändern Sie das zweite Programm so ab, daß als Vergleich zur Näherung zusätzlich die exakte Lösung für $x = e^t$ in einer anderen Farbe auf dem Bildschirm ausgegeben wird.

Wird das Versagen des Eulerschen Verfahrens in Abbildung 4.6(a) durch ein kleineres h verhindert oder nur auf einen späteren Zeitpunkt t verschoben?

Aufgabe 4.2

Geben Sie das Programm für das Eulersche Verfahren aus dem Abschnitt 4.4 ein, und überprüfen Sie damit die Ergebnisse aus Abbildung 4.7.

Man könnte versucht sein, das Programm kompakter zu schreiben mit

```
x = x + h * (y)
y = y + h * (-x) .
```

Warum entspricht das aber nicht mehr dem Eulerschen Verfahren?

Aufgabe 4.3

Betrachten Sie das Problem

$$\frac{\mathrm{d}x}{\mathrm{d}t} = x \qquad \text{mit} \quad x = 1 \quad \text{bei} \quad t = 0.$$

Verändern Sie das Programm aus Abschnitt 4.3, so daß es das verbesserte Eulersche

Verfahren verwendet. Erstellen Sie damit eine zu Tabelle 4.1 entsprechende Tabelle
für die Werte $h = 0{,}1$; $0{,}01$ und $0{,}001$.

Wiederholen Sie die Rechnung mit dem Runge-Kutta-Verfahren. Verwenden Sie dazu
doppelt genaue Fließkomma-Arithmetik (siehe Abschnitt A.3).

$$[x(1) = e = 2{,}718\,281\,828\,459\,045\ldots]$$

Aufgabe 4.4

Zeigen Sie durch algebraische Umformungen, daß bereits ein Schritt (der Länge h) des
Runge-Kutta-Verfahrens beim obigen Problem zu

$$x = 1 + h + \frac{h^2}{2!} + \frac{h^3}{3!} + \frac{h^4}{4!}$$

führt, wenn $t = h$ ist. Dies ist gerade die Taylor-Näherung für e^h mit dem verbleibenden
Fehler $O(h^4)$.

Aufgabe 4.5

Bestätigen Sie die Ergebnisse für die Differentialgleichung (4.1) in Abbildung 4.1 und
Abbildung 4.10, indem Sie das Programm 1XT aus dem Anhang B verwenden. Dieses
kann alle drei Verfahren verwenden und auch das Richtungsfeld zeichnen.

Wenn wir nur das Eulersche Verfahren zur Verfügung hätten, wie könnte man dann
herausfinden, ob das entsprechende Ergebnis in Abbildung 4.10 nicht stimmt?

Welche Belege haben wir dafür, daß das Runge-Kutta-Verfahren in Abbildung 4.10 die
richtige Lösung liefert?

Aufgabe 4.6

$x(t)$ soll der autonomen Differentialgleichung

$$\frac{\mathrm{d}x}{\mathrm{d}t} = f(x) \qquad \text{mit} \quad x = x_0 \quad \text{bei} \quad t = 0$$

genügen. Zerlegen Sie $x(t)$ in eine Taylor-Reihe (siehe (2.14)) und zeigen Sie für
kleines h, daß die Näherung

$$x(h) \approx x_0 + h f(x_0) + \frac{1}{2} h^2 f(x_0) f'(x_0)$$

einen Fehler proportional zu h^2 hat. Zeigen Sie dann, daß das verbesserte Eulersche
Verfahren (4.35) die gleiche Abhängigkeit des Fehlers von h hat.

(Genau der gleiche Ansatz liefert, wenn er korrekt bis zur vierten Ordnung durchgeführt wird, den Beweis für das Runge-Kutta-Verfahren. Allerdings ist selbst im autonomen Fall ein enormer Rechenaufwand nötig.)

5 Klassische Schwingungen

5.1 Einführung

Eines der am längsten und besten untersuchten schwingenden Systeme ist das sogenannte einfache Pendel. Es besteht aus einem leichten, starren Stab, der an dem einen
Ende drehbar im Punkt O befestigt ist. An seinem anderen Ende befindet sich eine
punktförmige Masse. Durch die Aufhängung kann sich das Pendel nur in einer bestimmten senkrechten Ebene bewegen (siehe Abbildung 5.1).

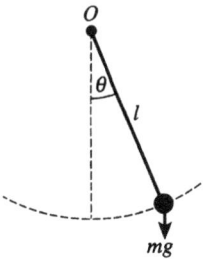

Abbildung 5.1: Das einfache Pendel.

Galileos Experimente mit Pendeln um das Jahr 1602 herum ergaben, daß die Periodendauer T proportional zur Wurzel der Länge ist:

$$T \propto \sqrt{l}. \tag{5.1}$$

Was damals sehr verwundert war, daß die Periodendauer unabhängig von der Amplitude zu sein schien. Es stellte sich jedoch bald heraus, daß das nur für kleine
Amplituden zutrifft.

Für die Differentialgleichungen der Bewegung definieren wir den Winkel θ (in Bo-
genmaß) als Winkel zwischen dem Pendel und der Senkrechten (Abbildung 5.1). Der
Massepunkt hat die Momentangeschwindigkeit von $l\,d\theta/dt$ in Richtung zunehmenden
Winkels θ. Die Komponente der Beschleunigung in dieser Richtung ist $l\,d^2\theta/dt^2$. Die
einzige Kraft, die in diese Richtung wirkt ist die Komponente $mg\sin\theta$ der Schwerkraft.
Da diese Kraft nach unten gerichtet ist, muß $ml\,d^2\theta/dt^2$ gleich $-mg\sin\theta$ sein:

$$\frac{d^2\theta}{dt^2} + \frac{g}{l}\sin\theta = 0. \tag{5.2}$$

Das ist nicht einfach analytisch zu lösen. Beschränken wir uns jedoch auf kleine Auslenkungen, können wir eine Näherung einführen

$$\sin\theta \approx \theta \quad \text{für} \quad |\theta| \ll 1. \tag{5.3}$$

Damit ergibt sich bei kleinen Amplituden

$$\frac{d^2\theta}{dt^2} + \frac{g}{l}\theta = 0 \tag{5.4}$$

als genäherte Differentialgleichung für das einfache Pendel.

Nehmen wir an, wir lenken das Pendel um den Winkel $\theta = \theta_0$ aus und lassen es zur Zeit $t = 0$ los. Die Lösung von (5.4), die die Anfangsbedingung erfüllt, ist

$$\theta = \theta_0 \cos\left(\frac{g}{l}\right)^{1/2} t \tag{5.5}$$

(siehe (3.28)), so daß das Pendel mit einer Periode von

$$T = 2\pi\sqrt{\frac{l}{g}} \tag{5.6}$$

hin- und herschwingt. Wie Galileo in seinen Experimenten beobachtet hat, ist die Periode proportional zu $\sqrt{l}$ und unabhängig von der Amplitude θ_0.

5.2 Der lineare Oszillator

Die Vereinfachung, die von (5.2) nach (5.4) vorgenommen wurde, wird Linearisierung der Bewegungsgleichungen genannt. Sie läßt sich fast auf jedes mechanisches System anwenden, wenn man sich auf kleine Auslenkungen um eine stabile Gleichgewichtslage herum beschränkt.

Um zu sehen, warum das so ist, betrachten wir den Massepunkt m in Abbildung 5.2, der sich unter Einwirkung einer Feder hin- und herbewegt. Die Gleichgewichtslage, in der die Feder weder gedehnt noch gestaucht ist, wird mit $x = 0$ bezeichnet. Die Kraft

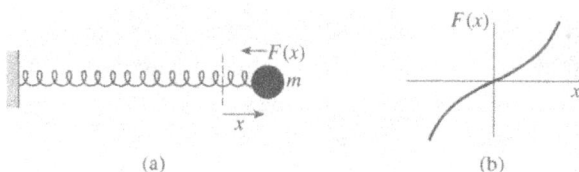

Abbildung 5.2: (a) Ein Federpendel. (b) Ein typischer Zusammenhang zwischen der Kraft $F(x)$ einer Feder und deren Auslenkung x von der Gleichgewichtslage.

der Feder sei in negativer x-Richtung definiert. Im allgemeinen wird die Kraft eine komplizierte Funktion von x sein, die von den elastischen Eigenschaften der Feder abhängt. Wir wissen aber, daß $F(0) = 0$ sein muß, weil in der Gleichgewichtslage $x = 0$ die Kraft der Feder gleich null sein muß.

Die exakte Differentialgleichung der Bewegung lautet

$$m\frac{\mathrm{d}^2x}{\mathrm{d}t^2} = -F(x). \tag{5.7}$$

Für kleine Werte von $|x|$, also in der Nähe der Gleichgewichtslage, läßt sich $F(x)$ durch die ersten zwei Glieder der Taylor-Reihe mit dem Entwicklungspunkt $x = 0$ annähern:

$$F(x) \approx F(0) + xF'(0) \tag{5.8}$$

(siehe (2.14)), und weil $F(0) = 0$, können wir schreiben

$$F(x) \approx \alpha x, \tag{5.9}$$

wobei $\alpha = F'(0)$ als Federkonstante bezeichnet wird.

Damit läßt sich die Differentialgleichung der Bewegung linearisieren, und für genügend kleines $|x|$ gilt

$$m\frac{\mathrm{d}^2x}{\mathrm{d}t^2} = -\alpha x. \tag{5.10}$$

Mit

$$\omega^2 = \frac{\alpha}{m} \tag{5.11}$$

erhält man

$$\frac{\mathrm{d}^2x}{\mathrm{d}t^2} + \omega^2 x = 0 \tag{5.12}$$

mit der allgemeinen Lösung (siehe auch (3.28))

$$x = A\cos\omega t + B\sin\omega t. \tag{5.13}$$

Dies läßt sich auch schreiben als

$$x = C\cos(\omega t - D),$$

mit $C = (A^2 + B^2)^{1/2}$ und $D = \tan^{-1}(B/A)$.

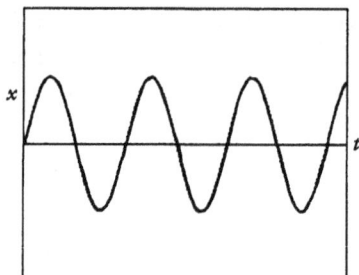

Abbildung 5.3: Eine harmonische Oszillation.

Kleine Schwingungen um die Gleichgewichtslage sind also harmonisch (siehe Abbildung 5.3). Die Periode ist offensichtlich $2\pi/\omega$ und die Frequenz, also die Anzahl der kompletten Schwingungen pro Zeit, ist $f = \omega/2\pi$. Die korrekte Bezeichnung für ω ist Winkelgeschwindigkeit, gelegentlich werden wir uns aber die Ungenauigkeit leisten, von ω als Frequenz zu sprechen.

Der Effekt der Dämpfung

Nehmen wir nun an, die Masse in Abbildung 5.2 erfährt eine Reibung, die proportional zu ihrer Geschwindigkeit ist. Das führt zu einer zusätzlichen Kraft $-\gamma\dot{x}$ in positiver x-Richtung mit der positiven Konstante γ. Die Differentialgleichung der Bewegung ist dann (Näherung für kleine Auslenkungen)

$$m\ddot{x} = -\alpha x - \gamma\dot{x}.$$

Mit $k = \gamma/m$ erhält man

$$\ddot{x} + k\dot{x} + \omega^2 x = 0, \tag{5.14}$$

wobei ω wie vorher durch (5.11) definiert ist.

Man kann zeigen, daß die allgemeine Lösung dieser Gleichung

$$x = Ce^{-kt/2}\cos\left\{\left(\omega^2 - \frac{1}{4}k^2\right)^{1/2}t - D\right\} \tag{5.15}$$

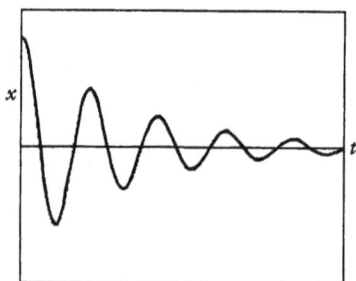

Abbildung 5.4: Beispiel einer gedämpften harmonischen Schwingung.

ist, wenn die Dämpfung nicht zu stark ist, oder genauer, wenn $\frac{1}{4}k^2 < \omega^2$ ist (Aufgabe 5.1). Die Amplitude der Schwingung nimmt mit $e^{-kt/2}$ ab und zwar um so schneller, je größer die Reibungskonstante k ist (Abbildung 5.4). Ein zweiter Effekt der Dämpfung ist die Reduzierung der Frequenz von ω auf $(\omega^2 - \frac{1}{4}k^2)^{1/2}$.

Erzwungene Schwingung und Resonanz

Nehmen wir schließlich an, der Massepunkt in Abbildung 5.2 wird zusätzlich zur Federkraft $-\alpha x$ durch eine äußere Kraft $F_0 \cos \Omega t$ angeregt. Bei fehlender Dämpfung und kleinem $|x|$ lautet die Differentialgleichung der Bewegung

$$\ddot{x} + \omega^2 x = a \cos \Omega t, \tag{5.16}$$

wobei $a = F_0/m$ ist.

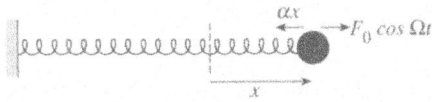

Abbildung 5.5: Eine erzwungene harmonische Schwingung am Beispiel eines Federpendels.

Die Gleichung wurde von Euler im Jahre 1739 untersucht. Er stellte fest, daß der interessanteste Fall eintritt, wenn die Frequenz Ω der Anregung mit der Eigenfrequenz ω des Systems übereinstimmt. Diesen Fall bezeichnet man als Resonanz. Die Amplitude nimmt dabei stetig zu. Für $\Omega = \omega$ läßt sich zeigen, daß zum Beispiel

$$x = \frac{a}{2\omega} t \sin \omega t \tag{5.17}$$

eine Lösung von (5.16) mit den Anfangsbedingungen $x = \dot{x} = 0$ bei $t = 0$ ist (Aufgabe 5.2). Das heißt, daß die Amplitude linear mit t anwächst.

Existiert eine leichte Dämpfung, beginnt die Amplitude zunächst zu wachsen, nähert sich dann aber einem (relativ großen) Grenzwert an (Abbildung 5.7(a)). Die größten Amplituden werden für $\Omega \approx \omega$ erreicht (Abbildung 5.7(b)).

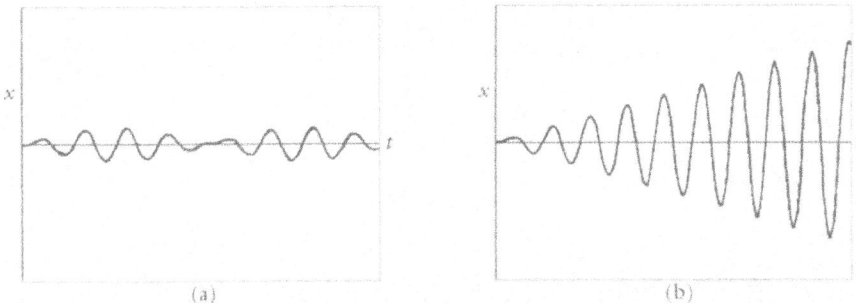

Abbildung 5.6: Typische Lösungen von (5.16) für (a) $\Omega = 0{,}8\omega$ und (b) $\Omega = \omega$.

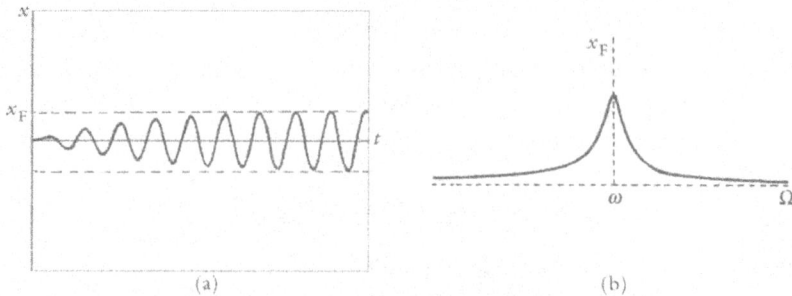

Abbildung 5.7: Die Auswirkung einer kleinen Dämpfung auf resonante Schwingung.

In der Praxis haben resonante Schwingungen oft eine so große Amplitude, daß die linearisierte Gleichung (5.16) nicht mehr gültig ist, da die Näherung (5.9) nicht mehr stimmt.

5.3 Mehrfache Schwingungsmoden

Nehmen wir an, wir hätten zwei Kugeln der Masse m, die mit drei identischen Federn der ungespannten Länge a verbunden sind (siehe Abbildung 5.8). Die Kugeln sollen sich nur entlang einer Geraden bewegen können. Das System kann zu jeder Zeit mit zwei Koordinaten beschrieben werden: Es hat zwei Freiheitsgrade. Mit x_1 und x_2 werden die kleinen Auslenkungen aus der Gleichgewichtslage bezeichnet. Die Federkonstante jeder Feder sei α. Die Federspannung ergibt sich dann zu

$$T_1 = \alpha x_1, \qquad T_2 = \alpha(x_2 - x_1), \qquad T_3 = -\alpha x_2, \tag{5.18}$$

da x_1, $x_2 - x_1$ und $-x_2$ die Größen sind, um die die Federn gedehnt (oder gestaucht) wurden.

Zur Zeit t erfährt die erste Kugel die Kraft $T_2 - T_1 = \alpha(x_2 - 2x_1)$ und die zweite die Kraft $T_3 - T_2 = \alpha(x_1 - 2x_2)$. Die Differentialgleichungen der Bewegung sind dann

$$m\ddot{x}_1 = \alpha(x_2 - 2x_1),$$
$$m\ddot{x}_2 = \alpha(x_1 - 2x_2), \tag{5.19}$$

was gekoppelte Differentialgleichungen für die beiden Unbekannten $x_1(t)$ und $x_2(t)$ sind.

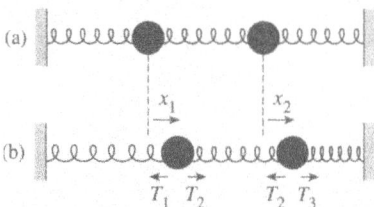

Abbildung 5.8: Ein oszillierendes System mit zwei Freiheitsgraden.

Eine naheliegende Frage ist, ob das System eine Eigenfrequenz hat wie im Falle eines Freiheitsgrades (vergleiche (5.11) und Abbildung 5.2(a)). Wir versuchen deshalb den Ansatz

$$x_1 = A\cos\omega t, \qquad x_2 = B\cos\omega t. \tag{5.20}$$

Dies ist in der Tat eine Lösung von (5.19), wenn die Konstanten A, B und ω folgende Bedingung erfüllen:

$$-m\omega^2 A = \alpha(B - 2A),$$
$$-m\omega^2 B = \alpha(A - 2B).$$

Mit wenigen Umformungen erhält man

$$\left(2 - \frac{m}{\alpha}\omega^2\right)A = B, \qquad A = \left(2 - \frac{m}{\alpha}\omega^2\right)B. \tag{5.21}$$

Abgesehen von dem trivialen Fall $A = B = 0$ führt das zu

$$\left(2 - \frac{m}{\alpha}\omega^2\right)^2 = 1 \tag{5.22}$$

Das heißt, daß $2 - m\omega^2/\alpha = \pm 1$, daß also

$$\omega^2 = \frac{\alpha}{m} \qquad \text{oder} \qquad \omega^2 = \frac{3\alpha}{m} \tag{5.23}$$

sein muß. Geht man wieder zurück zu (5.21), so sieht man, daß für den ersten Fall $A = B$, für den zweiten aber $A = -B$ gilt.

Wir haben also für das System aus Abbildung 5.8 zwei Eigenfrequenzen gefunden: eine langsame Schwingungsmode, in der die beiden Massen sich zur jeder Zeit in

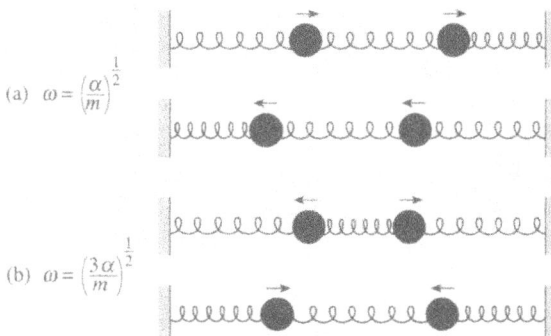

(a) $\omega = \left(\frac{\alpha}{m}\right)^{\frac{1}{2}}$

(b) $\omega = \left(\frac{3\alpha}{m}\right)^{\frac{1}{2}}$

Abbildung 5.9: Die beiden natürlichen Schwingungsmoden für das System aus Abbildung 5.8.

die selbe Richtung bewegen, und eine schnelle Mode, in der sich die Massen stets in entgegengesetzter Richtung bewegen (Abbildung 5.9).

Es sei bemerkt, daß nur unter speziellen Anfangsbedingungen eine der Moden rein auftritt. Im allgemeinen wird das System sich in einem Zustand befinden, der eine Linearkombination aus den beiden Moden ist und einen entsprechend komplizierten Bewegungsablauf aufweisen. Dieser wird entsprechend komplizierter aussehen.

Das Doppel- und Dreifachpendel

Ein noch klassischeres Beispiel für ein System mit zwei Schwingungsmoden ist das sogenannte Doppelpendel. Dabei ist an dem Gewicht des einen Pendels ein weiteres aufgehängt. Die beiden Aufhängungen sind aber so gestaltet, daß die Pendel nur in einer senkrechten Ebene schwingen können. Das Problem ist schon deswegen interessant, weil bei den Arbeiten daran durch Euler und Daniel Bernoulli in den 1730er Jahren endgültig klar wurde, daß Differentialgleichungen den Schlüssel zu praktisch allen Problemen der Mechanik darstellen.

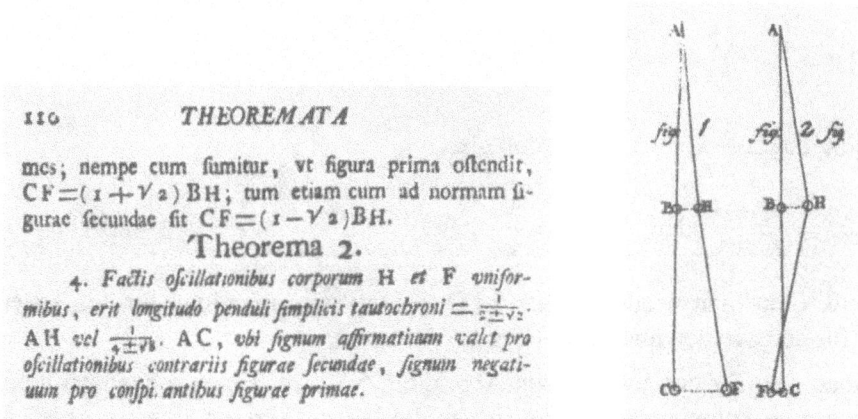

Abbildung 5.10: Textauszug und Skizze aus D. Bernoullis Abhandlung von 1738 über verbundene Pendel und Ketten.

Jedesmal fand man eine langsame Mode, in der die beiden Pendel gemeinsam hin- und herschwingen, und eine schnelle Mode, in der die Pendel in entgegengesetzten Richtungen schwingen. Haben die Pendel die selbe Länge l und Gewichte gleicher Masse, sind die beiden Periodenlängen gegeben durch

$$T = 2\pi \left(1 \pm \frac{1}{\sqrt{2}}\right)^{1/2} \sqrt{\left(\frac{l}{g}\right)}. \tag{5.24}$$

Für die Winkel θ_1 und θ_2 zwischen der Senkrechten und dem oberen beziehungsweise unteren Pendel gilt

$$\theta_2 = \pm\sqrt{2}\,\theta_1. \tag{5.25}$$

In ähnlicher Weise besitzt das Dreifachpendel drei Schwingungsmoden mit unterschiedlichen Eigenfrequenzen. Die Moden sind in Abbildung 12.7 dargestellt, einer Skizze aus einer Abhandlung von Daniel Bernoulli aus dem Jahre 1738.

5.4 Gekoppelte Oszillatoren

Wenn zwei identische Oszillatoren schwach miteinander gekoppelt sind, kann die Schwingungsenergie langsam aber vollständig zwischen dem einen und dem anderen Oszillator hin- und herwechseln.

Als Beispiel brauchen wir nur das System aus Abbildung 5.8 zu variieren, indem wir die mittlere Feder viel schwächer machen als die beiden anderen. Die Federkonstante sei $\varepsilon\alpha$ mit $\varepsilon \ll 1$.

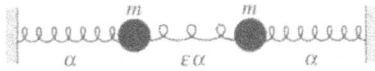

Abbildung 5.11: Zwei schwach gekoppelte Federpendel.

Anstelle von (5.19) erhalten wir dann als Differentialgleichungen der Bewegung

$$m\ddot{x}_1 = \alpha[\varepsilon x_2 - (1+\varepsilon)x_1],$$
$$m\ddot{x}_2 = \alpha[\varepsilon x_1 - (1+\varepsilon)x_2]. \tag{5.26}$$

Eine mögliche Lösung ist

$$x_1 = A\cos\omega t, \qquad x_2 = B\cos\omega t, \tag{5.27}$$

wenn ω eine der beiden Werte ω_S oder ω_F annimmt:

$$\omega_S = \left(\frac{\alpha}{m}\right)^{1/2}, \qquad \omega_F = \left(\frac{\alpha}{m}\right)^{1/2}(1+2\varepsilon)^{1/2}. \tag{5.28}$$

Für die langsame Mode ω_S ist $A = B$, für die schnelle Mode ω_F ist $A = -B$. Im Spezialfall $\varepsilon = 1$ erhält man wieder das Ergebnis aus dem Abschnitt 5.3.

Wir interessieren uns aber nun für kleine Werte von ε. In diesem Fall kann man in der rechten Gleichung von (5.28) mit einem Potenzreihenansatz um $\varepsilon = 0$ eine Näherung einführen und erhält

$$\omega_S = \left(\frac{\alpha}{m}\right)^{1/2}, \qquad \omega_F \approx \left(\frac{\alpha}{m}\right)^{1/2}(1+\varepsilon), \tag{5.29}$$

was bedeutet, daß die schnelle Mode nur geringfügig schneller als die langsame ist.

Wir betrachten nun das System unter bestimmten Anfangsbedingungen. Zum Zeitpunkt t befinden sich die Massen in Ruhe, eine Masse sei ein wenig aus der Gleichgewichtslage verschoben, die andere aber nicht:

$$\begin{aligned} x_1 &= x_0, & \dot{x}_1 &= 0 \\ x_2 &= 0, & \dot{x}_2 &= 0 \end{aligned} \quad \text{bei} \quad t = 0 \tag{5.30}$$

Es läßt sich zeigen, daß

$$x_1 = \frac{1}{2}x_0(\cos\omega_S t + \cos\omega_F t),$$

$$x_2 = \frac{1}{2}x_0(\cos\omega_S t - \cos\omega_F t) \tag{5.31}$$

die Differentialgleichung (5.26) unter der Anfangsbedingung (5.30) erfüllt. Die Lösung ist also eine Überlagerung von beiden Schwingungsmoden.

Die Eigenschaften der Lösung (5.31) werden klarer, wenn die Gleichungen mittels elementarer trigonometrischer Gesetze und den Näherungen $\omega_F + \omega_S \approx 2\omega_S$, $\omega_F - \omega_S \approx \varepsilon\omega_S$ umgeformt werden zu

$$x_1 \approx x_0 \cos\omega_S t \cos\frac{1}{2}\varepsilon\omega_S t,$$

$$x_2 \approx x_0 \sin\omega_S t \sin\frac{1}{2}\varepsilon\omega_S t. \tag{5.32}$$

Das bedeutet, daß x_1 ein einfacher harmonischer Oszillator mit der Frequenz ω_S ist. Er hat jedoch die Amplitude $x_0 \cos\frac{1}{2}\varepsilon\omega_S t$, die selbst in einer einfachen harmonischen Oszillation zu- und abnimmt. Wegen der Kleinheit von ε ist diese Oszillation jedoch sehr viel langsamer. In unserem Beispiel hat die Amplitude von x_1 zur Zeit $t = \pi/\varepsilon\omega_S$ bis auf Null abgenommen, während gleichzeitig die Amplitude von x_2 ihr Maximum erreicht hat (siehe Abbildung 5.12). Danach dreht sich der Vorgang um, so daß innerhalb einer Zeit von $2\pi/\varepsilon\omega_S$ die Energie einmal hin und wieder zurück übertragen wurde. In dieser Zeit führte jeder Oszillator $1/\varepsilon$ Schwingungen der Periode $2\pi/\omega_S$ aus.

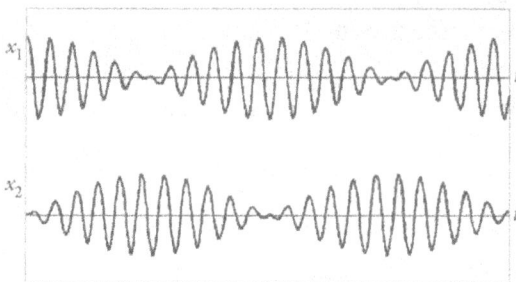

Abbildung 5.12: Energieaustausch zwischen den schwach gekoppelten Oszillatoren aus Abbildung 5.11, $\varepsilon = 0,1$.

Zwei schwach gekoppelte Pendel

Mit einem einfachen Experiment läßt sich das oben behandelte Phänomen demonstrieren. Ein Stück Schnur wird mit seinen Enden an den gleich hohen Punkten P und S befestigt. An die Schnur werden, wie in Abbildung 5.13 gezeigt, zwei identische Fadenpendel symmetrisch aufgehängt.

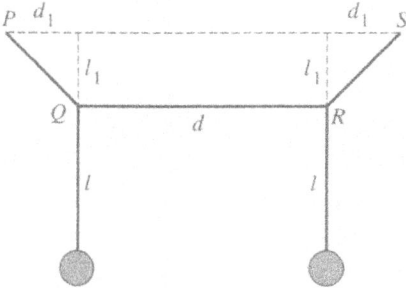

Abbildung 5.13: Die zwei schwach gekoppelten Pendel werden so angestoßen, daß sie senkrecht zu der Ebene der Gleichgewichtslage schwingen.

Ein Pendel wird nun senkrecht zu der Ebene der Gleichgewichtslage ausgelenkt. Die daraus resultierende Bewegung von Q und R setzt auch das andere Pendel in Bewegung. Es läßt sich zeigen, daß der bestimmende Parameter der Kopplung

$$\beta = \frac{1}{(l/l_1 + 1)(d/d_1 + 2)} \tag{5.33}$$

ist. Wenn d hinreichend groß ist, ist β klein und die Kopplung schwach. Das erste Pendel kommt nach $1/2\beta$ Schwingungen der Periode $2\pi\sqrt{(l+l_1)/g}$ praktisch zur Ruhe. Es hat dann seine gesamte Energie auf das andere Pendel übertragen, das nun seinerseits heftig schwingt. Wie im vorherigen Beispiel dreht sich darauf der Vorgang um, und die Energie wechselt innerhalb von $1/\beta$ Schwingungen von einer zur anderen Seite und zurück, bis durch Reibung die Bewegung zum Stillstand kommt.

5.5 Nicht-lineare Oszillationen

In diesem abschließenden Abschnitt werden wir einen völlig neuen Blick auf das Problem des Federpendels aus Abbildung 5.2 werfen. Wir werden den bereits in Abschnitt 3.6 eingeführten Phasenraum verwenden.

Zunächst betrachten wir Schwingungen mit kleiner Amplitude, so daß

$$\ddot{x} = -\omega^2 x \tag{5.34}$$

gilt (siehe (5.12)).

Wir definieren für die Geschwindigkeit der Masse aus Abbildung 5.2 $y = \dot{x}$. Damit läßt sich (5.34) in ein System aus zwei Differentialgleichungen erster Ordnung umwandeln:

$$\dot{x} = y$$
$$\dot{y} = -\omega^2 x \qquad\qquad (5.35)$$

(vergleiche Abschnitt 3.5 und (3.52)).

Mit Hilfe der Kettenregel wird t eliminiert:

$$\frac{dy}{dx} = \frac{\dot{y}}{\dot{x}} = -\frac{\omega^2 x}{y} \qquad\qquad (5.36)$$

oder

$$y\frac{dy}{dx} + \omega^2 x = 0. \qquad\qquad (5.37)$$

Dies läßt sich nach x integrieren und man erhält

$$\frac{1}{2}y^2 + \frac{1}{2}\omega^2 x^2 = \text{konstant}, \qquad\qquad (5.38)$$

was im Phasenraum mit den Koordinaten x, y (Abbildung 5.14) Ellipsen darstellt. Die Pfeile an den Kurven wurden entsprechend (5.35) eingezeichnet. Offensichtlich nimmt der Wert für x mit der Zeit zu, wenn $y > 0$ ist, und ab, wenn $y < 0$ ist.

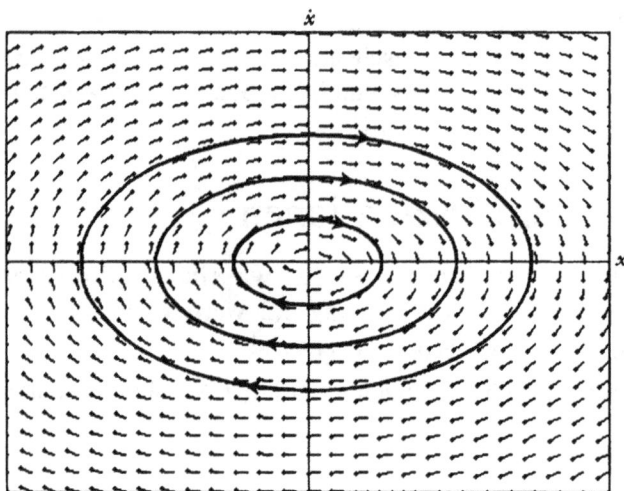

Abbildung 5.14: Phasendiagramm für den linearen Oszillator.

Der Zustand des Systems aus Abbildung 5.2 ist zu jeder Zeit durch die Position x der Masse und durch ihre Geschwindigkeit $y = \dot{x}$ gegeben. Im Phasenraum entspricht das einem einzelnen Punkt der Koordinaten (x, y). Es ist klar, daß jede geschlossene Bahn im Phasendiagramm einer periodischen Bewegung im realen System (Abbildung 5.2) entspricht, denn nachdem die Masse alle Zustände entlang der Bahn durchwandert hat, gelangt sie wieder in ihren Ausgangszustand.

Das Programm 2XTPHASE (siehe Anhang B) eignet sich gut dazu, sich mit dem Phasenraum vertraut zu machen. Mit ihm läßt sich (5.35) oder jedes andere Paar von autonomen Differentialgleichungen erster Ordnung mit dem Eulerschen oder dem verbesserten Eulerschen Verfahren integrieren (siehe Abschnitt 4.4 und 4.5). Auf dem Bildschirm läßt sich dann gleichzeitig die Entwicklung der Lösung in der x-t-Ebene und im Phasenraum verfolgen. Abbildung 5.15 zeigt ein solches Beispiel. Die Markierungen A, B, C und D wurden nachträglich hinzugefügt, um die korrespondierenden Stellen zu kennzeichnen.

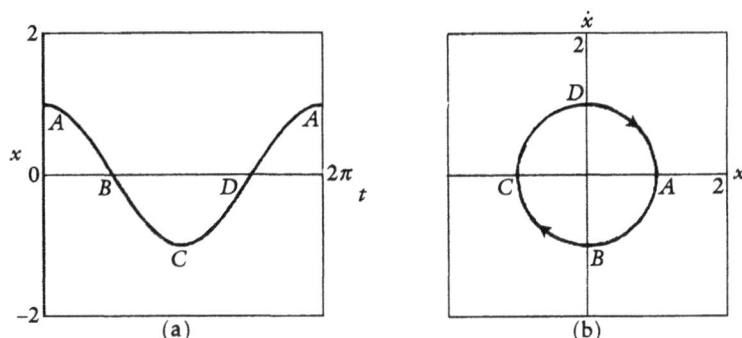

Abbildung 5.15: x-t-Ebene und Phasenraum für einen einfachen harmonischen Oszillator mit $\omega = 1$ und den Anfangsbedingungen $x = 1$, $\dot{x} = 0$ bei $t = 0$.

Im Beispiel des linearen Oszillators (5.34) kennen wir natürlich bereits die allgemeine Lösung (5.13), und

$$x = x_0 \cos \omega t \tag{5.39}$$

erfüllt die Anfangsbedingungen $x = x_0$, $\dot{x} = 0$ bei $t = 0$. Dieses Ergebnis erhält man auch, wenn man in (5.38) $\dot{x} = y$ einsetzt und die resultierende Differentialgleichung erster Ordnung für x als Funktion von t löst (siehe Aufgabe 3.6).

Im allgemeinen läßt sich aber eine explizite Lösung wie (5.39) nicht angeben, und die Erkenntnisse, die ein Phasendiagramm liefert, können von großem Wert sein. Ein gutes Beispiel bietet uns wieder einmal das einfache Pendel.

Das Pendel bei großen Auslenkungen

Die Differentialgleichung des einfachen Pendels

$$\frac{d^2\theta}{dt^2} + \frac{g}{l}\sin\theta = 0 \tag{5.40}$$

ist nicht-linear, und in Abschnitt 5.1 behandelten wir nur eine (linearisierte) Näherung des Problems für kleine Amplituden. Nun werden wir auch Schwingungen mit beliebigen Amplituden und sogar Überschläge des Pendels zulassen. Die Anfangsbedingungen seien wie folgt

$$\theta = \theta_0, \qquad \frac{d\theta}{dt} = \Omega \qquad \text{bei} \quad t = 0. \tag{5.41}$$

Es ist günstig, zunächst zu einer dimensionslosen Zeitvariablen zu wechseln:

$$\tilde{t} = t/(l/g)^{1/2}, \tag{5.42}$$

was einer Messung der Zeit in Einheiten von $(l/g)^{1/2}$ entspricht (siehe Abschnitt 4.4). Das Problem hat dann die Form

$$\ddot{\theta} + \sin\theta = 0 \tag{5.43}$$

mit

$$\theta = \theta_0, \qquad \dot{\theta} = \tilde{\Omega} \qquad \text{bei} \quad \tilde{t} = 0, \tag{5.44}$$

wobei

$$\tilde{\Omega} = \Omega(l/g)^{1/2} \tag{5.45}$$

und ein Punkt die Ableitung nach $\tilde{t}$ bezeichnet.

Nun wandeln wir (5.43) in ein System von Differentialgleichungen erster Ordnung um:

$$\dot{\theta} = y$$
$$\dot{y} = -\sin\theta. \tag{5.46}$$

Dieses System integrieren wir nach dem verbesserten Eulerschen Verfahren mit dem Programm 2XTPHASE unter den Anfangsbedingungen $\theta = \theta_0$, $y = \tilde{\Omega}$ bei $\tilde{t} = 0$.

Nehmen wir zunächst an, daß $\tilde{\Omega} = 0$ ist, daß also das Pendel ruhend freigegeben wird. Ist θ_0 klein so ist die Bewegung – in Übereinstimmung mit (5.5) – einem einfachen harmonischen Oszillator sehr ähnlich. Selbst für $\theta_0 = \pi/2$ (siehe Abbildung 5.16(a)) sieht man, daß die Form der Oszillation sich nicht wesentlich geändert hat. Die Kurve im Phasenraum ist fast kreisförmig und die Periodendauer ist nur etwa 18% größer als der Wert $2\pi\sqrt{l/g}$ (oder 2π in dimensionslosen Einheiten) für kleine Amplituden.

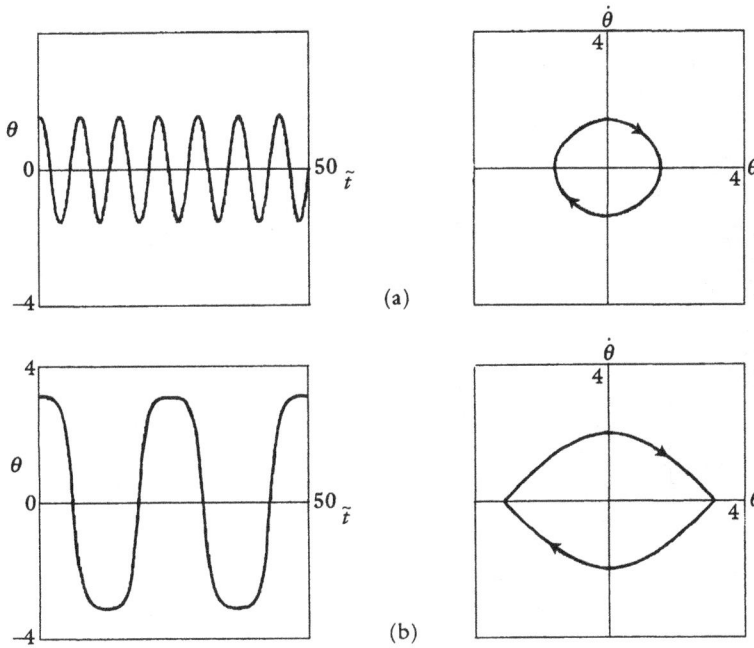

Abbildung 5.16: θ-t-Ebene und Phasenraum für die Differentialgleichung des Pendels $\ddot\theta + \sin\theta = 0$ mit $\widetilde\Omega = 0$ und (a) $\theta_0 = \pi/2$ (oder $90°$) beziehungsweise (b) $\theta_0 = 3{,}124139$ (oder $179°$).

Jedoch sieht man aus Abbildung 5.16(b), daß die Oszillation sich stark verändert und die Periodendauer viel länger wird, wenn das Pendel in der Nähe seines oberen Totpunktes gestartet wird. Tatsächlich kann die Periode beliebig lang werden, wenn nur θ_0 genügend dicht an π liegt. Man muß deshalb bei der numerischen Integration acht geben, daß sich keine Rechenfehler aufsummieren (Aufgabe 5.4).

Nun nehmen wir an, daß $\widetilde\Omega$ nicht notwendigerweise null ist, das heißt, daß das Pendel im Ausgangszustand bereits eine Winkelgeschwindigkeit haben kann. Das Diagramm in Abbildung 5.17(a) wurde mit dem Programm 2PHASE erzeugt. Es zeigt das Richtungsfeld im Phasenraum und Lösungskurven zu verschiedenen Anfangsbedingungen.

Ist $\theta = 0$ bei $t = 0$ und der Anfangswert für $\widetilde\Omega$ kleiner als 2, so ergeben sich geschlossene Kurven um den Ursprung des Phasenraumes, was einem hin- und herschwingen des Pendels entspricht. Startet man jedoch mit einem Wert von $\widetilde\Omega$ der größer als 2 ist, verläßt die Lösungskurve das gezeigte Intervall. Dabei nimmt $\dot\theta$ periodisch ab und zu, wechselt aber niemals das Vorzeichen. In diesem Fall rotiert das Pendel um seine Aufhängung.

Da $\theta = \pi$ und $\theta = -\pi$ die selbe Position des Pendels bezeichnen, macht es Sinn, das Intervall $-\pi < \theta < \pi$ des zweidimensionalen Phasenraumes zu einer Zylinderoberfläche zusammenzurollen (Abbildung 5.17(b)). Damit werden alle periodischen Bewegungen von geschlossenen Kurven repräsentiert. Kurven, die den Zylinder umrunden, entsprechen einem rotierenden Pendel, die anderen einem Hin- und Herschwingen.

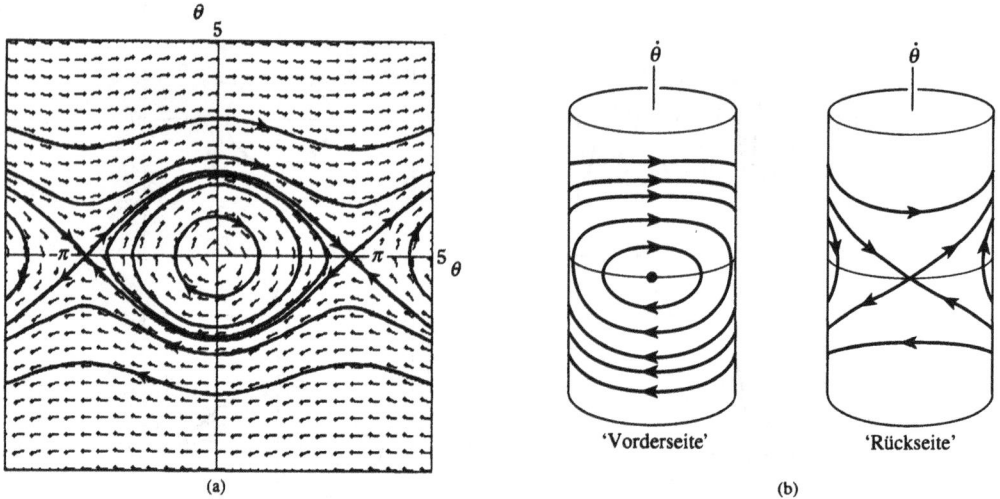

(a)   (b)

Abbildung 5.17: (a) Der Phasenraum für ein einfaches Pendel. Für θ außerhalb des gezeigten Intervalls setzen sich die Kurven periodisch fort. (b) Der zylindrische Phasenraum ist zur Darstellung der Kurven besser geeignet.

Die Entsprechung von geschlossenen Kurven im Phasenraum und von periodischen Bewegungen realer, physikalischer Systeme ist von grundlegendem Charakter. Wir werden in Kapitel 11 darauf zurückkommen.

Übungen

Aufgabe 5.1

Zeigen Sie unter Verwendung von (3.31) für den *gedämpften linearen Oszillator*, daß

$$x = Ce^{-kt/2} \cos\left\{ \left(\omega^2 - \frac{1}{4}k^2 \right)^{1/2} t - D \right\}$$

die allgemeine Lösung von (5.14) ist, vorausgesetzt, daß $\frac{1}{4}k^2 < \omega^2$ ist.

Bestätigen Sie die wesentlichen Eigenschaften des gedämpften Oszillators mit dem Programm 2XTPHASE aus dem Anhang B.

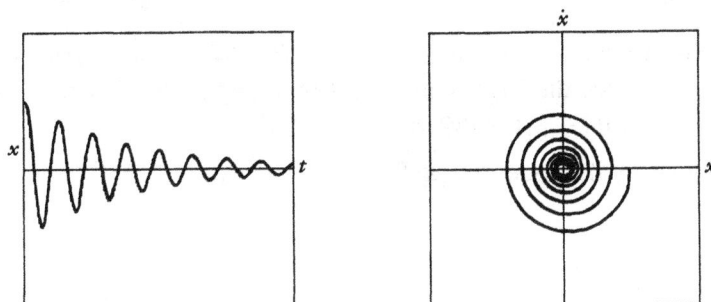

Abbildung 5.18: Der gedämpfte Oszillator

Aufgabe 5.2

Betrachten wir den Fall eines *periodisch angeregten Oszillators* (vergleiche auch (5.16))

$$\ddot{x} + \omega^2 x = a\cos\Omega t$$

unter der Anfangsbedingung $x = \dot{x} = 0$ bei $t = 0$.

Zeigen Sie, daß die Lösung im Fall $\Omega \neq \omega$ gleich

$$x = \frac{a}{(\omega^2 - \Omega^2)}(\cos\Omega t - \cos\omega t)$$

ist. Verifizieren Sie durch Einsetzen in die Gleichung, daß im resonanten Fall $\Omega = \omega$

$$x = \frac{a}{2\omega}t\sin\omega t$$

die Lösung von (5.16) ist.

Aufgabe 5.3

Führen Sie die Analyse aus Abschnitt 5.3 für den Fall weiter fort, daß die Massen m_1 und m_2 aus Abbildung 5.8 nicht gleich sind. Stellen Sie die zu (5.22) entsprechende Gleichung auf, und lösen Sie nach ω^2 auf. Zeigen Sie, daß im Falle $m_2 \gg m_1$ es zwei Eigenfrequenzen gibt, nämlich eine niedrige mit

$$\omega^2 \approx \frac{3\alpha}{2m_2} \qquad \text{und} \qquad B \approx 2A$$

und eine hohe mit

$$\omega^2 \approx \frac{2\alpha}{m_1} \qquad \text{und} \qquad B \approx -\frac{m_1}{2m_2}A.$$

Aufgabe 5.4

Untersuchen Sie mit dem Programm 2XTPHASE *Pendelschwingungen mit großen Amplituden*. Bestätigen Sie die Ergebnisse aus Abbildung 5.16 mit einer Periodendauer von $24{,}5(l/g)^{1/2}$ für $\theta_0 = 3{,}124139$, das heißt $179°$.

Wie hoch ist die Periodendauer für (a) $\theta_0 = 178°$, (b) $\theta_0 = 179{,}5°$?

Aufgabe 5.5

Nehmen Sie an, daß ein Pendel nach unten hängt und mit der Winkelgeschwindigkeit Ω gestartet wird. Die Anfangsbedingungen sind also $\theta = 0$, $\mathrm{d}\theta/\mathrm{d}t = \Omega$ bei $t = 0$. Zeigen Sie, daß das Pendel nur dann einen Überschlag mit $\theta > \pi$ ausführt, wenn

$$\Omega > 2(g/l)^{1/2}.$$

Nehmen Sie nun an, es gäbe eine zu $\mathrm{d}\theta/\mathrm{d}t$ proportionale Reibung. Anstelle von (5.40) ergibt sich dann

$$\frac{\mathrm{d}^2\theta}{\mathrm{d}t^2} + k\frac{\mathrm{d}\theta}{\mathrm{d}t} + \frac{g}{l}\sin\theta = 0.$$

Mit $\tilde{t} = t(g/l)^{1/2}$ erhält man

$$\ddot{\theta} + k\dot{\theta} + \sin\theta = 0$$

mit $\dot{\theta} = \widetilde{\Omega}$ bei $\tilde{t} = 0$, wobei $\widetilde{\Omega} = \Omega(l/g)^{1/2}$, $\tilde{k} = k(l/g)^{1/2}$ und ein Punkt die Ableitung nach $\tilde{t}$ bezeichnet.

Verwenden Sie das Programm PENDANIM, um die Gleichung nach Runge-Kutta und in doppelter Genauigkeit zu integrieren. Lassen Sie eine einfache Animation der Bewegung ablaufen. Ermitteln Sie für $\tilde{k} = 0{,}1$, wie viele vollständige Überschläge das Pendel ausführt, wenn (a) $\Omega = 4(g/l)^{1/2}$, (b) $\Omega = 10(g/l)^{1/2}$ ist.

6 Planetenbewegung

6.1 Einführung

Die Planeten bewegen sich in sehr guter Näherung nach drei einfachen Regeln:

(a) Die Bahn eines Planeten ist eine Ellipse, in einem ihrer Brennpunkte befindet sich die Sonne.

(b) Die Verbindungslinie zwischen Sonne und einem Planeten (genannt Fahrstrahl) überstreicht gleiche Flächen in gleicher Zeit.

(c) Die Umlaufdauer auf den verschiedenen Bahnen ist proportional zu $\bar{r}^{3/2}$, wobei $\bar{r}$ den mittleren Abstand zur Sonne bezeichnet.

Die Regeln wurden von Kepler durch sorgfältige Analyse der astronomischen Beobachtungen entdeckt. Sie erschienen noch etwas unklar in zwei Büchern aus den Jahren 1609 und 1619. Die dritte Regel ist besonders bedeutsam. Sie half, Newtons Gravitationsgesetz mit der Kraft proportional zu $1/r^2$ zu finden.

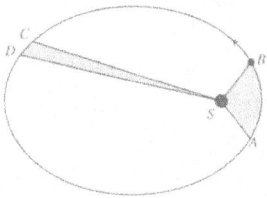

Abbildung 6.1: Planetenbewegung um die Sonne S. Der Planet braucht von C nach D genauso lange wie von A nach B, wenn die Flächen ABS und CDS gleich groß sind.

Bevor wir die Keplerschen Gesetze eingehender untersuchen, sollte noch ein wenig über die Geometrie der Bewegung in einer Ellipse gesagt werden. Bei geeigneter Wahl der Achsen ist eine Ellipse durch die Gleichung

$$\frac{X^2}{a^2} + \frac{Y^2}{b^2} = 1 \tag{6.1}$$

gegeben, wobei ohne Verlust der Allgemeinheit $b \leq a$ genommen werden kann. Mit der Transformation $X = aX'$ und $Y = bY'$ erhält man einen Kreis. Eine Ellipse ist also ein 'gequetschter' Kreis. Je kleiner das Verhältnis b/a ist, desto stärker ist der Kreis 'gequetscht'. Ein geeignetes Maß dafür ist die Exzentrizität

$$e = \sqrt{1 - b^2/a^2},$$ (6.2)

die einen Wert zwischen 0 und 1 annehmen kann.

Die Brennpunkte der Ellipse sind

$$F, F' = (\pm ae, 0).$$ (6.3)

Je größer also die Exzentrizität der Ellipse ist, desto weiter liegen die Brennpunkte von der Mitte entfernt. Diese haben zwei besondere Merkmale. Zum einen treffen die Strecken $F'P$ und FP unter dem gleichen Winkel die Tangente am Punkt P der Ellipse. Ein elliptischer Reflektor würde also alle Strahlen, die von einem Brennpunkt ausgehen, in den anderen fokussieren. Zum zweiten ist die Strecke $F'P + PF$ stets gleich $2a$, egal, wo sich der Punkt P auf der Ellipse befindet.

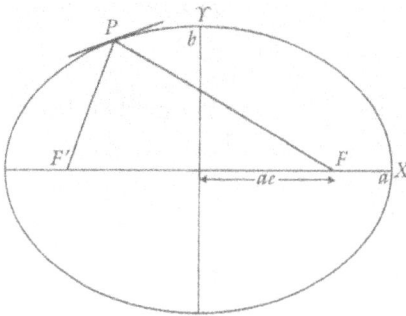

Abbildung 6.2: Die Geometrie einer Ellipse, $b < a$.

Wir kehren nun wieder zu dem Problem der Planetenbewegung zurück. Vorweg ist anzumerken, daß die Planeten auf ihrer Bahn um die Sonne zwar tatsächlich eine Ellipse beschreiben, die Exzentrizität aber sehr klein ist (vergleiche Tabelle 6.1). Die Bahnen sind also fast kreisförmig.

Wenn sich nun ein Körper der Masse m mit einer Geschwindigkeit v auf einer Kreisbahn mit dem Radius r bewegt, so erfährt er zu jeder Zeit eine Beschleunigung v^2/r in Richtung des Zentrums. Ohne diese würde sich der Körper entlang der Tangente geradeaus bewegen (siehe Abbildung 6.3). Es ist also zwingend eine

$$\text{Zentripetalkraft} = \frac{mv^2}{r}$$ (6.4)

erforderlich, die den Körper ständig in Richtung Kreismitte ablenkt.

Tabelle 6.1: Bahndaten der Planeten. Die ersten sechs Planeten waren bereits zu Keplers Zeit bekannt, die anderen wurden erst später entdeckt.

	$\bar{r}$ (bezogen auf $\bar{r}_{Erde}$)	Umlaufzeit (Jahre)	Exzentrizität der Bahnellipse	Masse bezogen auf M_{Erde}
Merkur	0,387	0,241	0,206	0,055
Venus	0,723	0,615	0,007	0,851
Erde	1,000	1,000	0,017	1,000
Mars	1,524	1,881	0,093	0,107
Jupiter	5,203	11,862	0,048	317,94
Saturn	9,539	29,46	0,056	95,18
Uranus (1781)	19,191	84,02	0,046	14,53
Neptun (1846)	30,061	164,77	0,010	17,13
Pluto (1930)	39,529	247,68	0,248	0,0022

$\bar{r}_{Erde} = 1,50 \times 10^{11}$ m $M_{Erde} = 5,97 \times 10^{24}$ kg $G = 6,67 \times 10^{-11}$ m^3/kg·s^2
$M_{Sonne} = 1,99 \times 10^{30}$ kg

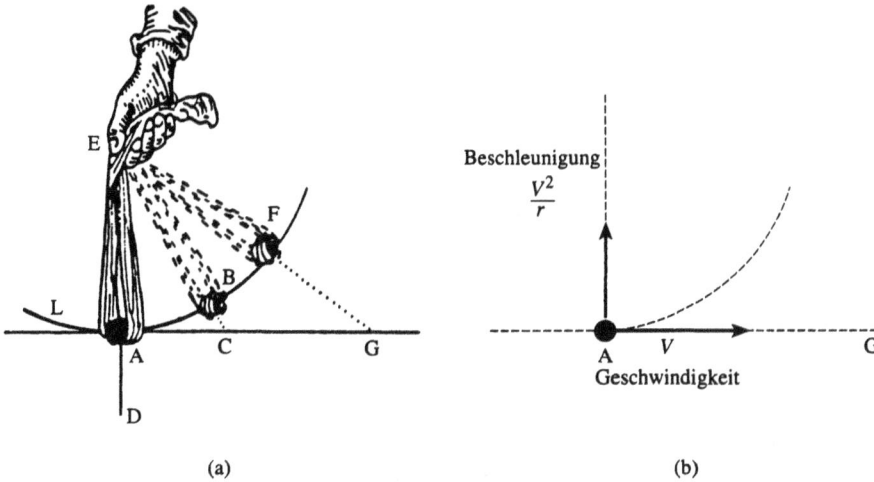

(a)   (b)

Abbildung 6.3: (a) Ein Stein wird in einer Schlinge geschleudert (aus Descartes' *Principles of Philosophy*, 1644). (b) Geschwindigkeit und Beschleunigung eines Steins in dem Moment, in dem er sich im Punkt A befindet.

Die Umlaufdauer auf einer Kreisbahn ist $T = 2\pi r/v$. Wenn nun T proportional zu $r^{3/2}$ ist, muß v proportional zu $r^{-1/2}$ sein. Das impliziert wiederum, daß die Zentripetalkraft v^2/r proportional zu $1/r^2$ ist.

Es waren anscheinend solche allgemeinen Überlegungen, die Newton und seine Zeitgenossen auf den Gedanken brachten, daß die Sonne die Planeten mit einer Kraft umgekehrt proportional zu dem Abstandsquadrat anzieht. Natürlich war es noch ein weiter Weg von hier bis zu Newtons Idee einer universellen Gravitation, die zwei beliebige Punktmassen m_1 und m_2 im Abstand r voneinander mit einer Kraft

$$F = \frac{Gm_1m_2}{r^2} \tag{6.5}$$

anzieht. G ist dabei eine universelle Konstante. Nichtsdestotrotz führte es zu der damals wichtigen Frage, ob eine solche Anziehungskraft im Einklang mit einer elliptischen Planetenbahn sei.

6.2 Bewegungsgleichungen bei einer Zentralkraft

Ein Körper P der Masse m bewege sich in einer bestimmten Ebene unter einer Krafteinwirkung, die stets auf einen festen Punkt O gerichtet ist. Anstatt von Anfang an eine Kraft proportional zu $1/r^2$ anzunehmen, beginnen wir mit einem allgemeineren Problem. Die Kraft sei $f(r)$, wobei r den Abstand OP bezeichnet (Abbildung 6.4).

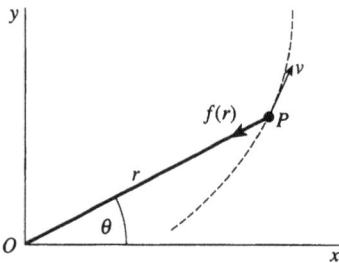

Abbildung 6.4: Bewegung unter Einwirkung einer Zentralkraft.

Es ist sinnvoll, das Problem in Zylinderkoordinaten (r, θ) anstatt in kartesischen Koordinaten (x, y) zu behandeln. Deswegen zerlegen wir zunächst Geschwindigkeit und Beschleunigung in eine Komponente parallel zu OP und in eine dazu senkrechte Komponente.

Dazu ist es hilfreich, sich vorzustellen, daß das Ereignis aus Abbildung 6.4 in der komplexen Zahlenebene stattfindet. Die 'komplexe' Position des Körpers ist dann $z = x + iy$ oder

$$z = re^{i\theta} \tag{6.6}$$

(siehe (2.33)). Durch Ableitung nach t erhält man

$$\dot{z} = \dot{r}e^{i\theta} + ri\dot{\theta}e^{i\theta} = \dot{r}e^{i\theta} + r\dot{\theta}e^{i(\theta+\pi/2)}, \tag{6.7}$$

so daß man für die beiden Komponenten

$$\dot{r}, r\dot{\theta} \tag{6.8}$$

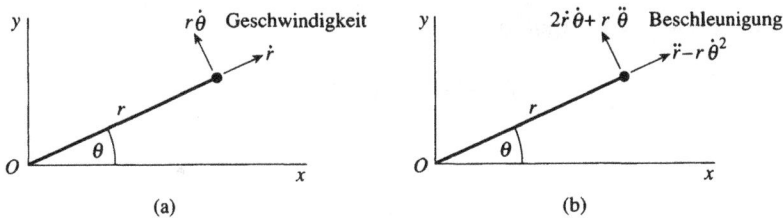

Abbildung 6.5: Die Komponenten der Geschwindigkeit (a) und der Beschleunigung (b) jeweils in Zylinderkoordinaten.

erhält (siehe Abbildung 6.5(a)). Erneute Differentiation von (6.7) und Umgruppierung ergibt

$$\ddot{z} = (\ddot{r} - r\dot{\theta}^2)e^{i\theta} + (2\dot{r}\dot{\theta} + r\ddot{\theta})e^{i(\theta+\pi/2)}. \tag{6.9}$$

Die Komponenten der Beschleunigung sind also

$$\ddot{r} - r\dot{\theta}^2, 2\dot{r}\dot{\theta} + r\ddot{\theta} \tag{6.10}$$

(siehe Abbildung 6.5(b)).

Wir wenden nun das Grundgesetz der Mechanik an: Kraft = Masse × Beschleunigung. Die Komponente der Kraft parallel zu OP ist $f(r)$, die dazu senkrechte Komponente

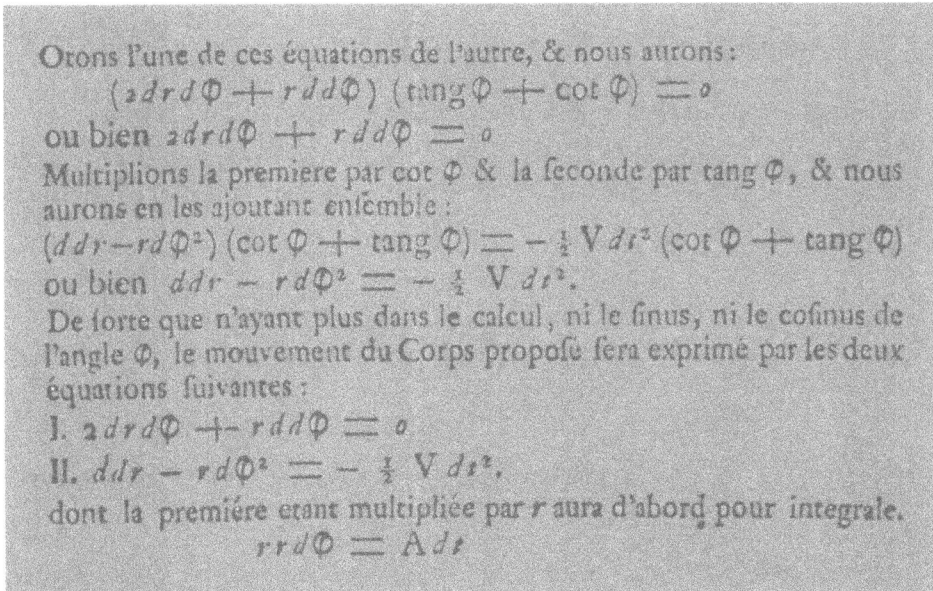

Abbildung 6.6: Auf diese Weise wurde das Problem erstmals 1749 von Euler behandelt, vergleiche mit (6.11).

null (Abbildung 6.4). Wir erhalten

$$m(\ddot{r} - r\dot{\theta}^2) = -f(r), \qquad m(2\dot{r}\dot{\theta} + r\ddot{\theta}) = 0 \tag{6.11}$$

als Differentialgleichungen der Bewegung.

Als kleinen Test nehmen wir den Fall an, daß der Körper sich in einem Kreis mit dem Zentrum O und dem Radius r mit konstanter Geschwindigkeit v bewegt. Wir haben also mit Gleichung (6.8) $\dot{r} = \ddot{r} = 0$ und $r\dot{\theta} = v$. Die erste Gleichung von (6.11) reduziert sich dann zu $mv^2/r = f(r)$, was in Übereinstimmung mit (6.4) ist.

6.3 Erhaltung der Flächengeschwindigkeit

Wir werden uns im weiteren der Zentralkraft mit der Form $f(r) = c/r^2$ widmen. Zuvor wollen wir jedoch noch ein Gesetz vorstellen, daß für Zentralkräfte beliebiger Form gilt.

Das Gesetz folgt unmittelbar aus der zweiten Gleichung von (6.11). Denn durch Multiplikation mit r erhält man

$$2r\dot{r}\dot{\theta} + r^2\ddot{\theta} = 0.$$

Die linke Seite der neuen Gleichung kann als Ableitung des Produktes $r^2\dot{\theta}$ aufgefaßt werden, und es gilt

$$r^2\dot{\theta} = \text{konstant.} \tag{6.12}$$

Die Winkelgeschwindigkeit $\dot{\theta}$ ist also groß, wenn r klein ist, und umgekehrt.

Die Gleichung (6.12) läßt sich einfach als die Rate interpretieren, mit der die Strecke OP Fläche überstreicht. Wie man aus Abbildung 6.7 entnimmt, wird bei der Bewegung

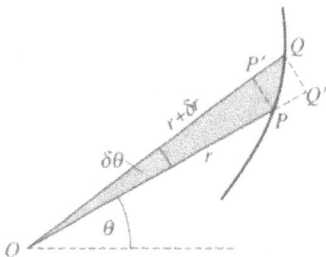

Abbildung 6.7: Die Fläche, die von OP in der Zeit δt überstrichen wird.

des Körpers von P nach Q von dem Fahrstrahl OP eine Fläche δA überstrichen, für die gilt

$$\frac{1}{2}r^2\delta\theta < \delta A < \frac{1}{2}(r+\delta r)^2\delta\theta,$$

wobei Unter- und Obergrenze die Kreissektoren OPP' beziehungsweise OQQ' sind. Teilt man durch δt und läßt $\delta t \rightarrow 0$ gehen (so daß auch $\delta r \rightarrow 0$ und $\delta\theta \rightarrow 0$), so wird die Flächengeschwindigkeit $\delta A/\delta t$ von zwei Größen eingeschlossen, die beide nach $\frac{1}{2}r^2\dot\theta$ gehen. Das heißt,

$$\frac{\mathrm{d}A}{\mathrm{d}t} = \frac{1}{2}r^2\dot\theta. \tag{6.13}$$

Die Gleichung (6.12) impliziert also, daß die Flächengeschwindigkeit des Fahrstrahls OP eines Planeten in einem reinen Zentralkraftfeld konstant ist.

Das zweite Keplersche Gesetz folgt allein aus der Tatsache, daß die Gravitationskraft eine Zentralkraft ist, daß sie stets zur Sonne hin gerichtet ist. Newton hat dieses Gesetz als erster gefunden, jedoch nicht auf dem Weg, den wir verwendet haben. Wie man auf

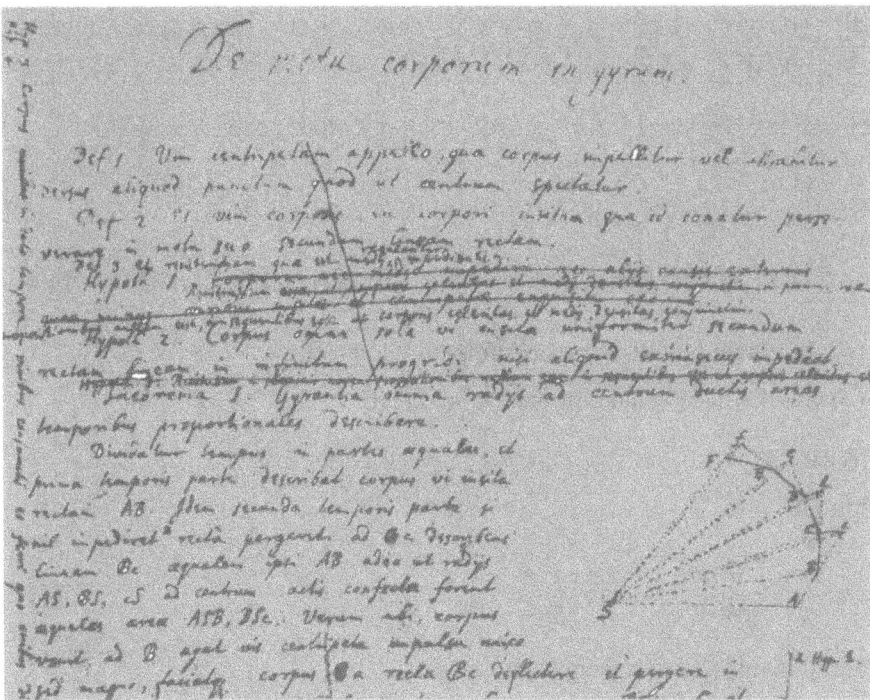

Abbildung 6.8: Ein Auszug aus Newtons erstem Entwurf zu *De motu corporum in gyrum*, einem Brief, den er 1684 an Halley schickte. Er enthält insbesondere ein dynamisches Argument, das zu dem zweiten Keplerschen Gesetz der Planetenbewegung führt. (Cambridge University Library).

Abbildung 6.8 sieht, nahm Newton keine kontinuierlich wirkende Kraft an, sondern eine Reihe von Impulsen in Richtung S. Daraus resultieren plötzliche Ablenkungen (bei B, C, D usw.), zwischen denen die Bewegung gradlinig verläuft.

6.4 Differentialgleichung der Planetenbahn

Wir betrachten nun den Weg auf dem sich ein Körper unter Einwirkung einer Zentralkraft $f(r)$ bewegt. Wir suchen also nicht die Differentialgleichung für r als Funktion von t, sondern als Funktion von θ. Deswegen fangen wir mit der oberen Gleichung von (6.11) an:

$$m(\ddot{r} - r\dot{\theta}^2) = -f(r) \tag{6.14}$$

und setzen (6.12)

$$r^2\dot{\theta} = h, \tag{6.15}$$

ein, um von einer Ableitung nach t zu einer Ableitung nach θ zu gelangen.

Dazu verwenden wir die Umformung

$$\frac{dr}{dt} = \frac{dr}{d\theta}\frac{d\theta}{dt} = \frac{h}{r^2}\frac{dr}{d\theta} = -h\frac{d}{d\theta}\left(\frac{1}{r}\right).$$

Das gibt uns den Hinweis, daß es günstiger ist, mit einer neuen Variablen

$$u = \frac{1}{r} \tag{6.16}$$

anstelle von r zu arbeiten. In Ausdrücken der Variablen u und θ erhalten wir nun

(a) Geschwindigkeitskomponente parallel zu OP $\dot{r} = -h\dfrac{du}{d\theta}$,

(b) Geschwindigkeitskomponente senkrecht zu OP $r\dot{\theta} = hu$ (6.17)

(siehe (6.8)).

Weiterhin gilt

$$\ddot{r} = \frac{d\dot{r}}{dt} = \frac{d\dot{r}}{d\theta}\frac{d\theta}{dt} = -h^2u^2\frac{d^2u}{d\theta^2}.$$

Einsetzen in (6.14) und Umgruppierung ergibt

$$\frac{d^2u}{d\theta^2} + u = \frac{f\left(\frac{1}{u}\right)}{mh^2u^2} \tag{6.18}$$

als Differentialgleichung der Bahn eines Körpers der Masse m, der sich in einem Zentralkraftfeld $f(r)$ bewegt.

Im allgemeinen ist die Gleichung schwierig zu lösen, da die rechte Seite irgendeine nicht-lineare Funktion der abhängigen Variablen u sein wird. Glücklicherweise ist jedoch gerade der interessanteste Fall, nämlich $f(r) \propto 1/r^2$, sehr einfach zu lösen.

6.5 Planetenbahnen

Der Massepunkt m bewege sich im Schwerefeld einer anderen Punktmasse M, die wir uns an dem Ort O fixiert vorstellen. Nach (6.5) gilt dann

$$f(r) = \frac{GMm}{r^2}. \tag{6.19}$$

Als Anfangsbedingungen nehmen wir

$$\left.\begin{array}{ll} r = d, & \theta = 0 \\ \dot{r} = 0, & r\dot{\theta} = v \end{array}\right\} \quad \text{bei} \quad t = 0 \tag{6.20}$$

(Abbildung 6.9). Mit (6.16) und (6.17) folgt daraus, daß

$$u = \frac{1}{d}, \quad \frac{du}{d\theta} = 0 \quad \text{bei} \quad \theta = 0. \tag{6.21}$$

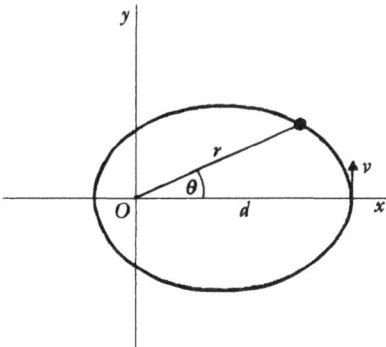

Abbildung 6.9: Elliptische Planetenbahn für eine Kraft proportional zu $1/r^2$, $v < v_c$.

Außerdem erhält man den Wert für die Konstante h aus (6.15): mit $r = d$ und $r\dot{\theta} = v$ für $\theta = 0$ ist

$$h = vd. \tag{6.22}$$

Mit (6.19), das heißt $f(1/u) = GMmu^2$, reduziert sich (6.18) zu

$$\frac{d^2u}{d\theta^2} + u = \frac{GM}{d^2v^2} \tag{6.23}$$

Glücklicherweise ist die rechte Seite unabhängig von u. Wir haben also eine lineare Differentialgleichung mit konstanten Koeffizienten. Die allgemeine Lösung ist entsprechend

$$u = A\cos\theta + B\sin\theta + \frac{GM}{d^2v^2} \tag{6.24}$$

(vergleiche Abschnitt 3.4). Die Integrationskonstanten A und B werden durch Einsetzen der Anfangsbedingung (6.21) bestimmt. Man erhält

$$u = \left(\frac{1}{d} - \frac{GM}{d^2v^2}\right)\cos\theta + \frac{GM}{d^2v^2}. \tag{6.25}$$

Wenn wir

$$v_c = \left(\frac{GM}{d}\right)^{1/2} \tag{6.26}$$

definieren und $u = 1/r$ einsetzen, läßt sich (6.25) umformen zu

$$r = \frac{d\dfrac{v^2}{v_c^2}}{1 + \left(\dfrac{v^2}{v_c^2} - 1\right)\cos\theta}. \tag{6.27}$$

Die physikalische Bedeutung der Geschwindigkeit v_c, wie sie in (6.26) definiert wurde, liegt darin, daß ein Körper mit der Geschwindigkeit $v = v_c$ einen Kreis mit dem Radius $r = d$ um den Punkt O beschreibt.

Um ein allgemeines Verständnis von (6.27) zu erlangen, definieren wir

$$e_* = \frac{v^2}{v_c^2} - 1 \tag{6.28}$$

und

$$a = \frac{d}{1 - e_*}, \qquad e_* \neq 1. \tag{6.29}$$

Damit schreibt sich (6.27) in kartesischen Koordinaten als

$$\frac{(x+ae_*)^2}{a^2} + \frac{y^2}{a^2(1-e_*^2)} = 1. \tag{6.30}$$

Ein Blick auf (6.1) zeigt, daß diese Gleichung eine Ellipse mit der Mitte bei $(-ae_*, 0)$ beschreibt, wenn $|e_*| < 1$, das heißt wenn

$$\frac{v}{v_c} < \sqrt{2}. \tag{6.31}$$

Elliptische Bahnen sind also – wie wir gehofft haben – konsistent mit einer Anziehungskraft proportional zu $1/r^2$.

Darüber hinaus ist der Ursprung O, an dem sich die Masse M befindet, ein Brennpunkt der Ellipse (6.30). Um das zu sehen, setzen wir die Konstanten in (6.2) ein. In unserem Fall ist $b^2 = a^2(1-e_*^2)$ und damit $e = |e_*|$. In Abbildung 6.9 hat also die Mitte der Ellipse einen Abstand ae vom Ursprung und deswegen muß der Ursprung nach Abbildung 6.2 ein Brennpunkt sein.

Die Umlaufzeit T erhält man, indem man Fläche durch Flächengeschwindigkeit teilt. Die Flächengeschwindigkeit ist nach (6.13) gleich $\frac{1}{2}h$, also $\frac{1}{2}vd$, die Fläche einer Ellipse (6.1) ist πab. Man erhält

$$T = \frac{\pi ab}{\frac{1}{2}vd} = 2\pi \left(\frac{a^3}{GM}\right)^{1/2}, \tag{6.32}$$

so daß $T \propto a^{3/2}$, was in Übereinstimmung mit dem dritten Keplerschen Gesetz ist.

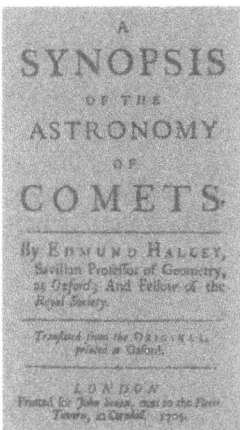

(a)

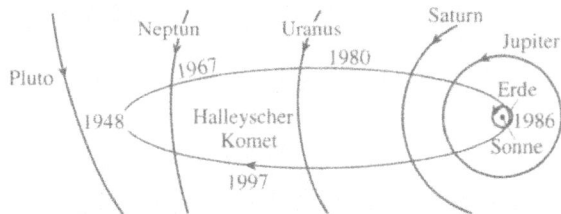

(b)

Abbildung 6.10: (a) Halleys Buch über Kometen, 1705. (b) Die Bahn des Kometen Halley.

Eine weitere schöne Bestätigung des letzten Ergebnisses liefert der Halleysche Komet. Seine Bahn ist viel elliptischer als die der Planeten (Abbildung 6.10). In seinem Aphel ist er 36mal weiter von der Sonne entfernt als die Erde, es gilt also ungefähr $2a = 36\bar{r}_{Erde}$. Unter Verwendung von (6.32) und Tabelle 6.1 erhält man für den Halleyschen Kometen eine Umlaufzeit von ungefähr 76 Jahren, was mit der Beobachtung übereinstimmt.

6.6 Ein numerischer Ansatz

Wir können natürlich auch das ganze Problem aus Abschnitt 6.5 direkt numerisch lösen. Dafür eignen sich eher kartesische Koordinaten x, y. Die Gravitationskraft in Richtung Ursprung (6.19) wird dann zerlegt in eine Komponente $GMm\cos\theta/r^2 = GMmx/r^3$ in negativer x-Richtung und eine Komponente $GMmy/r^3$ in negativer y-Richtung. Die Differentialgleichungen der Bewegung sind demnach

$$\frac{d^2x}{dt^2} = -\frac{GMx}{(x^2+y^2)^{3/2}},$$

$$\frac{d^2y}{dt^2} = -\frac{GMy}{(x^2+y^2)^{3/2}}, \tag{6.33}$$

und die Anfangsbedingungen werden entsprechend (6.20) gesetzt auf

$$\left.\begin{array}{ll} x = d, & y = 0 \\[2mm] \dfrac{dx}{dt} = 0, & \dfrac{dy}{dt} = v \end{array}\right\} \quad \text{bei} \quad t = 0. \tag{6.34}$$

Wir führen nun dimensionslose Variablen ein, um alle unnötigen Parameter aus der Rechnung zu entfernen (vergleiche Abschnitt 4.4 und 5.5). Wir nehmen

$$\tilde{x} = \frac{x}{d}, \qquad \tilde{y} = \frac{y}{d}, \qquad \tilde{t} = \left(\frac{GM}{d^3}\right)^{1/2} t, \tag{6.35}$$

wodurch Längen in Einheiten von d und Zeit in Einheiten von $(d^3/GM)^{1/2}$ ausgedrückt werden (vergleiche (6.32)). Infolge erhält die Geschwindigkeit die Einheit $(GM/d)^{1/2}$ (vergleiche (6.26)).

In ihrer dimensionslosen Form wird die Gleichung zu

$$\ddot{\tilde{x}} = -\frac{\tilde{x}}{(\tilde{x}^2+\tilde{y}^2)^{3/2}},$$

$$\ddot{\tilde{y}} = -\frac{\tilde{y}}{(\tilde{x}^2+\tilde{y}^2)^{3/2}}, \tag{6.36}$$

wobei ein Punkt die Ableitung nach $\tilde{t}$ bezeichnet. Auf ähnliche Weise werden die Anfangsbedingungen (6.34) zu

$$
\left.\begin{array}{ll}
\tilde{x} = 1, & \tilde{y} = 0 \\
\dot{\tilde{x}} = 0, & \dot{\tilde{y}} = \tilde{v}
\end{array}\right\} \quad \text{bei} \quad \tilde{t} = 0, \tag{6.37}
$$

wobei $\tilde{v} = v/v_c$ ist, und v_c die Geschwindigkeit $(GM/d)^{1/2}$ ist, bei der die Bahn ein Kreis um den Ursprung O bildet (siehe (6.26)).

Als letzter Schritt muß noch (6.36) in ein System von Differentialgleichungen erster Ordnung zerlegt werden. Mit $x_1 = \tilde{x}$, $x_2 = \tilde{y}$, $x_3 = \dot{\tilde{x}}$ und $x_4 = \dot{\tilde{y}}$ erhält man

$$
\begin{aligned}
\dot{x}_1 &= x_3, \\
\dot{x}_2 &= x_4 \\
\dot{x}_3 &= -\frac{x_1}{(x_1^2 + x_2^2)^{3/2}}, \\
\dot{x}_4 &= -\frac{x_2}{(x_1^2 + x_2^2)^{3/2}}.
\end{aligned} \tag{6.38}
$$

Das Programm NPHASE im Anhang B kann leicht so angepaßt werden (siehe Seite 233), daß es die Gleichungen nach Runge-Kutta integriert. Für vier verschiedene Werte der (dimensionslosen) Größe $\tilde{v}$ sind die resultierenden Bahnen in Abbildung 6.11 dargestellt.

Für $\tilde{v} < 1$ ist die Bahn eine Ellipse mit dem linken Brennpunkt im Ursprung, für $\tilde{v} = 1$ ist die Bahn ein Kreis mit dem Ursprung als Mittelpunkt. Ist $1 < \tilde{v} < \sqrt{2}$ ergibt sich wiederum eine Ellipse, diesmal aber mit dem rechten Brennpunkt im Ursprung. Für $\tilde{v} > \sqrt{2}$ erhält man keine geschlossene Bahn mehr, es entsteht eine Hyperbel, auf der der Körper ins Unendliche fliegt. Dies läßt sich natürlich auch aus den

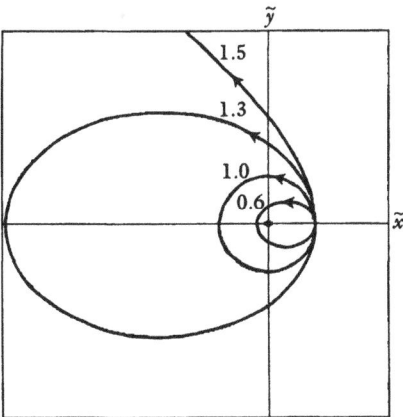

Abbildung 6.11: Bahnen in einem Zentralkraftfeld proportional zu $1/r^2$ für vier verschiedene Werte von v/v_c.

Ergebnissen aus Abschnitt 6.5 herleiten (siehe dazu insbesondere (6.28), (6.30) und (6.31)). Zusätzlich zu unserem Standardtest (Halbierung der Schrittweite h) läßt sich hier die Energieerhaltung zur Überprüfung verwenden. Dazu wird die erste Gleichung von (6.33) mit dx/dt und die zweite mit dy/dt multipliziert und zusammenaddiert. Nach Integration erhält man

$$\frac{1}{2}\left\{\left(\frac{dx}{dt}\right)^2 + \left(\frac{dy}{dt}\right)^2\right\} - \frac{GMm}{r} = \text{konstant,} \tag{6.39}$$

oder als dimensionsloser Ausdruck

$$\frac{1}{2}\left\{(\tilde{\dot{x}})^2 + (\tilde{\dot{y}})^2\right\} - \frac{1}{(\tilde{x}^2 + \tilde{y}^2)^{1/2}} = \text{konstant.} \tag{6.40}$$

Der erste Term in (6.39) ist die kinetische Energie. Der zweite Term, $-GMm/r$, ist die potentielle Energie der Masse m im Gravitationsfeld der Masse M. Die Summe muß konstant bleiben, so daß die Berechnung der linken Seite von (6.40) eine weitere Möglichkeit bietet, den Fortgang der numerischen Integration zu überwachen.

An (6.40) erkennt man, daß der Planet sich in der Nähe der Sonne, also des Ursprungs, schneller bewegt als weiter weg. Dadurch kann das Verfahren so ungenau werden, daß es völlig abwegige Ergebnisse liefert. Dem Problem begegnet man am besten, indem eine variable Schrittweite verwendet wird. Es muß also h automatisch mit r verkleinert werden (Aufgabe 6.3). Diese Möglichkeit funktioniert bei allen drei besprochenen Methoden, vorausgesetzt, daß h nicht innerhalb eines Schrittes geändert wird, bevor alle Variablen neu berechnet wurden.

Was wir bis jetzt behandelt haben, war lediglich ein Test für NPHASE und die Runge-Kutta-Routine, denn die Bahn eines einzelnen Planeten läßt sich in allen Fällen wie in Abschnitt 6.5 berechnen. Numerische Lösungen können aber noch mehr. Mit ihnen lassen sich die Bewegungen mehrerer sich gegenseitig anziehender Massepunkte berechnen (Abschnitt 6.8). Einen Schritt in diese Richtung werden wir im nächsten Abschnitt machen.

6.7 Das Zweikörperproblem

Wir gehen von zwei sich anziehenden Massen m_1 und m_2 aus, die zu Beginn einen Abstand d voneinander haben. Es sei

$$M = m_1 + m_2 \tag{6.41}$$

die Gesamtmasse. Die Massen sollen die Anfangsgeschwindigkeiten

$$v_1 = \frac{m_2}{M}\left(\frac{GM}{d}\right)^{1/2}, \qquad v_2 = \frac{m_1}{M}\left(\frac{GM}{d}\right)^{1/2} \tag{6.42}$$

in geeigneter Richtung haben, so daß sie sich auf konzentrischen Kreisen um den gemeinsamen Schwerpunkt C bewegen. Dies ist der Punkt, der die Verbindungslinie im Verhältnis m_2/m_1 teilt (Abbildung 6.12). Ihre gemeinsame Winkelgeschwindigkeit ist (vergleiche Aufgabe 6.4)

$$\Omega = \left(\frac{GM}{d^3}\right)^{1/2}. \tag{6.43}$$

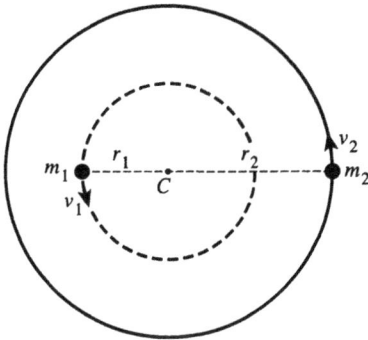

Abbildung 6.12: Zwei sich anziehende Massen, die sich auf konzentrischen Kreisen bewegen; $r_1/r_2 = m_2/m_1$.

Dies ist natürlich eine sehr spezielle Lösung des Zweikörperproblems. Wenn zum Beispiel v_1 und v_2 in (6.42) nur halb so groß wären, würden sich die Massen in Ellipsen um einen gemeinsamen Brennpunkt umrunden.

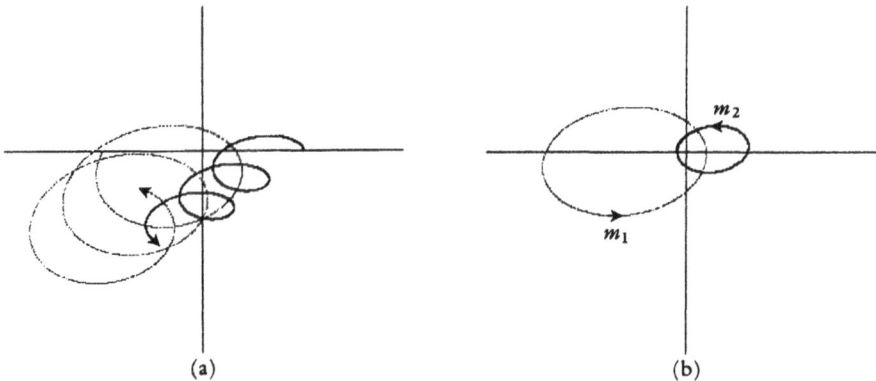

(a)

(b)

Abbildung 6.13: Typische Bewegung zweier Massen unter ihrer gegenseitigen Anziehungskraft (a) im Raum und (b) relativ zum gemeinsamen Schwerpunkt C. Im gezeigten Fall ist $m_1/m_2 = 3/7$.

Ein typisches Ergebnis für allgemeinere Anfangsbedingungen ist in Abbildung 6.13(a) dargestellt. Die Massen umrunden einander, während sie sich gemeinsam durch den Raum bewegen. Tatsächlich bewegt sich der gemeinsame Schwerpunkt C mit konstanter Geschwindigkeit. Für einen Beobachter, der sich mit dem Schwerpunktsystem bewegt, sind die Bahnen wieder Ellipsen (Abbildung 6.13(b)).

Die Bewegung von zwei Massepunkten unter ihrer gegenseitigen Anziehung ist also nur unwesentlich schwieriger als die Bewegung einer einzelnen Masse in einem festen Schwerefeld.

6.8 Das Dreikörperproblem

Sobald drei Körper beteiligt sind, können die Bewegungen außerordentlich komplex werden.

Die Massen seien m_1, m_2 und m_3. Die Differentialgleichungen für m_1 sind dann

$$m_1 \frac{d^2 x_1}{dt^2} = \frac{Gm_1 m_2}{r_{12}^3}(x_2 - x_1) + \frac{Gm_1 m_3}{r_{31}^3}(x_3 - x_1),$$

$$m_1 \frac{d^2 y_1}{dt^2} = \frac{Gm_1 m_2}{r_{12}^3}(y_2 - y_1) + \frac{Gm_1 m_3}{r_{31}^3}(y_3 - y_1). \tag{6.44}$$

Die Differentialgleichungen der Bewegung für m_2 und m_3 haben eine entsprechende Form, und man erhält somit ein System aus sechs gekoppelten Differentialgleichungen zweiter Ordnung. Hierbei ist

$$r_{12} = \left[(x_2 - x_1)^2 + (y_2 - y_1)^2 \right]^{1/2} \tag{6.45}$$

und r_{23} und r_{31} entsprechend definiert (Abbildung 6.14).

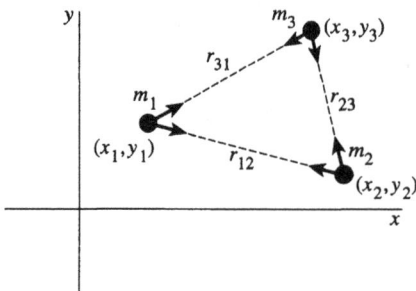

Abbildung 6.14: Das Dreikörperproblem.

Die Gesamtenergie des Systems ist (vergleiche (6.39))

$$E = \sum_{i=1}^{3} \frac{1}{2} m_i \left\{ \left(\frac{\mathrm{d}x_i}{\mathrm{d}t}\right)^2 + \left(\frac{\mathrm{d}y_i}{\mathrm{d}t}\right)^2 \right\} - \frac{Gm_1 m_2}{r_{12}} - \frac{Gm_2 m_3}{r_{23}} - \frac{Gm_3 m_1}{r_{31}}. \quad (6.46)$$

Mit den Differentialgleichungen (6.44) läßt sich zeigen, daß E – wie erwartet – eine Konstante der Bewegung ist.

Der gemeinsame Schwerpunkt C hat nun die Koordinaten

$$x_c = \frac{m_1 x_1 + m_2 x_2 + m_3 x_3}{m_1 + m_2 + m_3}, \qquad y_c = \frac{m_1 y_1 + m_2 y_2 + m_3 y_3}{m_1 + m_2 + m_3}. \quad (6.47)$$

Er bewegt sich mit durch die Anfangsbedingungen festgelegter, konstanter Geschwindigkeit.

Dimensionslose Form

M bezeichne eine geeignete Masseneinheit und d eine geeignete Längeneinheit. Wir erhalten damit die dimensionslosen Größen

$$\tilde{m}_i = \frac{m_i}{M}, \qquad \tilde{x}_i = \frac{x_i}{d}, \qquad \tilde{t} = \left(\frac{GM}{d^3}\right)^{1/2} t, \quad (6.48)$$

woraus sich für die Einheit der Geschwindigkeit $(GM)/d)^{1/2}$ ergibt.

Ein Vorteil der Transformation (6.48) ist, daß die Gravitationskonstante G aus den Gleichungen (6.44) verschwindet, die zu

$$\ddot{\tilde{x}}_1 = \frac{\tilde{m}_2(\tilde{x}_2 - \tilde{x}_1)}{\tilde{r}_{12}^3} + \frac{\tilde{m}_3(\tilde{x}_3 - \tilde{x}_1)}{\tilde{r}_{31}^3},$$

$$\ddot{\tilde{y}}_1 = \frac{\tilde{m}_2(\tilde{y}_2 - \tilde{y}_1)}{\tilde{r}_{12}^3} + \frac{\tilde{m}_3(\tilde{y}_3 - \tilde{y}_1)}{\tilde{r}_{31}^3}, \qquad \text{usw.} \quad (6.49)$$

werden, wobei ein Punkt Ableitung nach $\tilde{t}$ bedeutet.

Wir können M und d frei wählen, so wie es uns für ein gegebenes Problem am geeignetsten erscheint. Im folgenden nehmen wir $M = m_1 + m_2$ und für d den Abstand zwischen x_1 und x_2, wie wir es auch schon in Abschnitt 6.7 getan haben.

Das Programm THREEBP

Als letzter Schritt muß noch das Gleichungssystem (6.49) auf übliche Weise in ein System von zwölf gekoppelten Differentialgleichungen erster Ordnung umgewandelt werden. Das Programm THREEBP, das eine umgewandelte Version von NPHASE ist, wird dann die zwölf Differentialgleichungen erster Ordnung mit doppelter Genauigkeit nach Runge-Kutta integrieren.

Um die Rechnung abzusichern, gibt THREEBP kontinuierlich die Werte für das dimensionslose Äquivalent der Gesamtenergie (6.46) an. So läßt sich überprüfen, ob sie erwartungsgemäß konstant bleibt. Nichtsdestotrotz sollte auch unser Standardtest ausgeführt werden. Das Programm wird noch einmal gestartet, aber zuvor die Schrittweite h halbiert.

Durch die Näherung können immer dann besonders große Fehler entstehen, wenn zwei Körper sich auf kurze Distanz begegnen, das heißt wenn einer der Größen r_{12}, r_{23} oder r_{31} sehr klein wird. Würde man THREEBP mit festem h laufen lassen, so wäre selbst bei kleinem h schon nach wenigen Begegnungen das Ergebnis völlig falsch.

Es liegt nahe, das Programm THREEBP so abzuändern, daß die Schrittweite h sich automatisch verkleinert, wenn einer der Werte r_{12}, r_{23} oder r_{31} klein wird. Wir nehmen folgende Formel

$$h = \frac{h_{\text{scale}}}{\tilde{r}_{12}^{-2} + \tilde{r}_{23}^{-2} + \tilde{r}_{31}^{-2}}, \tag{6.50}$$

wobei h_{scale} fest vorgegeben wird. Das ist ein recht willkürlicher Ansatz, für unsere nächsten Beispiele reicht er aber aus.

Zwei Beispiele

Die Massen m_1 und m_2 seien gleich. Wir wählen $M = m_1 + m_2$, so daß $\tilde{m}_1 = \tilde{m}_2 = 0{,}5$. Wir nehmen weiterhin an, daß m_1 und m_2 sich im gleichen Abstand vom Ursprung auf der x-Achse befinden. Wählen wir die Länge d als ihren anfänglichen Abstand, so erhält man für die Anfangsbedingungen $(\tilde{x}_1, \tilde{y}_1) = (-0{,}5, 0)$ und $(\tilde{x}_2, \tilde{y}_2) = (0{,}5, 0)$ bei $t = 0$.

Wir beginnen mit einem kleinen m_3, das so weit weg von m_1 und m_2 ist, daß es auf sie keinen Einfluß hat. Nach (6.42) erzielen wir kreisförmige Bahnen um den Ursprung, wenn für die Anfangsgeschwindigkeit $0{,}5(GM/d)^{1/2}$ genommen wird. Da die Einheit für die Geschwindigkeit bei uns $(GM/d)^{1/2}$ ist, nehmen wir für die dimensionslose Anfangsgeschwindigkeit $(0, -0{,}5)$ und $(0, 0{,}5)$.

Verringern wir die Anfangsgeschwindigkeit von $0{,}5$ auf $0{,}3$, werden sich m_1 und m_2 auf Ellipsen um ihren gemeinsamen Schwerpunkt bewegen, der weiterhin im Ursprung liegt und gemeinsamer Brennpunkt der beiden Ellipsen ist (Abbildung 6.15(a)).

Als nächstes nehmen wir $m_3 = 0{,}5$, so daß alle drei Massen gleich schwer sind, und lassen m_3 bei $(-0{,}1, 0{,}75)$ mit einer Anfangsgeschwindigkeit von $(0, -0{,}3)$ starten. Auf Abbildung 6.15(b) sehen wir, daß bei $\tilde{t} = 0{,}85$ m_3 die Bewegung der beiden anderen gestört hat und eine dichte Begegnung mit m_1 hatte. Sie treffen sich erneut bei $\tilde{t} = 1{,}85$, während m_2 zeitweise hinausgeschleudert wurde. Die Massen m_1 und

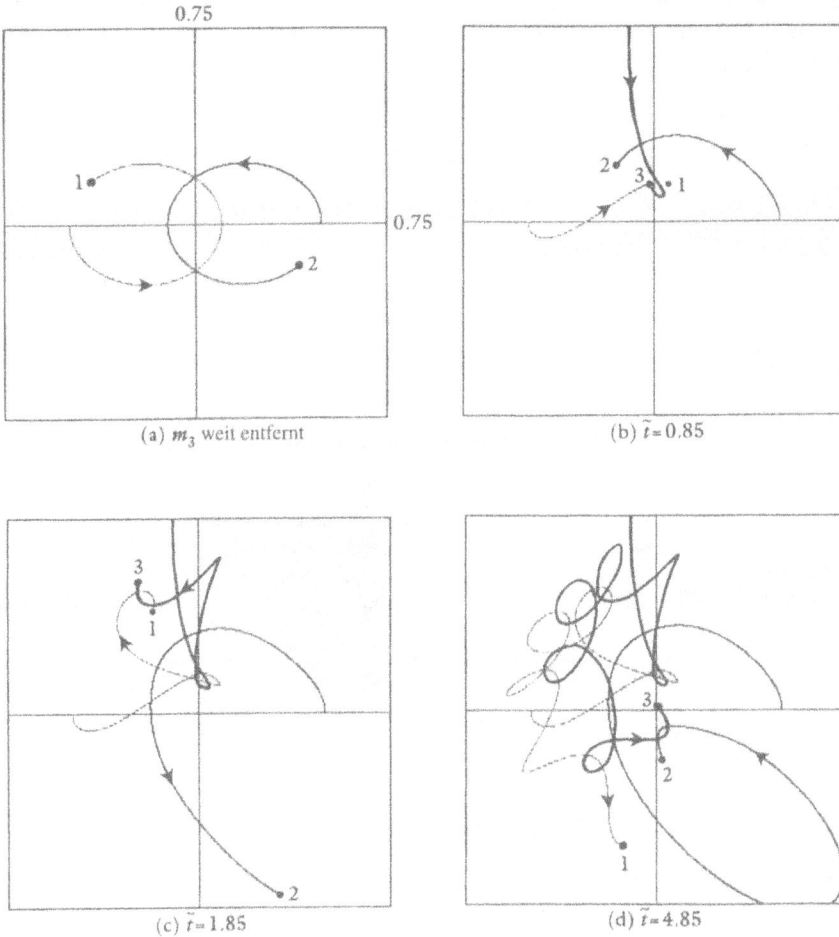

Abbildung 6.15: (a) Ein Zweikörperproblem. (b), (c) und (d) Ein Dreikörperproblem mit den Ausgangspositionen $(-0,5,0)$, $(0,5,0)$, $(-0,1,0,75)$ und den Anfangsgeschwindigkeiten $(0,-0,3)$, $(0,0,3)$, $(0,-0,3)$. Die Gesamtenergie ist $\tilde{E} = 0,737$. (Alle Werte in dimensionslosen Einheiten.)

m_3 umrunden einander, bis m_2 zurückkehrt und bei $\tilde{t} = 4,85$ eine Begegnung mit m_3 hat. Bei jeder Begegnung beschleunigen die Massen und wirbeln furios umeinander herum. Wählt man eine feste Schrittweite h, so daß man sozusagen die Bewegung in 'Echtzeit' verfolgt, bieten die Begegnungen einen recht faszinierenden Anblick.

'Paare' können auch sehr 'langlebig' sein, wie wir sehen, wenn wir die Anfangsgeschwindigkeit von m_3 von $(0,-0,3)$ auf $(0,-0,2)$ abändern. Es entsteht wieder ein 3-1-Paar, das aber dichter zusammen ist, und m_2 scheint zunächst das System zu verlassen. Doch bei $\tilde{t} \approx 20$ kehrt es um und hat bei $\tilde{t} = 23,56$ eine sehr dichte Begegnung mit m_1, wo sie sich bis auf eine Distanz von 0,00065 nähern. Als Folge davon wird m_1 mit Kraft nach 'unten' geschleudert, und ein 2-3-Paar setzt seinen Weg in Richtung

Ursprung fort. Sowohl das Paar als auch m_1 drehen wieder um und begegnen sich bei $\tilde{t} = 36{,}16$. Als Ergebnis davon bildet sich ein 1-2-Paar und m_3 wird weit in die negative x-Richtung geschleudert.

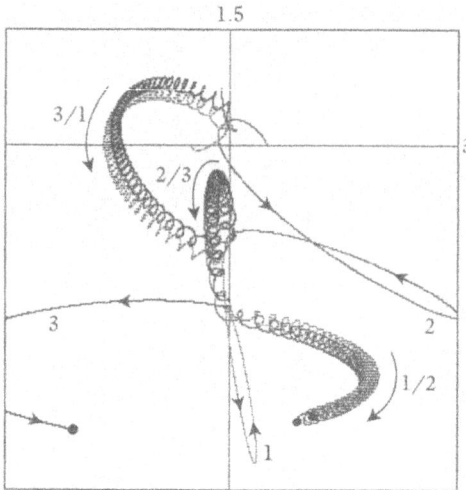

Abbildung 6.16: Für eine im Gegensatz zu 6.15 leicht veränderte Anfangsbedingung (die Anfangsgeschwindigkeit von m_3 ist $(0, -0{,}2)$) sieht man bei einem längeren Zeitintervall drei 'Paarungen' in Folge.

Dies waren natürlich nur Beispiele. Der große Vorteil eines Programms wie THREEBP ist, daß mit nur geringfügigen Änderungen weitere, ähnlich gelagerte Probleme der Mechanik untersucht werden können.

Ein eingeschränktes Dreikörperproblem

Wir beschließen das Kapitel mit einem klassischen Problem, bei dem die Masse m_3 so klein ist, daß ihre Wirkung auf m_1 und m_2 vernachlässigt werden kann. Diese bewegen sich demnach wie bei einem Zweikörperproblem. Die Aufgabe besteht darin, die Bewegung von m_3 in dem Schwerefeld der beiden anderen Massen zu finden. Als praktisches Beispiel kann man sich unter m_3 ein Raumschiff vorstellen.

Ein kurzer Blick auf das Problem zeigt, daß sich im Programm THREEBP einfach $m_3 = 0$ setzen läßt. Das führt nicht zu einem Zweikörperproblem, denn der gemeinsame Faktor m_3 in den letzten beiden Gleichungen von (6.44) wurde bei dem Schritt nach (6.49) gekürzt. Setzt man $m_3 = 0$ bleibt es bei zwölf Gleichungen erster Ordnung, die in der Tat dem korrekt durchgeführten Grenzübergang $m_3 \to 0$ entsprechen.

Wir geben den Massen m_1 und m_2 die Anfangspositionen $(-\tilde{m}_2, 0)$ und $(\tilde{m}_1, 0)$, so daß ihr gemeinsamer Schwerpunkt im Ursprung liegt und sie den Abstand 1 haben. Die (dimensionslosen) Anfangsgeschwindigkeiten seien $(0, -\tilde{m}_2)$ und $(0, \tilde{m}_1)$, so daß sie sich in konzentrischen Kreisen um den Ursprung bewegen. Sind die Massen der Hauptplaneten gleich, bewegen sie sich auf dem selben Kreis mit dem Radius 0,5 (siehe (6.42)).

Eine Frage von großem Interesse ist, welche Art von periodischen oder quasi-periodischen Bewegungen m_3 ausführen kann. Ein Beispiel ist in 6.17(a) mit $m_1 = m_2 = 0{,}5$ gezeigt. In diesem Fall bewegen sich die beiden Hauptplaneten auf dem selben Kreis mit dem Radius 0,5. Der Körper 3 startet bei $(-1,0)$ mit einer Anfangsgeschwindigkeit von $(0,0{,}506)$. Er umrundet m_1 im Uhrzeigersinn und zwar dreimal pro Umlauf von m_1 um den Ursprung. 6.17(b) zeigt die gleiche Bewegung, jedoch im rotierenden Bezugssystem der beiden Hauptplaneten. In diesem Bezugssystem scheinen die Hauptplaneten zu stehen und die Bewegung von m_3 ist offensichtlich periodisch.

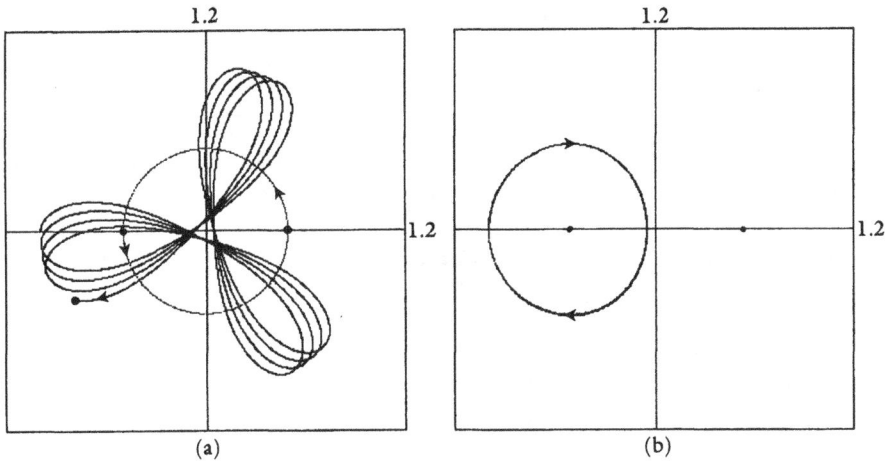

Abbildung 6.17: Ein eingeschränktes Dreikörperproblem, gezeigt ist die Bewegung der (kleinen) Masse m_3 (a) in dem Inertialsystem des Gemeinsamen Schwerpunktes und (b) im rotierenden Bezugssystem der beiden Hauptplaneten $m_1 = m_2 = 0{,}5$.

Allgemeiner ist eine Pendelbewegung von m_3 zwischen den Hauptplaneten. (6.18) zeigt ein Beispiel mit $\tilde{m}_1 = 81/82$ und $\tilde{m}_2 = 1/82$, was in etwa dem Erde-Mond-System entspricht. Die größere Masse Erde bewegt sich kaum, während der Mond auf einem Kreis mit annähernd dem Radius 1 läuft. Das 'Raumschiff' m_3 startet in der Nähe des Mondes im Punkt $P = (1{,}05,0)$ (siehe 6.18(a)). Es hat die Anfangsgeschwindigkeit $(0,0{,}2012)$, wird aber schnell vom Mond abgelenkt. Der Mond zieht weiter seine kreisförmige Bahn um die Erde, während das Raumschiff eine fast elliptische Bahn um die Erde vollzieht. Es wiederholt dann fast dieselbe Bahn noch einmal, bevor es im Punkt Q wieder den Mond trifft, der seine erste Runde um die Erde noch nicht vollendet hat. Wieder wird das Raumschiff vom Mond abgelenkt, und zwar so, daß die Flugbahn sich wiederholt. In 6.18(b) ist dieselbe Bewegung im rotierenden Bezugssystem Erde-Mond gezeigt.

Im allgemeinen kann jedoch die kleine Masse beim eingeschränkten Dreikörperproblem um die beiden Hauptplaneten in einer chaotischen Weise herumpendeln, 6.19 zeigt ein Beispiel mit $m_1 = m_2$. Es ist bemerkenswert, daß Poincaré bereits im letzten

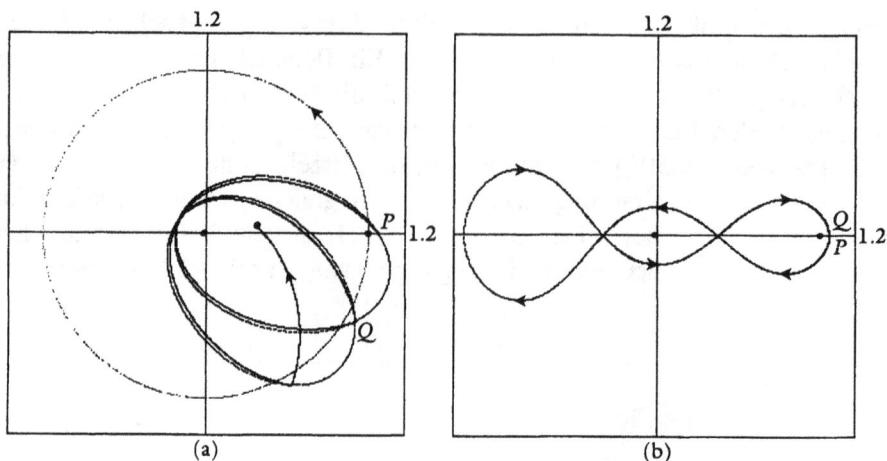

Abbildung 6.18: Eine regelmäßige Pendelbewegung von m_3 im eingeschränkten Dreikörperproblem: (a) im Inertialsystem und (b) im rotierenden Bezugssystem. $\widetilde{m}_1 = 81/82$, $\widetilde{m}_2 = 1/82$.

Jahrhundert lange vor dem Erscheinen der Computer die Existenz dieser Form der Bewegung vorhergesagt hat (siehe Kapitel 11).

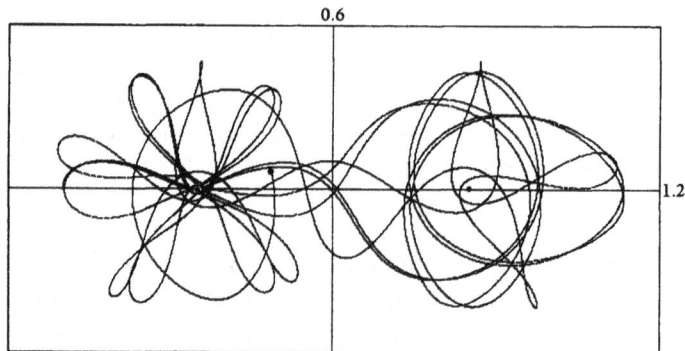

Abbildung 6.19: Chaotisches hin- und herpendeln von m_3 in einem eingeschränkten Dreikörperproblem, relativ zum rotierenden Bezugssystem. Die Bedingungen sind fast dieselben wie in 6.17. m_3 startet wieder bei $(-1,0)$, hat aber nun eine Anfangsgeschwindigkeit von $(0, 0{,}59)$ relativ zum Inertialsystem und $(0, 0{,}41)$ relativ zum rotierenden Bezugssystem.

Übungen

Aufgabe 6.1

Ein Teilchen der Masse m bewegt sich in einem Zentralkraftfeld mit $f(r) = c/r^3$, wobei c eine Konstante ist. Zu Beginn befindet sie sich bei $r = d$, $\theta = 0$ und seine

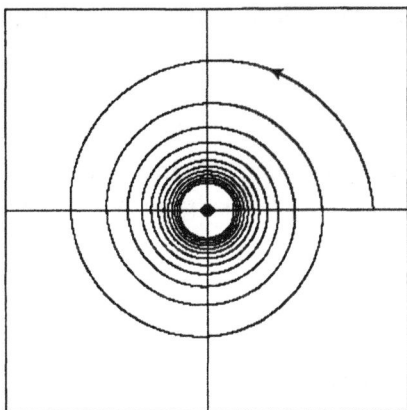

Abbildung 6.20: Eine Spiralbahn für $f(r) \propto 1/r^3$.

Geschwindigkeit hat eine Komponente parallel zu OP von v und eine senkrecht dazu eine Komponente von $v_c = (c/md^2)^{1/2}$.

Finden Sie die Bahn der Masse mit den Methoden von Abschnitt 6.4 und 6.5 heraus, und zeigen Sie, daß diese für $v < 0$ die in 6.20 gezeigte Form annimmt.

Was passiert, wenn $v > 0$?

Aufgabe 6.2

Die Form des zugrundeliegenden Kraftgesetzes läßt sich aus der Form der Bahnen ableiten. Der Körper bewege sich in einem Zentralkraftfeld $f(r)$. Zeigen Sie, daß

(a) bei einer spiralförmigen Bahn $r = e^{-k\theta}$ mit k konstant $f(r) \propto 1/r^3$ ist.

(b) $f(r) \propto 1/r^5$ ist, wenn die Bahn ein Kreisbogen ist, der bei $r = 0$ endet.

(Newton hat sich viel mit Problemen dieser Art beschäftigt. Die zweite Aufgabe stammt von *Cor. to Prop. VII, Problem II* im *Book I, Principia*, 1687.)

Aufgabe 6.3

Bei $f(r) \propto 1/r^2$ ergeben sich elliptische Bahnen. Passen Sie das Programm NPHASE wie auf den Seiten 233 f vorgeschlagen an, um die Ergebnisse in 6.11 zu bestätigen. Verwenden Sie dann eine variable Schrittweite $h \propto r^2$, um das Problem für $\tilde{v} = 0,3$ zu lösen, bei dem die Masse sehr dicht am Ursprung vorbeifliegt.

Zeigen Sie, daß für jede elliptische Bahn für die dimensionslose Umlaufzeit $\tilde{T}$ gilt

$$\tilde{T} = \frac{2\pi}{(2 - \tilde{v}^2)^{3/2}}.$$

Benutzen Sie das Programm, um für eine Reihe von verschiedenen Werten von $\tilde{v} = v/v_c$ das Ergebnis zu bestätigen.

Aufgabe 6.4

Zeigen Sie, daß zwei sich anziehende Massen m_1 und m_2, die sich auf einer Kreisbahn um ihren gemeinsamen Schwerpunkt C bewegen, dies mit der Winkelgeschwindigkeit

$$\Omega = \left(\frac{GM}{d^3} \right)^{1/2}$$

tun, wobei $M = m_1 + m_2$ und d ihr Abstand voneinander ist.

Aufgabe 6.5

Reproduzieren Sie mit THREEBP die Ergebnisse in 6.15(b) – (d). Finden Sie heraus, wie es weitergeht.

Setzen Sie dann $\tilde{m}_3 = 0{,}1$, behalten aber alle anderen Werte bei. Berechnen Sie die Bahnen. Erkunden Sie dann den Effekt, den eine Änderung der Ausgangsposition von $\tilde{m}_3$ um ein Promille auf $(-0{,}1, 0{,}75075)$ hat.

7 Wellen und Diffusion

7.1 Einführung

Ziel dieses Kapitels ist es, einige Beispiele partieller Differentialgleichungen vorzustellen, da sie den Schlüssel zum Verständnis vieler grundlegender Phänomene in der
Natur darstellen.

Wir nehmen beispielsweise ein straff gespanntes Seil und ziehen es an einer Stelle
etwas zur Seite. Wenn wir es loslassen, werden aus der anfänglichen Auslenkung
schnell zwei Wellen entstehen, die in entgegengesetzter Richtung auseinanderlaufen
(Abbildung 7.1).

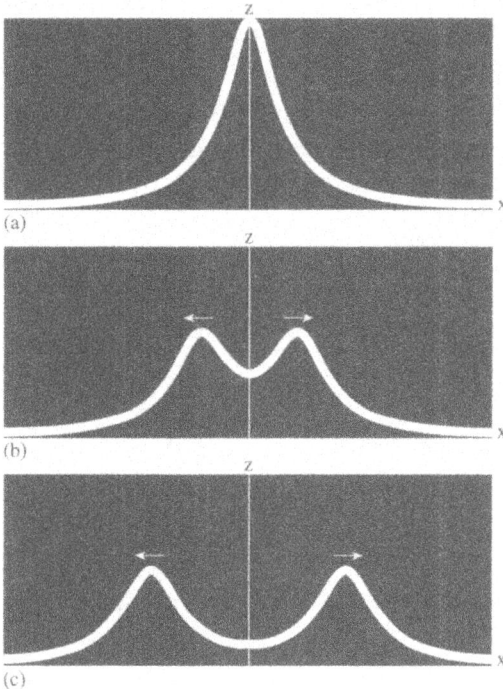

Abbildung 7.1: Wellen auf einem gespannten Seil. (Die Auslenkung in z-Richtung wurde
stark überhöht dargestellt.)

Dieses Problem ist offensichtlich nicht von der Art, wie wir sie bis jetzt behandelt
haben, denn die Auslenkung z hängt sowohl von der Zeit t als auch vom Ort x

ab. Mit anderen Worten, es gibt hier zwei unabhängige Variablen x und t, und die entscheidende Idee zur Lösung des Problems ist die Einführung von

$$\text{partiellen Ableitungen:} \quad \frac{\partial z}{\partial x}, \quad \frac{\partial z}{\partial t}. \tag{7.1}$$

Gemeint ist jeweils die Ableitung von z nach einer unabhängigen Variable, wobei die andere konstant gehalten wird. Wäre zum Beispiel $z = x \sin \omega t$ mit der Konstanten ω, so wäre $\partial z / \partial x$ gleich $\sin \omega t$ und $\partial z / \partial t$ gleich $x \omega \cos \omega t$.

Beide partiellen Ableitungen (7.1) haben eine einfache physikalische Bedeutung in unserem Problem. Die erste, $\partial z / \partial x$, ist die Steigung des Seils an der Stelle x zur Zeit t. Und die zweite, $\partial z / \partial t$, ist die seitliche Geschwindigkeit des Seils.

Es stellt sich tatsächlich heraus, daß bei kleinen Auslenkungen die Bewegungen des Seils durch die Gleichung

$$T \frac{\partial^2 z}{\partial x^2} = \rho \frac{\partial^2 z}{\partial t^2}, \tag{7.2}$$

bestimmt wird, wobei T die Spannung des Seils und ρ seine Dichte, das heißt Masse pro Längeneinheit ist. Die linke Seite entspricht der resultierenden Kraft, die auf ein infinitesimal kleines Stückchen Seil in z-Richtung wirkt. Die rechte Seite ist dessen Masse multipliziert mit seiner Beschleunigung.

Partielle Differentialgleichungen wie (7.2) nehmen in vielen Bereichen der theoretischen Physik einen zentralen Raum ein. Eine grundlegende Behandlung setzt die Differentialrechnung mehrerer Veränderlicher voraus. Unser Ziel ist es jedoch, mit einfachen mathematischen Methoden einen ersten Eindruck von partiellen Differentialgleichungen zu vermitteln und zu motivieren, sich tiefergehend mit dem Thema zu beschäftigen.

7.2 Wellen

Die Gleichung (7.2) ist nur ein Beispiel für die sogenannte *Wellengleichung*

$$\frac{\partial^2 z}{\partial t^2} = c^2 \frac{\partial^2 z}{\partial x^2}, \tag{7.3}$$

wobei c eine Konstante ist, die durch die Parameter des Systems gegeben sind.

Zunächst wollen wir uns eine besonders einfache Lösung der Gleichung (7.3) anschauen.

Eine elementare Lösung

Betrachten sie die Funktion

$$z = A \sin \frac{2\pi}{\lambda}(x - ct),$$ (7.4)

wobei A und λ Konstanten sind. Ableitung nach x bei festgehaltenem t ergibt

$$\frac{\partial z}{\partial x} = \frac{2\pi}{\lambda} A \cos \frac{2\pi}{\lambda}(x - ct).$$

Ein zweites Mal abgeleitet, und man erhält

$$\frac{\partial^2 z}{\partial x^2} = -\frac{4\pi^2}{\lambda^2} A \sin \frac{2\pi}{\lambda}(x - ct).$$

Wenn wir die entsprechende Rechnung für $\partial^2 z / \partial t^2$ durchführen, so erhalten wir fast das selbe Ergebnis, bis auf einen zusätzlichen Faktor $-c$ nach einer Ableitung und einen weiteren Faktor $-c$ nach der zweiten Ableitung. Wir haben also gefunden, daß $\partial^2 z / \partial t^2$ in der Tat gleich $c^2 \partial^2 z / \partial x^2$ ist und somit (7.4) eine Lösung von (7.3) ist.

Wir betrachten nun die zeitliche Entwicklung der Lösung. Anfangs haben wir

$$z = A \sin \frac{2\pi}{\lambda} x \qquad \text{bei} \quad t = 0,$$ (7.5)

das heißt eine Sinuskurve (die gepunktete Kurve in Abbildung 7.2) mit dem Abstand λ zwischen zwei Wellenbergen. Nun ist nach (7.4) z zu einer späteren Zeit t durch den gleichen Ausdruck gegeben, nur daß x durch $x - ct$ ersetzt ist. Das hat die Konsequenz, daß die ganze Kurve um den Betrag ct in positive x-Richtung verschoben ist. Wir haben also mit anderen Worten eine Welle, die sich mit der Geschwindigkeit c fortbewegt, der Konstante, die in der Wellengleichung (7.3) auftaucht.

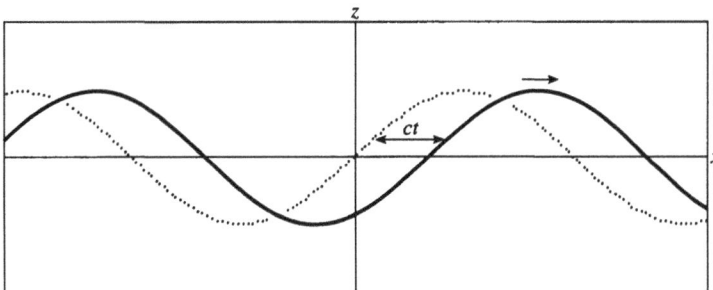

Abbildung 7.2: Eine sich fortbewegende Welle (7.4).

Allgemeinere Wellenformen

Die verwendete Argumentation läßt sich aber auf beliebige Wellenformen anwenden.
Um das zu sehen, nehmen wir

$$z = f(x - ct),\tag{7.6}$$

von der (7.4) nur ein Spezialfall ist. Dies ist wiederum eine Welle, die sich mit der
Geschwindigkeit c in positive x-Richtung bewegt. Denn die Ersetzung von $y = F(x)$
durch $y = F(x - 1)$ verschiebt die gesamte Kurve um den Betrag 1 und analog dazu
wird durch (7.6) die Kurve $z = f(x)$ um den Betrag ct verschoben.

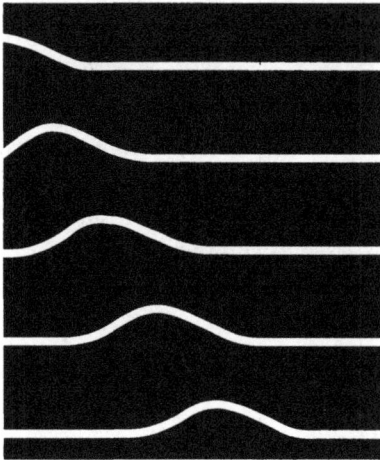

Abbildung 7.3: Ein Beispiel für $z = f(x - ct)$: ein einzelner
Wellenberg, den man erzeugt, indem man ein Seil an einer
Seite einmal schnell auf- und wieder abbewegt.

Um zu zeigen, daß (7.6) die Wellengleichung (7.3) erfüllt setzen wir $X = x - ct$ und
erhalten damit

$$\frac{\partial z}{\partial x} = f'(X)\frac{\partial X}{\partial x} = f'(x)$$

und

$$\frac{\partial z}{\partial t} = f'(X)\frac{\partial X}{\partial t} = -cf'(x).$$

Erneute Ableitung ergibt dann

$$\frac{\partial^2 z}{\partial x^2} = f''(X), \qquad \frac{\partial^2 z}{\partial t^2} = c^2 f''(X)$$

und somit

$$\frac{\partial^2 z}{\partial t^2} = c^2 \frac{\partial^2 z}{\partial x^2}. \tag{7.7}$$

Der Ansatz (7.6) ist also eine Lösung der Wellengleichung (7.3) unabhängig davon, wie die konkrete Form der Welle, das heißt der Funktion $f(X)$ aussieht.

Das Ergebnis gilt natürlich auch für Funktionen von $x + ct$. Diese Funktion beschreibt dann eine Welle, die sich in negative x-Richtung mit der Geschwindigkeit c fortbewegt.

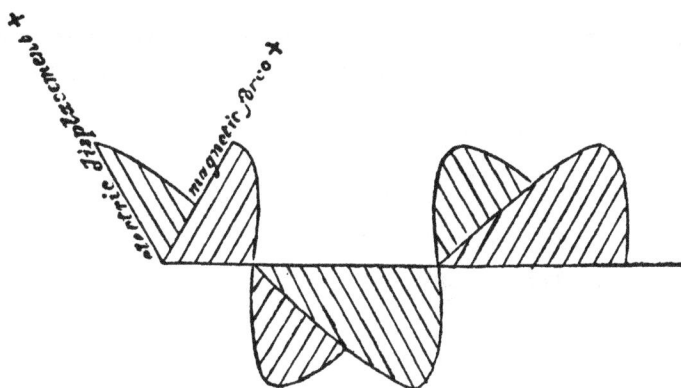

Abbildung 7.4: Skizze einer elektromagnetischen Welle, entnommen aus Maxwells *Treatise on Electricity and Magnetism*, 1873.

Zwei Anwendungen

Das erste Mal erschien die Gleichung (7.3) in einer Arbeit über Schwingende Saiten von d'Alembert aus dem Jahre 1745. In diesem speziellen Fall ist (siehe (7.2))

$$c = \sqrt{\frac{T}{\rho}}. \tag{7.8}$$

Die Welle bewegt sich also wie erwartet um so schneller, je stärker die Saite gespannt ist.

In der Folge tauchte die Wellenfunktion in unterschiedlichen Zusammenhängen auf, einer der wichtigsten ist die Verbindung mit den Maxwellschen Gleichungen der Elektrodynamik. Um 1860 zeigt Maxwell, daß elektrisches und magnetisches Feld zusammen im freien Raum die Wellengleichung (7.3) erfüllen mit

$$c = \frac{1}{\sqrt{\mu_0 \varepsilon_0}}. \tag{7.9}$$

Die Konstanten μ_0 und ε_0 können im Labor bestimmt werden: $1/\varepsilon_0$ ist ein Maß für die Stärke des elektrischen Feldes, das durch eine bestimmte Ladung erzeugt wird, und μ_0 ist ein Maß für die Stärke des magnetischen Feldes bei gegebenem Stromfluß. Aus (7.9) berechnete Maxwell die Geschwindigkeit der elektromagnetischen Welle zu 193 088 Meilen pro Sekunde. Direkte Messungen der Lichtgeschwindigkeit lieferten damals den Wert von 193 118 Meilen pro Sekunde. Die beiden Werte waren so ähnlich, daß Maxwell daraus schloß, daß Licht ein elektromagnetisches Phänomen seien müsse.

Ein Anfangswertproblem

Zum Schluß des Abschnitts über Wellen gehen wir noch einmal zu unserem Ausgangsproblem in Abbildung 7.1 zurück. Wir nehmen an, daß die anfängliche Form des Seils durch

$$z = Ae^{-x^2/a^2} \qquad \text{bei} \quad t = 0 \tag{7.10}$$

beschrieben wird, was einem einzelnen Berg symmetrisch um $x = 0$ entspricht. Das Seil soll zu diesem Zeitpunkt in Ruhe sein.

Als Lösung vermuten wir

$$z = Ae^{-(x-ct)^2/a^2},$$

da sie von der Form (7.6) und damit eine Lösung der Wellengleichung ist, und weil sie die Anfangsbedingung (7.10) erfüllt. Allerdings ist

$$\begin{aligned}
\frac{\partial z}{\partial t} &= \frac{2A(x-ct)c}{a^2}e^{-(x-ct)^2/a^2} \\
&= \frac{2Ax}{a^2}ce^{-x^2/a^2} \qquad \text{bei} \quad t = 0,
\end{aligned}$$

das heißt, daß die Anfangsgeschwindigkeit des Seils nicht gleich Null wäre. Eine andere Möglichkeit wäre

$$z = Ae^{-(x+ct)^2/a^2},$$

was aber zu der gleichen Schwierigkeit, nämlich

$$\frac{\partial z}{\partial t} = -\frac{2Ax}{a^2}ce^{-x^2/a^2} \qquad \text{bei} \quad t = 0$$

führt. Wenn wir aber folgendermaßen die beiden Lösungen addieren (oder besser gesagt jeweils die Hälfte)

$$z = \frac{1}{2}Ae^{-(x-ct)^2/a^2} + \frac{1}{2}Ae^{-(x+ct)^2/a^2}, \tag{7.11}$$

so erhalten wir eine korrekte Lösung, da die Beiträge der beiden Terme zur Anfangs-geschwindigkeit sich gerade gegenseitig aufheben.

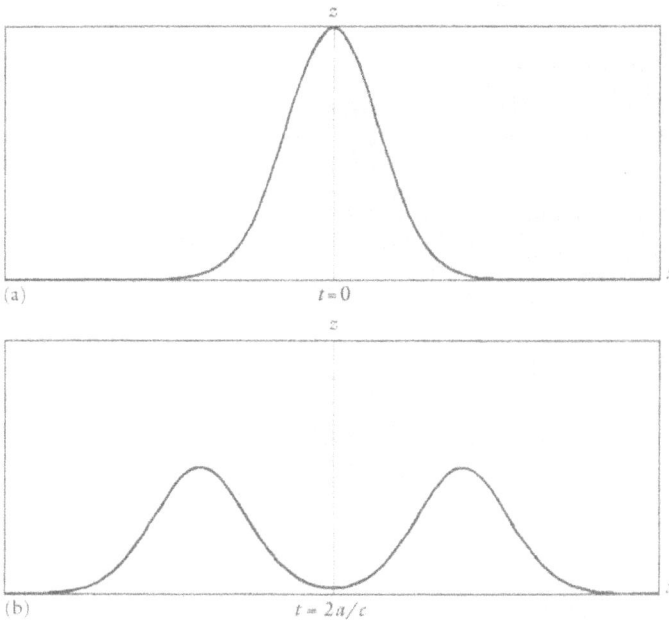

Abbildung 7.5: Lösung der Wellengleichung (7.3) unter den Anfangsbedingungen 7.10 und $\partial z/\partial t = 0$ bei $t = 0$.

Es bietet sich folgende Interpretation an: Zwei identische Wellenberge, die sich mit gleicher, aber entgegengesetzter Geschwindigkeit c bewegen, haben sich zur Zeit $t = 0$ zu einem einzelnen, doppelt so großen Wellenberg überlagert. Ohne sich gegenseitig beeinflußt zu haben, laufen die Wellenberge danach wieder auseinander.

7.3 Diffusion

Wir wollen noch kurz ein weiteres Beispiel einer nicht weniger wichtigen partiellen Differentialgleichung geben. Mit ihrer Hilfe läßt sich Diffusion beschreiben:

$$\frac{\partial T}{\partial t} = \kappa \frac{\partial^2 T}{\partial t^2}, \tag{7.12}$$

wobei κ eine positive Konstante ist. Auf den ersten Blick scheint sie (7.3) nicht unähnlich zu sein. Es wird sich aber zeigen, daß die Eigenschaften dieser Gleichung völlig anders sind. Das erste Mal wurde sie 1822 von Fourier verwendet, um die Diffusion von Wärme durch einen Festkörper zu beschreiben. In diesem Zusammenhang steht T für die Temperatur und κ für die Fähigkeit des Körpers, Wärme zu leiten.

Um zu verstehen, was (7.12) bedeutet, muß man zunächst wissen, daß Wärme in einem Festkörper von der heißeren zur kälteren Stelle fließt und zwar mit einer Rate, die proportional zur Temperaturdifferenz ist. Die Wärmemenge, die in die positive x-Richtung fließt, ist also proportional zu $-\partial T/\partial x$. Nehmen wir an, zu einer bestimmten Zeit würde $-\partial T/\partial x$ in x-Richtung abnehmen, das heißt, daß $\partial^2 T/\partial x^2 > 0$ ist. Daraus folgt, daß durch den Querschnitt an der Stelle x mehr Wärme durchfließt als an der Stelle $x + \delta x$ und somit der Festkörper dazwischen mit der Zeit wärmer werden muß. Dies ist gerade die Aussage von (7.12): wenn $\partial^2 T/\partial x^2 > 0$, dann ist $\partial T/\partial t > 0$.

Ein weiteres Anfangswertproblem

Die Unterschiede zwischen der Diffusionsgleichung (7.12) und der Wellengleichung (7.3) läßt sich leicht an folgendem Anfangswertproblem demonstrieren:

$$T = T_0 e^{-x^2/a^2} \qquad \text{bei} \quad t = 0, \tag{7.13}$$

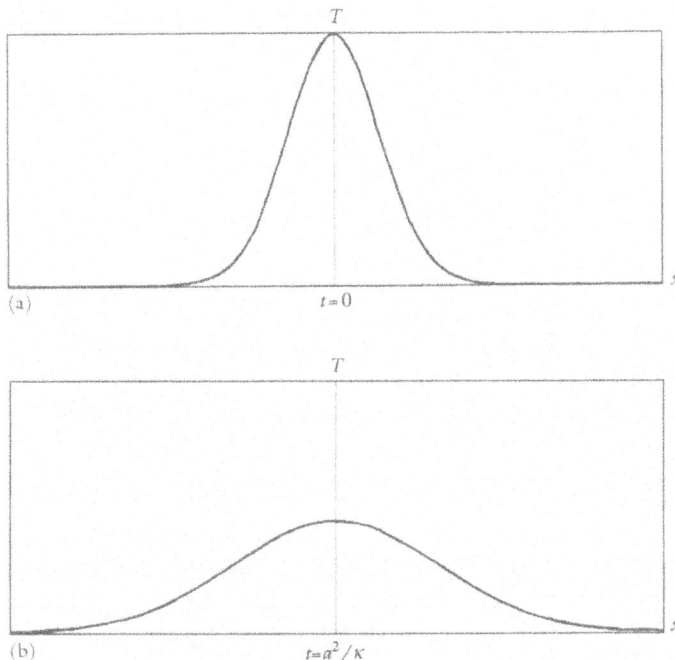

Abbildung 7.6: Wärmediffusion unter den Anfangsbedingungen (7.13)

was dieselben Anfangswerte wie (7.10) sind. Eine physikalische Interpretation wäre nun zum Beispiel eine lokalisierte, heiße Region um den Ursprung herum. Für die Lösung der Diffusionsgleichung (7.12) unter den gegebenen Anfangsbedingungen erhält man

$$t = \frac{T_0}{\left(1 + \frac{4\kappa t}{a^2}\right)^{1/2}} e^{-x^2/(a^2 + 4\kappa t)} \tag{7.14}$$

(siehe Aufgabe 7.3). Die Lösung wurde für zwei Werte für t in Abbildung 7.6 graphisch dargestellt.

Die Lösung entwickelt sich ganz anders als die in Abbildung 7.5 gezeigte. Es gibt kein wellenartiges Verhalten, die Wärme breitet sich einfach aus. Der Prozeß läuft mit einer Zeitskala von a^2/κ ab, das heißt um so schneller, je größer die Wärmeleitfähigkeit κ des Festkörpers ist.

Numerische Lösungen

Einige der numerischen Lösungsverfahren aus Kapitel 4 können sicherlich auch auf partielle Differentialgleichungen ausgedehnt werden. Wir werden das anhand der Diffusionsgleichung (7.12) auf dem abgeschlossenen Intervall $0 < x < l$ demonstrieren. Wir unterstellen, daß an den Rändern $x = 0$ und $x = l$ die Temperatur $T = 0$ ist.

Wir führen wieder zuerst geeignete dimensionslose Variablen ein

$$\tilde{x} = \frac{x}{l}, \qquad \tilde{t} = \frac{\kappa t}{l^2}, \tag{7.15}$$

so daß man aus (7.12)

$$\frac{\partial T}{\partial \tilde{t}} = \frac{\partial^2 T}{\partial \tilde{x}^2} \tag{7.16}$$

erhält mit

$$T = 0 \quad \text{bei} \quad \tilde{x} = 0 \quad \text{und} \quad x = 1 \tag{7.17}$$

und

$$T = F(\tilde{x}) \quad \text{bei} \quad \tilde{t} = 0. \tag{7.18}$$

Das Programm HEAT aus dem Anhang B geht das Problem wie folgt an: Zunächst werden die Koordinaten $\tilde{x}$ und $\tilde{t}$ gesetzt. Für T an jedem Punkt (x_i, t_j) des in Abbildung

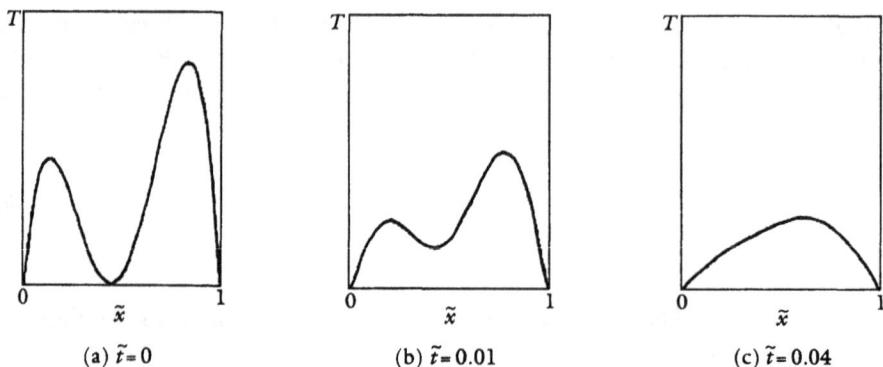

(a) $\tilde{t} = 0$ (b) $\tilde{t} = 0.01$ (c) $\tilde{t} = 0.04$

Abbildung 7.7: Numerische Lösung der Wärmediffusionsgleichung (7.16) auf dem Intervall $0 < x < l$ und $T = 40\tilde{x}(l - \tilde{x})(\tilde{x} - 0{,}45)^2$ bei $t = 0$.

7.8(a) gezeigten rechtwinkligen Gitters werden dann die Näherungen $T_{i,j}$ gesucht. Das Intervall $0 < x < 1$ wird in m Stücke der Länge $h = 1/m$ geteilt. Es gilt also

$$\tilde{x}_i = ih, \qquad i = 0, 1, \ldots, m. \tag{7.19}$$

Jeder Zeitschritt hat die Größe k, so daß

$$\tilde{t} = jk, \qquad j = 0, 1, 2, \ldots. \tag{7.20}$$

Als nächstes nähern wir die partielle Ableitung wie folgt:

$$\frac{\partial T}{\partial \tilde{t}} \approx \frac{T_{i,j+1} - T_{i,j}}{k},$$

$$\frac{\partial T}{\partial \tilde{x}} \approx \frac{T_{i+1,j} - T_{i,j}}{h} \tag{7.21}$$

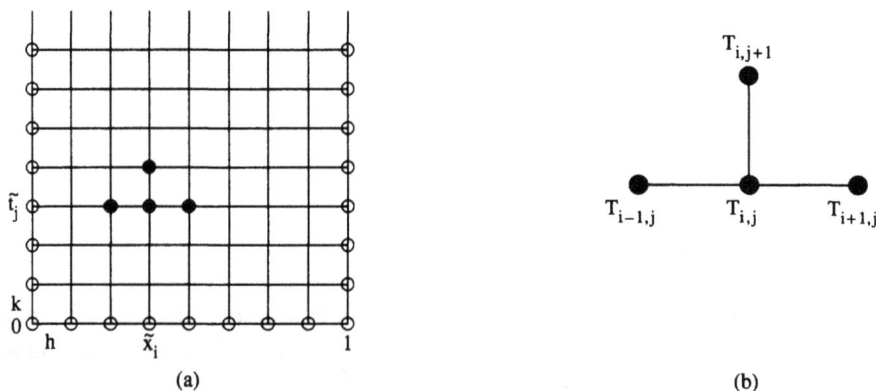

(a)   (b)

Abbildung 7.8: Gitter für die numerische Lösung von (7.16).

(siehe Abbildung 7.8(b)), dabei läuft i von 1 bis $m - 1$. Diese Näherung ist sehr grob und leitet sich von dem Eulerschen Verfahren aus Abschnitt 4.2 ab. Die zweite Ableitung auf der rechten Seite von (7.16) wird auf ähnliche Weise genähert, indem wir die Differenz zweier benachbarter Näherungswerte von $\partial T / \partial t$ bilden und durch den Abstand h der Gitterpunkte teilen. Das ergibt für die Diffusionsgleichung (7.16) in Differenzenquotienten geschrieben

$$\frac{T_{i,j+1} - T_{i,j}}{k} = \frac{1}{h} \left(\frac{T_{i+1,j} - T_{i,j}}{h} - \frac{T_{i,j} - T_{i-1,j}}{h} \right), \tag{7.22}$$

wobei i wieder von 1 bis $m - 1$ läuft. In einer leicht abgewandelten Schreibweise wird (7.22) zu

$$T_i^{\text{neu}} = T_i^{\text{alt}} + \frac{k}{n^2} (T_{i+1}^{\text{alt}} - 2T_i^{\text{alt}} + T_{i-1}^{\text{alt}}), \qquad i = 1, 2, \ldots, m-1, \tag{7.23}$$

was unser 'updating'-Algorithmus ist, der jeden neuen Wert T_i aus den drei nächsten alten Werten von T_i berechnet (siehe Abbildung 7.8(b)). An jedem umkringelten Punkt in Abbildung 7.8(a) ist der Wert für T wegen (7.17) oder (7.18) bekannt. (7.22) erlaubt uns dann, nach und nach die Lösung für fortschreitendes $\tilde{t}$ auszurechnen. Ein typisches Ergebnis ist in Abbildung 7.7 gezeigt, wo zwei heiße Stellen ihre Wärme langsam an die Umwelt verlieren.

Um eine hinreichend genaue Lösung zu erhalten, müssen nun zwei Schrittweiten hinreichend klein sein. Dabei ist aber Vorsicht angesagt, da der Algorithmus (7.23) nur unter der Bedingung

$$\frac{k}{h^2} \leq 0{,}5 \tag{7.24}$$

stabil ist. Wird die Bedingung nicht erfüllt, entwickeln sich völlig sinnlose Oszillationen, was nur ein kleiner Hinweis darauf ist, daß partielle Differentialgleichungen oft schwieriger sind als die gewöhnlichen Differentialgleichungen aus Kapitel 4.

Zweidimensionale Diffusion

Natürlich kann es auch vorkommen, daß die Temperaturverteilung T eines Festkörpers von zwei räumlichen Koordinaten x und y und von der Zeit t abhängt. In diesem Fall erfüllt $T(x, y, t)$ die Gleichung

$$\frac{\partial T}{\partial t} = \kappa \left(\frac{\partial^2 T}{\partial x^2} + \frac{\partial^2 T}{\partial y^2} \right). \tag{7.25}$$

Diese zweidimensionale Diffusionsgleichung kann ebenfalls numerisch gelöst werden. In Abbildung 7.9 sieht man die Lösung auf einer quadratischen Fläche $0 < x < l$,

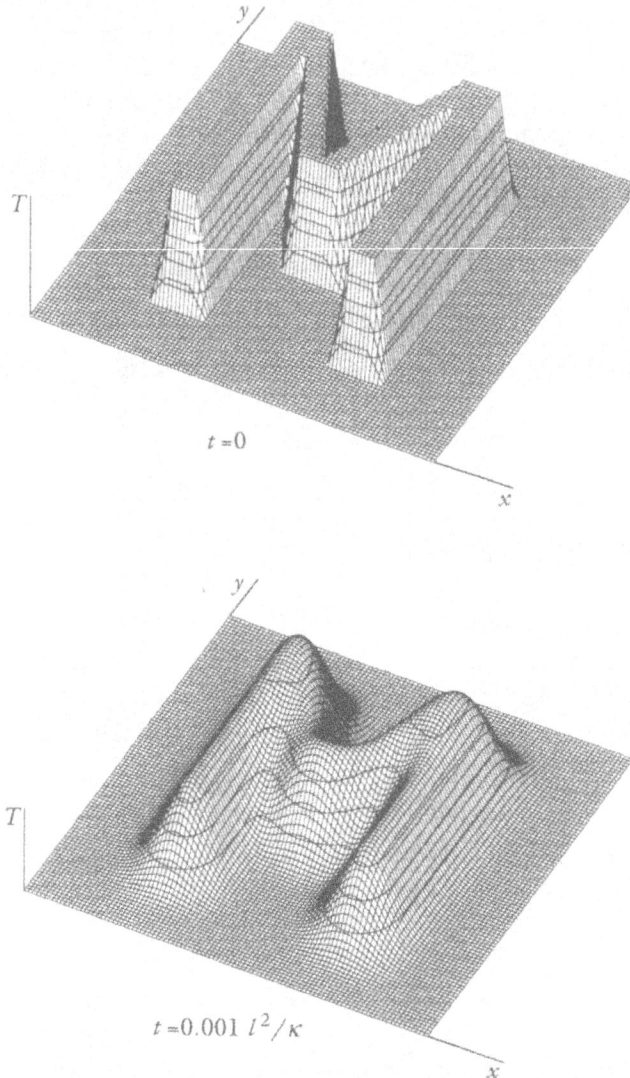

Abbildung 7.9: Ein zweidimensionales Diffusionsproblem (von Morton & Mayers 1994).

$0 < y < l$, deren Ränder die Temperatur $T = 0$ haben. Zu Beginn existiert eine heiße, M-förmige Zone. Am Anfang sind die Temperaturgradienten steiler, als im Beispiel aus Abbildung 7.7, so daß durch die Diffusion schon nach $t = 0{,}001l^2/\kappa$ deutliche Veränderungen eingetreten sind.

Wie bekommt der Leopard seine Flecken?

Es mag erstaunlich sein, aber Diffusionsprozesse können nicht nur Muster zerstören, sondern sie auch erzeugen.

Jim Murray entwickelte jüngst an der University of Washington ein Modell, mit dem die Flecken auf manchen Tierhäuten erklärt werden können, wenn man von zwei 'Farbstoffen' ausgeht, die miteinander reagieren und die diffundieren können. Ihre Konzentrationen u und v werden dann durch die Gleichungen

$$\frac{\partial u}{\partial t} = f(u,v) + \kappa_1 \left(\frac{\partial^2 u}{\partial x^2} + \frac{\partial^2 u}{\partial y^2} \right),$$

$$\frac{\partial v}{\partial t} = g(u,v) + \kappa_2 \left(\frac{\partial^2 v}{\partial x^2} + \frac{\partial^2 v}{\partial y^2} \right) \tag{7.26}$$

bestimmt. Beide Gleichungen ähneln (7.25), sie sind aber durch die beiden nicht-linearen Funktionen von u und v, $f(u,v)$ und $g(u,v)$, miteinander gekoppelt, deren genaue Form von den Annahmen abhängen, die man über die Reaktion der zwei Farbstoffe macht.

Bemerkenswerter Weise treten die räumlichen Muster in der Konzentrationsvertei-lung der Farbstoffe spontan auf. Der zugrundeliegende Mechanismus wurde zuerst von Alan Turing im Jahre 1952 vorgeschlagen. Einige typische Muster sind in Abbil-dung 7.10 gezeigt. Unter ansonsten gleichen Bedingungen sind größere Tiere stärker gefleckt als kleine.

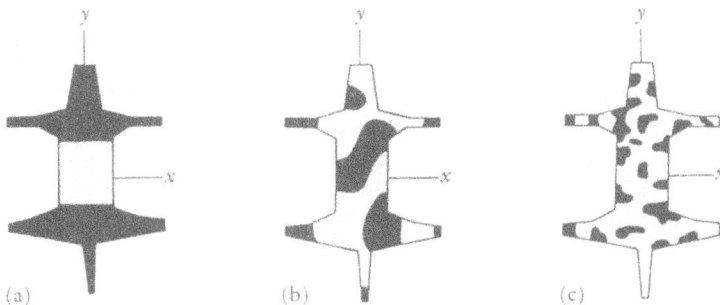

Abbildung 7.10: Wie bekommt ein Leopard seine Flecken? Die drei 'Tiergrößen' haben grob das Verhältnis 1 : 3 : 7 (nach Murray 1989).

Die faszinierendste Eigenschaft dieses Mechanismus ist, daß er auf einer doppelten Diffusion beruht und nur funktioniert, wenn die beiden Stoffe unterschiedliche Diffu-sionsraten haben, also wenn in (7.26) $\kappa_1 \neq \kappa_2$ ist.

Übungen

Aufgabe 7.1

Bilden Sie für die folgenden drei Funktionen die partiellen Ableitungen $\partial z/\partial x$ und $\partial z/\partial t$ (c sei eine Konstante):

(a) $z = x^2$

(b) $z = (x - ct)^2$

(c) $z = 1/(1 + (x - ct)^2)$

Aufgabe 7.2

Nehmen wir an, eine gespannte Saite sei an den Endpunkten $x = 0$ und $x = l$ befestigt, so daß dort $z = 0$ für alle Zeiten t ist. Berechnen Sie die natürlichen Schwingungsmoden der stehenden Wellen. Suchen Sie nach einer Lösung der Wellengleichung (7.2), die die Form

$$z = f(x)\sin\omega t$$

hat. Leiten Sie her, daß

$$T\frac{\mathrm{d}^2 f}{\mathrm{d}x^2} + \rho\omega^2 f = 0$$

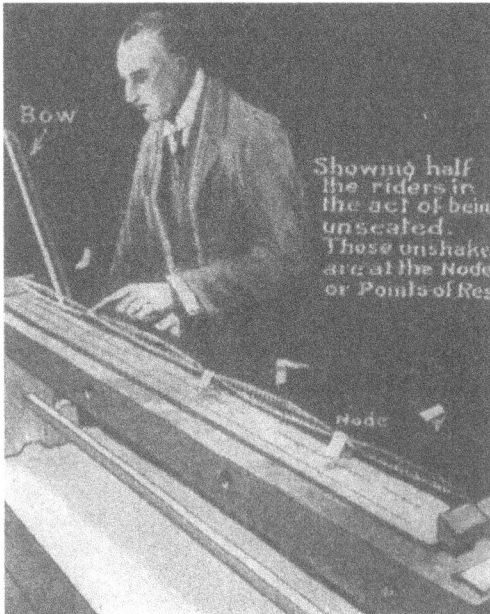

Abbildung 7.11: Stehende Wellen bei einer gespannten Saite. (Aus *The World of Sound* von W. H. Bragg, 1920.)

ist. Lösen Sie die Gleichung unter den Randbedingungen bei $x = 0$ und $x = l$, und zeigen Sie, daß die stehenden Wellen nur für bestimmte Eigenfrequenzen

$$\frac{\omega}{2\pi} = \frac{N}{2l}\left(\frac{T}{\rho}\right)^{1/2}, \qquad N = 1, 2, 3, \dots. \tag{7.27}$$

möglich sind. Zeigen Sie weiterhin, daß je höher der Wert von N ist, desto größer die Anzahl der Knoten ist, das heißt der Stellen, an denen die Saite nicht schwingt – ein jedem Musiker wohlbekanntes Phänomen.

Aufgabe 7.3

(a) Erklären Sie, warum (7.14) impliziert, daß die Wärme sich mit der Zeit ausbreitet, wie in Abbildung 7.6 gezeigt.

(b) Zeigen Sie, daß

$$T = \frac{1}{t^{1/2}} e^{-x^2/4\kappa t}$$

eine Lösung der Diffusionsgleichung (7.12) ist. (Auf ähnliche Weise kann man auch zeigen, daß (7.14) eine Lösung ist.)

Aufgabe 7.4

Verwenden Sie das Programm HEAT, um die Ergebnisse in Abbildung 7.7 zu reproduzieren und die Wirkung unterschiedlicher Anfangsbedingungen zu erkunden.

Aufgabe 7.5

Um partielle Differentialgleichungen – und einige andere Themen aus diesem Buch – weiter behandeln zu können, müssen wir uns mit der Differentialrechnung mehrerer Veränderlicher beschäftigen.

Als ersten Schritt nehmen wir an, daß $\Phi(x, y)$ eine Funktion von zwei Variablen x und y ist. Des weiteren sei $x(t)$ und $y(t)$ Funktionen der Zeit t. Somit kann Φ selbst als eine Funktion von t gesehen werden. Es zeigt sich, daß

$$\frac{d\Phi}{dt} = \frac{\partial \Phi}{\partial x}\frac{dx}{dt} + \frac{\partial \Phi}{\partial y}\frac{dy}{dt} \tag{7.28}$$

ist. Beweisen Sie die erweiterte Kettenregel – die grundlegend für die ganze Theorie ist – für den Spezialfall $\Phi(x, y) = xy + y^2$, $x = t$, $y = t^2$.

8 Die bestmögliche Welt?

8.1 Einführung

Ein Lichtstrahl von A ausgehend werde von einem Spiegel zu einem Punkt B gespiegelt. Es ist bekannt, daß der Punkt P, an dem die Reflexion stattfindet, mit A und B und dem Spiegel zwei gleiche Winkel bildet (Abbildung 8.1). Man kann den gleichen physikalischen Sachverhalt aber auch noch ganz anders und spannender ausdrücken. Der Strahl wird gerade so reflektiert, daß die Länge $AP + PB$ die kürzeste aller möglichen Verbindungen von A nach B ist.

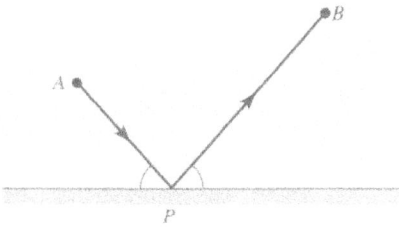

Abbildung 8.1: Reflexion an einem ebenen Spiegel.

Das erste Mal wurde dieser Sachverhalt von Heron von Alexandria ca. 100 v. Chr. beschrieben. Sein Beweis besteht in einer einfachen geometrischen Konstruktion (Abbildung 8.2). Wenn A' der Bildpunkt von A ist, so daß $AP = A'P$, dann ist das Problem, durch Wahl von P $AP + PB$ zu minimieren, das gleiche wie die Minimierung von $A'P + PB$.

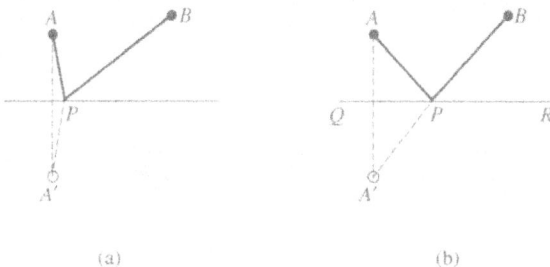

(a)   (b)

Abbildung 8.2: Reflexion von Licht (a) wie es stattfinden könnte, (b) wie es tatsächlich stattfindet.

Diese erreicht man durch ein P, das auf der geraden Verbindungslinie von A' nach B liegt. Dann ist $\angle BPR = \angle A'PQ$, und weil $\angle A'PQ = \angle APQ$, folgt, daß $\angle BPR = \angle APQ$ und somit, daß die Strahlen AP und PB mit dem Spiegel gleiche Winkel bilden.

Herons Ergebnis wurde lange nicht mit anderen physikalischen Problemen in Verbindung gebracht, bis 1661 Fermat herausfand, daß Reflexion und Brechung von Licht durch ein Prinzip der kürzesten Zeit und nicht der kürzesten Strecke bestimmt zu sein scheint (Aufgabe 8.1). Das führte wiederum zur Frage, ob nicht auch Probleme aus der Mechanik durch ein 'Minimum-Prinzip' gelenkt werden. Im Jahre 1744 schlug der französische Mathematiker Maupertuis das *Prinzip der kleinsten Wirkung* vor.

Die treibende Kraft, die hinter dieser Idee stand, war theologischer Natur. Wenn die Natur so wenig wie möglich 'Aufwand betreibt', so heißt das im gewissen Sinne, daß sie 'perfekt' ist. Für Maupertuis bedeutet das den

... Beweis für die Existenz dessen, der die Welt lenkt.

Dies erinnert an den philosophischen Streit, den Leibniz zuvor mit der Idee hervorrief, wir lebten in der 'bestmöglichen Welt'. Die berühmteste Attacke dagegen war Voltaires Novelle *Candide* (1759). Auch über Maupertuis' Philosophie schüttete Voltaire seinen Spott:

Wir bitten Gott um Vergebung für die Anmaßung, den einzigen Beweis seiner Existenz in $A + B$ geteilt durch Z usw. [...] zu sehen.

Für unsere Zwecke ist jedoch der größte Schwachpunkt von Maupertuis Prinzip der kleinsten Wirkung, daß er niemals eine genaue Definition lieferte, was 'Wirkung' eigentlich ist. Er scheint sein Konzept frei nach Belieben den verschiedenen physikalischen Problemen angepaßt zu haben.

Bevor wir also weitergehen, müssen wir zunächst den Begriff der Wirkung klären.

8.2   Das Konzept der Wirkung

Die moderne Definition der totalen Wirkung S für die Änderung eines physikalischen Systems ist das Integral der Differenz zwischen der kinetischen Energie T und der potentiellen Energie V über die Zeit:

$$S = \int_{t_1}^{t_2} T - V \mathrm{d}t. \tag{8.1}$$

Ein Beispiel für die 'kleinste Wirkung'

Eine Masse m sei zur Zeit t_1 in der Höhe y_1. Sie bewegt sich unter Einwirkung der Schwerkraft senkrecht, so daß sie zur Zeit t_2 sich in der Höhe y_2 befinde. Weiterhin ist

$T = \frac{1}{2}m\dot{y}^2$ und $V = mgy$, so daß

$$S = \int_{t_1}^{t_2} \left(\frac{1}{2}m\dot{y}^2 - mgy \right) dt. \tag{8.2}$$

Wir werden nun für das spezielle Beispiel zeigen, daß der tatsächliche Wert für S kleiner ist als für jede beliebige andere Bewegung $y(t)$, die zwischen den gleichen Punkten und im gleichen Zeitintervall stattfinden könnte.

Die tatsächliche Bewegung sei $y_A(t)$ mit

$$\ddot{y}_A = -g \quad \text{und} \quad y_A(t_1) = y_1, \quad y_A(t_2) = y_2. \tag{8.3}$$

Jede andere Bewegung – die völlig fiktiv ist und keinen physikalischen Gesetzen genügen muß – sei

$$y(t) = y_A(t) + \eta(t). \tag{8.4}$$

Wir setzen nur voraus, daß sich die Masse auch bei der fiktiven Bewegung am Anfang und am Ende der Bewegung am richtigen Ort befindet

$$\eta(t_1) = \eta(t_2) = 0 \tag{8.5}$$

(siehe Abbildung 8.3).

Setzt man (8.4) in (8.2) ein, so erhält man

$$S = m \int_{t_1}^{t_2} \left(\frac{(\dot{y}_A+\dot{\eta})^2}{2} - g(y_A+\eta) \right) dt = S_A + m \int_{t_1}^{t_2} (\dot{y}_A\dot{\eta} - g\eta)dt + \frac{m}{2} \int_{t_1}^{t_2} \dot{\eta}^2 dt, \tag{8.6}$$

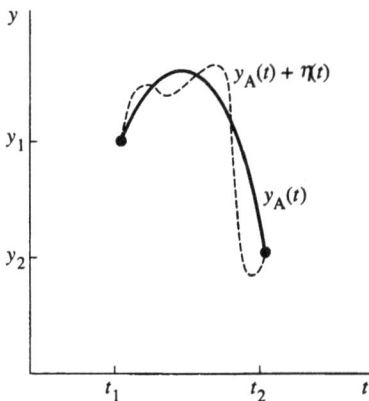

Abbildung 8.3: Tatsächliche (—) und fiktive (oder variierte) Bewegung (- - -) einer Masse, die sich während eines vorgegebenen Zeitintervalls auf einer Vertikalen unter Einwirkung der Schwerkraft von einem Punkt y_1 nach y_2 bewegt.

wobei S_A den Wert von S für die tatsächliche Bewegung bezeichnet, den man erhält, wenn man $y = y_A(t)$ in (8.2) einsetzt.

Beim zweiten Term auf der rechten Seite bietet sich partielle Integration an. Man erhält dafür

$$m[\dot{y}_A\eta]_{t_1}^{t_2} - m\int_{t_1}^{t_2}(\ddot{y}_A + g)\eta\,dt.$$

Der erste Term verschwindet aber, da $\eta(t_1) = \eta(t_2) = 0$, und der zweite verschwindet auch, da wir annahmen, daß $\ddot{y}_A = -g$ (siehe (8.3)). Es bleibt uns noch

$$S = S_A + \frac{1}{2}m\int_{t_1}^{t_2}\dot{\eta}^2 dt,$$

da aber $\dot{\eta}^2 \geq 0$ auf dem ganzen Intervall $t_1 \leq t \leq t_2$ gilt, erhält man

$$S \geq S_A. \tag{8.7}$$

Die Gleichheit tritt nur auf, wenn $\dot{\eta}$ auf dem ganzen Zeitintervall gleich Null ist. Das bedeutet aber wiederum, das η über die ganze Zeit hinweg konstant sein muß. Unter den Bedingungen (8.5) bleibt aber nur $\eta = 0$ als Lösung übrig. Somit ist bewiesen, daß S für die tatsächlich beobachtete Bewegung am kleinsten ist.

Das Prinzip der extremen Wirkung

Anders als beim obigen Beispiel – und vielen anderen ähnlichen – gilt es nicht immer, daß die Bewegung eines Systems die Wirkung minimiert. In einem Text von 1833 schreibt Hamilton darüber, daß

... die Größe, an der vorgeblich geknausert wird, in vielen Fällen verschwenderisch ausgegeben wird ...

Er kannte nämlich dynamische Systeme, in denen S, wie es durch (8.1) definiert ist, für die tatsächliche Bewegung am größten wird.

Es zeigt sich, daß wir im allgemeinen nicht sicher sein können, ob S ein Minimum oder ein Maximum ist. Wir können lediglich behaupten, daß die Wirkung S gegenüber kleinen (fiktiven) Variationen in der Bewegung ein Extremum hat.[*] Man bezeichnet dies als *Hamiltonsches Prinzip*.

---

[*] Das Problem ist vergleichbar mit der Suche nach Extremstellen einer Funktion $y = f(x)$, mathematisch jedoch deutlich anspruchsvoller

Zwar fehlen diesem Prinzip die philosophischen oder theologischen Obertöne der Originalidee von Maupertuis, dafür ist das Hamiltonsche Prinzip ein mächtiges, vereinheitlichendes Werkzeug in der modernen Mechanik. Besonders effektiv ist es in Kombination mit der Variationsrechnung, einer der intelligentesten Entwicklungen Eulers.

8.3 Variationsrechnung

Einige der interessantesten Fragen in der angewandten Mathematik führen zu einem Problem folgender Art.

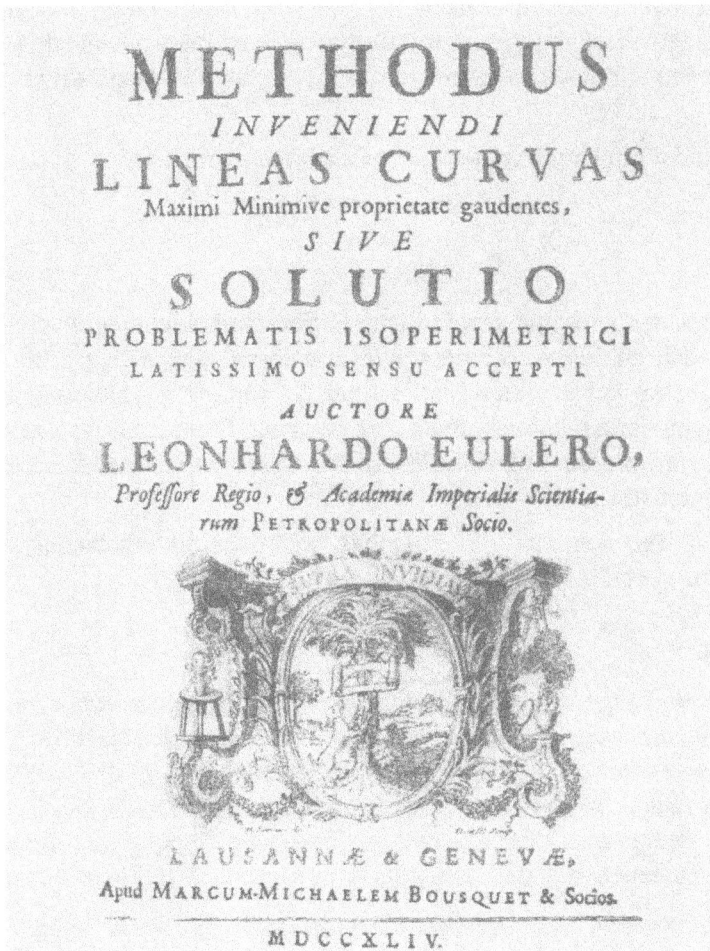

Abbildung 8.4: Titelseite von Eulers 1744 erschienen Abhandlung über die Variationsrechnung.

Wir suche eine Funktion $y(x)$, die an den 'Endpunkten' $x = x_1$ und $x = x_2$ vorgegebene Werte haben soll und das bestimmte Integral

$$I = \int_{x_1}^{x_2} F(x, y, \dot{y}) dx \tag{8.8}$$

minimal oder maximal werden läßt. Hierbei ist $F(x, y, \dot{y})$ eine gegebene Funktion von x, y, $\dot{y}$ und $\dot{y} = dy/dx$.

Dies ist das zentrale Problem der Variationsrechnung, die Euler als die Kunst beschreibt, 'eine gekurvte Linie zu finden, die eine minimierende oder maximierende Eigenschaft besitzt'. Es ist im Ganzen ein schwierigeres Problem, als nur eine Zahl x zu finden, die den Wert von $f(x)$ minimiert oder maximiert. Dennoch fangen wir so ähnlich an, indem wir das Äquivalent zu der Bedingung für eine Extremstelle suchen, $f'(x) = 0$.

Dieses Äquivalent finden wir in der *Euler-Lagrange-Gleichung*

$$\frac{d}{dx} \left(\frac{\partial F}{\partial \dot{y}} \right) - \frac{\partial F}{\partial y} = 0, \tag{8.9}$$

die trotz ihres Aussehens eine gewöhnliche Differentialgleichung für die Unbekannte $y(x)$ ist. Um das zu sehen, erinnern wir uns daran, daß $F(x, y, \dot{y})$ aus (8.8) eine gegebene Funktion von x, y und $\dot{y}$ ist, so daß die partiellen Ableitungen $\partial F/\partial y$ und $\partial F/\partial \dot{y}$ berechnet werden können und somit bekannte Funktionen von den selben drei Variablen x, y und $\dot{y}$ sind. Auf diese Weise wird (8.9) zu einer Differentialgleichung für y als Funktion von x.

Das folgenden Beispiel, das ein einfaches und doch unterhaltsames Experiment beschreibt, illustriert die Methode.

Seifenfilm

Wir haben zwei Ringe mit dem Radius eins. Sie befinden sich zentriert auf einer gemeinsamen x-Achse in einem Abstand $2a$ voneinander entfernt. Ein Film aus Seifenlauge soll zwischen den beiden Ringen gespannt sein, so daß eine einfache Rotationsfläche entsteht, wie in Abbildung 8.5 gezeigt. Die Gravitation vernachlässigen wir in diesem Beispiel. Der Film nimmt einen stabilen Gleichgewichtszustand ein, in dem die Oberflächenenergie und damit auch die Oberfläche selber minimal wird.

Unser Problem ist es nun, eine Funktion $y(x)$ zu finden, die die Randbedingungen

$$y(-a) = y(a) = 1 \tag{8.10}$$

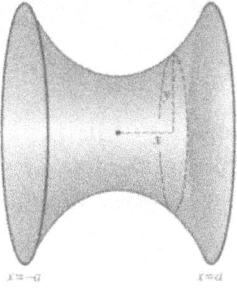

Abbildung 8.5: Zwischen zwei Ringen spannt sich ein Film aus Seifenlauge.

erfüllt und die Oberfläche

$$A = 2\pi \int_{-a}^{a} y(1+\dot{y}^2)^{1/2} dx \tag{8.11}$$

minimiert. Somit ist

$$F(x,y,\dot{y}) = 2\pi y(1+\dot{y}^2)^{1/2}. \tag{8.12}$$

F hängt in diesem speziellen Fall nicht explizit von x ab.

Die partielle Ableitung $\partial F/\partial y$ aus (8.9) ist die Ableitung von F nach y, während die anderen beiden Variablen, nämliche x und $\dot{y}$, konstant gehalten werden. Es ist also

$$\frac{\partial F}{\partial y} = 2\pi(1+\dot{y}^2)^{1/2} \tag{8.13}$$

und entsprechend

$$\frac{\partial F}{\partial \dot{y}} = 2\pi y \cdot \frac{1}{2}(1+\dot{y}^2)^{-1/2} \cdot 2\dot{y} = \frac{2\pi y \dot{y}}{(1+\dot{y}^2)^{1/2}}. \tag{8.14}$$

Die Euler-Lagrange-Gleichung (8.9) wird damit zu

$$\frac{d}{dx}\left\{\frac{y\dot{y}}{(1+\dot{y}^2)^{1/2}}\right\} - (1+\dot{y}^2)^{1/2} = 0 \tag{8.15}$$

und dies ist, wie wir behauptet haben, eine gewöhnliche Differentialgleichung für $y(x)$. Die Gleichung läßt sich noch in eine einfachere Form bringen

$$y\ddot{y} - \dot{y}^2 = 1, \tag{8.16}$$

die wir unter den Randbedingungen (8.10), das heißt

$$y(-a) = y(a) = 1, \tag{8.17}$$

zu lösen haben. Zwar ist (8.16) zweiter Ordnung und nicht-linear, aber sie ist autonom, und kann deswegen mit der Methode aus Abschnitt 3.5 angegangen werden. Das interessanteste Detail des Ergebnisses ist (siehe Aufgabe 8.2), daß das Problem nur eine reelle Lösung hat, wenn

$$a < 0,6627. \tag{8.18}$$

Die Theorie sagt voraus, daß bei allmählicher Vergrößerung des Abstandes der beiden Ringe voneinander, der Film plötzlich in einen ganz anderen Zustand kollabiert, wenn der Abstand das 0,6627-Fache des gemeinsamen Durchmessers übersteigt. Dieses Ergebnis läßt sich relativ einfach in einem Experiment in der eigenen Küche nachprüfen.

Noch einmal: Das Problem, eine Funktion $y(x)$ zu finden, die das Integral (8.8) minimiert oder maximiert, wurde ersetzt durch die Suche nach der Lösung für die Differentialgleichung (8.10). Der Beweis für diese Technik würde den Rahmen des Buches übersteigen. Unser Seifenfilm-Beispiel lieferte uns jedoch wenigstens einen Beleg für die Tauglichkeit der Methode.

Im nächsten Abschnitt werden wir den Zusammenhang zwischen (8.8) und (8.9) dazu verwenden, das Hamiltonsche Prinzip auf einen Satz berühmter Gleichungen aus der Dynamik anzuwenden.

8.4   Die Lagrange-Gleichungen der Bewegung

Die folgende neue Methode einer ganz allgemeinen Behandlung dynamischer Systeme stammt im wesentlichen aus Lagranges Veröffentlichung *Mécanique Analytique* aus dem Jahr 1788. Sie verwendet als grundlegendes Konzept nicht die Kraft sondern die Energie.

Nehmen wir an, wir hätten ein dynamisches System mit N Freiheitsgraden, so daß man N voneinander unabhängige Variablen $q_1, \ldots, q_N$ braucht, um das System zu jeder Zeit eindeutig zu beschreiben. Wir suchen die kinetische Energie T und die potentielle Energie V des Gesamtsystems und bilden daraus die sogenannte Lagrange-Funktion

$$L = T - V. \tag{8.19}$$

L ist somit eine bekannte Funktion der Variablen $q_i(t)$, ihren Ableitungen $\dot{q}_i(t)$ und eventuell der Zeit. Es mag erstaunlich erscheinen, daß wir nun die Bewegungsgleichungen hinschreiben können, ohne weiter auf die mechanischen oder physikalischen

Abbildung 8.6: J.-L. Lagrange (1736 – 1813).

Eigenschaften des Systems eingehen zu müssen. Die N gekoppelten, gewöhnlichen Differentialgleichungen für die Variablen $q_1, \ldots, q_N$

$$\frac{\mathrm{d}}{\mathrm{d}t}\left(\frac{\partial L}{\partial \dot{q}_i}\right) - \frac{\partial L}{\partial q_i} = 0, \qquad i = 1, \ldots, N, \tag{8.20}$$

die Lagrange-Gleichungen genannt werden, beschreiben das System vollständig.

Mit dem Hamiltonschen Prinzip (Abschnitt 8.2) und der Variationsrechnung läßt sich (8.20) am direktesten beweisen. Die Gleichung (8.20) ist dann gleichbedeutend mit einem Extremum von (8.1), genauso wie (8.9) aus einem Extremum von (8.8) folgt. Wir wollen uns aber nicht weiter damit aufhalten, sondern den Lagrange-Formalismus an zwei Beispielen demonstrieren.

Ein fallender Körper

Wir nehmen wieder die sich senkrecht bewegende Masse aus dem Abschnitt 8.2. Das System hat nur einen Freiheitsgrad, und wir brauchen nur eine Variable $q_1 = y$. Die kinetische Energie ist $\frac{1}{2}m\dot{y}^2$, und die potentielle Energie ist mgy. Es ist also

$$L = \frac{1}{2}m\dot{y}^2 - mgy, \tag{8.21}$$

und (8.20) liefert nur eine Gleichung, nämlich

$$\frac{\mathrm{d}}{\mathrm{d}t}\left(\frac{\partial L}{\partial \dot{y}}\right) - \frac{\partial L}{\partial y} = 0. \tag{8.22}$$

Für die partielle Ableitungen erhält man

$$\frac{\partial L}{\partial \dot{y}} = m\dot{y}, \qquad \frac{\partial L}{\partial y} = -mg, \tag{8.23}$$

womit sich (8.22) zu

$$m\ddot{y} = -mg \tag{8.24}$$

reduziert, was in der Tat die Bewegungsgleichung in diesem Fall ist.

Bewegung im Zentralkraftfeld

Als zweites Beispiel für den Lagrange-Formalismus nehmen wir das Problem der Bewegung im Zentralkraftfeld, das wir bereits in Abschnitt 6.2 behandelt hatten. Hier gibt es zwei Freiheitsgrade, und für die Koordinaten wählen wir $q_1 = r$ und $q_2 = \theta$ (siehe Abbildung 8.7). In diesem Fall besteht (8.20) aus zwei Lagrange-Gleichungen:

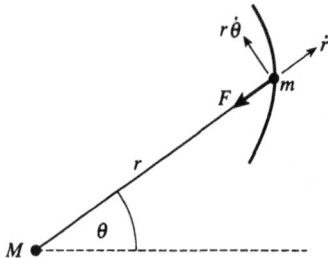

Abbildung 8.7: Bewegung im Zentralkraftfeld.

$$\frac{\mathrm{d}}{\mathrm{d}t}\left(\frac{\partial L}{\partial \dot{r}}\right) - \frac{\partial L}{\partial r} = 0,$$

$$\frac{\mathrm{d}}{\mathrm{d}t}\left(\frac{\partial L}{\partial \dot{\theta}}\right) - \frac{\partial L}{\partial \theta} = 0, \tag{8.25}$$

wobei L eine Funktion von r, θ, $\dot{r}$ und $\dot{\theta}$ ist.

Die kinetische Energie ist nun $T = \frac{1}{2}m(\dot{r}^2 + r^2\dot{\theta}^2)$. Haben wir eine Gravitationskraft in Richtung der am Ursprung fixierten Masse M, ergibt sich für die potentielle Energie $V = -GMm/r$ (siehe (6.39)). Die Lagrange-Funktion für das System ist dann

$$L(r, \theta, \dot{r}, \dot{\theta}) = \frac{1}{2}m(\dot{r}^2 + r^2\dot{\theta}^2) + \frac{GMm}{r}. \tag{8.26}$$

Wir kehren wieder zu der ersten Gleichung von (8.25) zurück und erinnern uns daran, daß $\partial L/\partial r$ die partielle Ableitung nach r meint, bei der θ, $\dot{r}$ und $\dot{\theta}$ konstant gehalten werden. Man erhält also

$$\frac{\partial L}{\partial r} = mr\dot{\theta}^2 - \frac{GMm}{r^2},$$

und entsprechend

$$\frac{\partial L}{\partial \dot{r}} = m\dot{r}.$$

Damit reduziert sich die erste Gleichung von (8.25) zu

$$m(\ddot{r} - r\dot{\theta}^2) = -\frac{GMm}{r^2}, \tag{8.27}$$

was wir auf einem völlig anderen Weg bereits in Kapitel 6 herausgefunden haben.

Noch interessanter ist aber die Feststellung, daß L – wie es durch (8.26) definiert wird – nicht explizit von θ abhängt, daß also

$$\frac{\partial L}{\partial \theta} = 0, \tag{8.28}$$

da partielle Ableitung nach θ ja bedeutet, daß die anderen Variablen r, $\dot{r}$ und $\dot{\theta}$ konstant gehalten werden. Als Folge davon reduziert sich die zweite Gleichung von (8.25) zu

$$\frac{\mathrm{d}}{\mathrm{d}t}\left(\frac{\partial L}{\partial \dot{\theta}}\right) = 0. \tag{8.29}$$

Woraus folgt, daß

$$\frac{\partial L}{\partial \dot{\theta}} = \text{konstant.} \tag{8.30}$$

Doch mit (8.26) findet man, daß $\partial L/\partial \dot{\theta} = mr^2\dot{\theta}$ ist, daß also

$$r^2\dot{\theta} = \text{konstant.} \tag{8.31}$$

Das war ein Hauptergebnis in Kapitel 6 und eng verknüpft mit dem zweiten Keplerschen Gesetz, das die Planetenbewegung betrifft. Damals sahen wir (8.31) als eine Folge der Tatsache, daß nach Definition eine Zentralkraft nur eine Komponente in Richtung des Ursprungs hat. In unserem neuen Blickwinkel wird $r^2\dot\theta$ erhalten, weil die Lagrangefunktion L nicht explizit von θ abhängt.

Das Fehlen einer expliziten Abhängigkeit wird als Symmetrie des Systems bezeichnet. Der Zusammenhang zwischen Symmetrien und Erhaltungssätzen – für den wir gerade ein Beispiel gesehen haben – ist ein immer wiederkehrender Aspekt der modernen theoretischen Physik.

Übungen

Aufgabe 8.1

Zwei verschiedene transparente Medien seien durch eine ebene Grenzfläche voneinander getrennt. Im ersten sei die Lichtgeschwindigkeit c_1 im zweiten c_2. Zeigen Sie, daß

$$\frac{\sin\theta_1}{\sin\theta_2} = \frac{c_1}{c_2}$$

genau dann gilt, wenn ein Lichtstrahl von einem Punkt A aus dem ersten Medium zum Punkt B im zweiten Medium in der kürzestmöglichen Zeit gelangt (Abbildung 8.8). (Nach dem Snellschen Gesetz von 1620 ist tatsächlich das Verhältnis $\sin\theta_1/\sin\theta_2$ für die Grenzfläche zweier gegebener Medien konstant.)

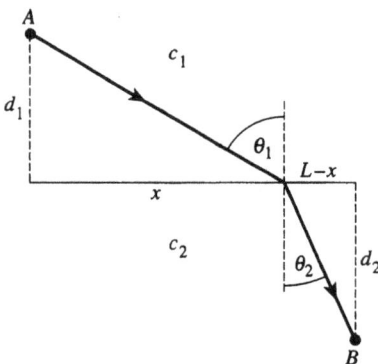

Abbildung 8.8: Lichtbrechung an einer ebenen Grenzfläche.

Aufgabe 8.2

Zeigen Sie, daß sich (8.15) zu

$$y\ddot{y} - \dot{y}^2 = 1$$

vereinfachen läßt. Lösen Sie dann die Gleichung unter den Randbedingungen $y(-a) = y(a) = 1$, um

$$y = c \cosh\left(\frac{x}{c}\right),$$

zu erhalten, wobei die Konstante c gegeben ist durch

$$c \cosh\left(\frac{a}{c}\right) = 1.$$

Zeigen Sie – zum Beispiel durch Betrachtung der Kurven $z = \cosh\xi$ und $z = \xi/a$ –, daß c nur reell ist, wenn $a < 0{,}6627$, das heißt, wenn $a < 1/\sinh\xi_c$, wobei ξ_c die Bedingung $\coth\xi_c = \xi_c$ erfüllt.

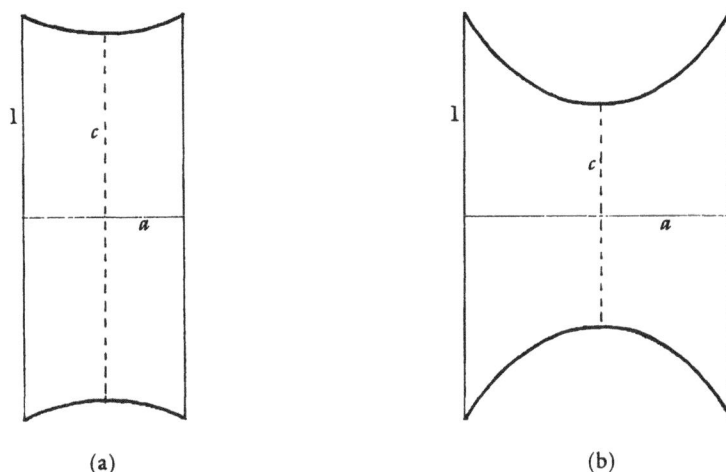

(a)   (b)

Abbildung 8.9: Ein Seifenfilm, der sich um zwei Ringe spannt. (a) $a = 0{,}4$ und (b) $a = 0{,}6627$.

Aufgabe 8.3

Verwenden Sie die Methode aus Abschnitt 8.4, um für folgende Fälle die Bewegungsgleichungen zu erhalten:

(a) Das einfache Pendel aus Abbildung 5.1.

(b) Zwei gekoppelte Oszillatoren aus Abbildung 5.8.

Beachten Sie, daß die potentielle Energie für eine gespannte Feder bereits in Aufgabe 3.6 hergeleitet wurde.

9 Hydrodynamik

9.1 Einführung

Zu Beginn unseres Jahrhunderts war man dabei, eines der größten Rätsel der Hydrodynamik zu lösen.

Um das Problem zu verstehen, muß man wissen, daß manche Flüssigkeiten* weniger viskos sind als andere. Man wird nicht überrascht sein, daß der Viskositätskoeffizient μ für Wasser viel kleiner als für Sirup ist. Tatsächlich scheinen viele Flüssigkeiten wie Wasser oder Luft praktisch gar keine Viskosität zu besitzen. Es ist dann nur logisch, daß man versucht, die Hydrodynamik für diesen Fall zu vereinfachen und mit $\mu = 0$ die Viskosität zu vernachlässigen.

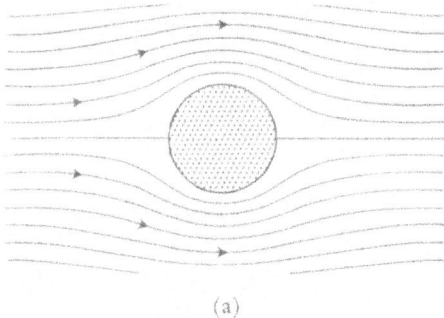

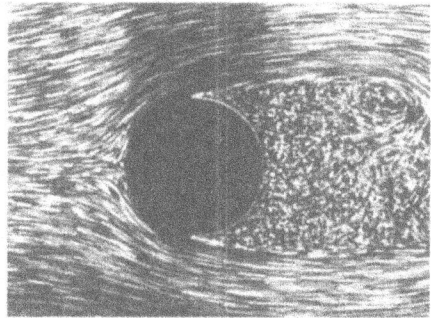

Abbildung 9.1: Strömung um einen Zylinder (a) für eine hypothetische Flüssigkeit ohne Viskosität und (b) für eine reale Flüssigkeit mit sehr geringer Viskosität μ (von van Dyke, 1982).

Die Theorie der Bewegung 'nicht-viskoser' Flüssigkeiten wurde von Euler in den 1750er Jahren begründet. Am Ende des 19. Jahrhunderts war man mit ihrer Hilfe in der Lage, einige hydrodynamische Effekte, zum Beispiel Wellen auf dem Wasser, Schallwellen in der Luft und sogar Wirbel wie Rauchkringel und Tornados, sehr gut zu beschreiben.

---

* Es ist üblich, in der Hydrodynamik zu Flüssigkeiten auch Gase zu zählen, da sie in vielen praktischen Anwendungen lediglich eine vernachlässigbare Volumenänderung erfahren und deswegen den gleichen physikalischen Gesetzmäßigkeiten gehorchen wie Flüssigkeiten. (Anmerkung des Übersetzers)

Wird jedoch die gleiche Theorie auf die Strömung von Wasser oder Luft um einen festen Körper – wie etwa der Zylinder in Abbildung 9.1 – herum angewendet, erhält man völlig falsche Ergebnisse. Insbesondere im Strömungsschatten haben die Lösungen keinerlei Ähnlichkeit mit der Realität. Erstaunlicherweise bleiben die Unterschiede bestehen, egal wie klein der tatsächliche Wert von μ ist.

Mathematisch ausgedrückt heißt das, daß die Strömung im Grenzübergang $\mu \to 0$ ganz anders aussieht als für $\mu = 0$. Warum ist das so?

9.2 Die Geometrie der Strömung

Bevor wir die physikalischen Gründe untersuchen können, müssen wir uns zunächst überlegen, wie Strömung mathematisch dargestellt werden kann.

Eine naheliegende Möglichkeit ist, die Position (x, y, z) eines beliebigen Flüssigkeitsteilchens durch seine Ausgangsposition (X, Y, Z) und die Zeit t darzustellen. Als Beispiel betrachten wir folgendes System

$$x = X e^{\alpha t}, \qquad y = Y e^{-\alpha t}, \qquad z = Z, \tag{9.1}$$

wobei α eine positive Konstante ist. Bei $t = 0$ ist wie gefordert $(x, y, z) = (X, Y, Z)$. Im Verlaufe der Zeit wird die Flüssigkeit entsprechend den Faktoren $e^{\alpha t}$ und $e^{-\alpha t}$ in x-Richtung gestaucht und in y-Richtung gestreckt. Da xy für alle X, Y eine Konstante ist, bewegen sich die Flüssigkeitsteilchen auf Hyperbeln (Abbildung 9.2).

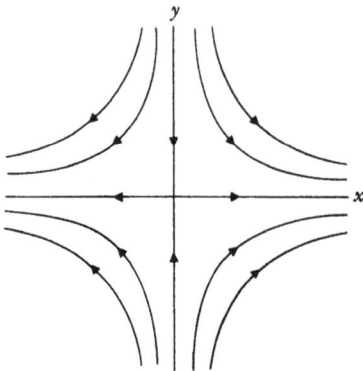

Abbildung 9.2: Die Streck-und-Stauch-Bewegung der Gleichungen (9.1) und (9.3).

Um die Geschwindigkeit (v, u, w) zu erhalten, wird der Ort eines Flüssigkeitsteilchens partiell nach der Zeit abgeleitet, wobei X, Y und Z konstant gehalten werden. In unserem Beispiel erhält man dann

$$u = \alpha X e^{\alpha t}, \qquad v = -\alpha Y e^{-\alpha t}, \qquad w = 0. \tag{9.2}$$

Das führt uns zu der sehr gebräuchlichen und hilfreichen Art, Strömungen als ein Geschwindigkeitsfeld zu beschreiben, bei dem nämlich die Geschwindigkeit (u, v, w) durch den Ort (x, y, z) und die Zeit t ausgedrückt wird. Mit Hilfe von (9.1) läßt sich in (9.2) X, Y und Z eliminieren. Man erhält

$$u = \alpha x, \qquad v = -\alpha y, \qquad w = 0 \tag{9.3}$$

als Beschreibung für die Strömung in Abbildung 9.2. Diese Art der Darstellung werden wir das ganze weitere Kapitel hindurch verwenden.

Inkompressible Flüssigkeiten

Bei der Beschreibung vieler Flüssigkeiten wie Wasser oder Sirup möchte man die Tatsache ausdrücken, daß kein Tropfen, egal wie er sich bewegt und verformt, sein Volumen ändern kann.

Das scheint zunächst eine schwierige Aufgabe zu sein. Es läßt sich aber zeigen, daß die partielle Differentialgleichung

$$\frac{\partial u}{\partial x} + \frac{\partial v}{\partial y} + \frac{\partial w}{\partial z} = 0 \tag{9.4}$$

gerade diesen Umstand, nämlich die Inkompressibilität der Flüssigkeit, beschreibt. Man sieht gleich, daß die Strömung, die (9.3) beschreibt, die Gleichung erfüllt. Das ist in Übereinstimmung mit unserer früheren Aussage, daß die Flüssigkeit in die eine Richtung im selben Maße gestreckt wie in der anderen gestaucht wird.

Die Größe auf der linken Seite von (9.4) wird Divergenz des Geschwindigkeitsfeldes genannt. Für eine kompressible Flüssigkeit wie Luft bedeutet eine positive Divergenz, daß sich die Flüssigkeit an der Stelle (x, y, z) und zur Zeit t ausdehnt, und eine negative, daß sie sich zusammenzieht.

Fiktive Flüssigkeiten

Die vorangegangenen Überlegungen sind mehr geometrischer als physikalischer Art. Sie lassen sich sogar auf dynamische Problem anwenden, bei denen es gar nicht um Strömung im eigentlichen Sinne geht. Manchmal kann es hilfreich sein, sich den Phasenraum mit einer strömenden Flüssigkeit angefüllt vorzustellen (siehe Abschnitt 5.5).

Wir betrachten das Beispiel des gedämpften linearen Oszillators (5.14):

$$\ddot{x} + k\dot{x} + \omega^2 x = 0, \tag{9.5}$$

wobei $k > 0$. Wir können die Gleichung auch als ein Paar Differentialgleichungen erster Ordnung schreiben, nämlich $\dot{x} = y$ und $\dot{y} = -ky - \omega^2 x$ (vergleiche (5.35)). Dies

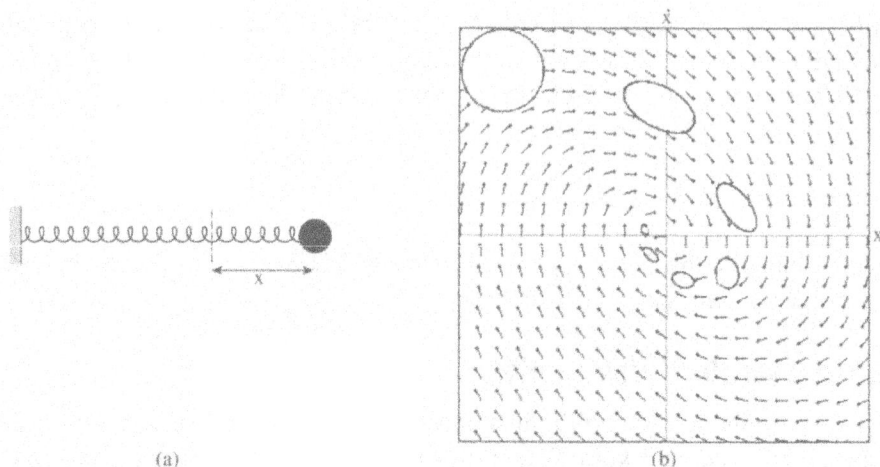

Abbildung 9.3: Der gedämpfte lineare Oszillator (a) im realen Raum und (b) im Phasenraum, in dem sich ein beliebiges Tröpfchen 'Phasenflüssigkeit' mit der Zeit immer weiter zusammenzieht.

läßt sich als eine Strömung im Phasenraum mit dem Geschwindigkeitsfeld $u = \dot{x}$ und $v = \dot{y}$ interpretieren:

$$u = y,$$
$$v = -ky - \omega^2 x. \tag{9.6}$$

Die Divergenz der Strömung ist

$$\frac{\partial u}{\partial x} + \frac{\partial v}{\partial y} = -k. \tag{9.7}$$

Sie ist negativ, es findet also eine kontinuierliche Kontraktion statt. Nichts anderes war zu erwarten. Aufgabe 5.1 zeigte, daß die einzelnen Bahnen im Phasenraum spiralförmig dem Ursprung zulaufen, entsprechend der abnehmenden Amplitude des realen Oszillators (Abbildungen 5.18 und 9.3).

9.3 Die Gleichungen für viskose Strömung

Bevor wir uns weiter mit der Dynamik von realen Flüssigkeiten beschäftigen, müssen wir den Begriff der Viskosität noch weiter präzisieren.

Dazu betrachten wir nun die einfache Strömung in Abbildung 9.4. Hier hat die Geschwindigkeit u der Flüssigkeit nur eine x-Komponente und hängt lediglich von y ab. Eine Flüssigkeitsschicht in einer bestimmten Höhe $y = $ konstant übt eine gewisse Kraft auf die Schicht darunter aus und umgekehrt. Die Tangentialkomponente der

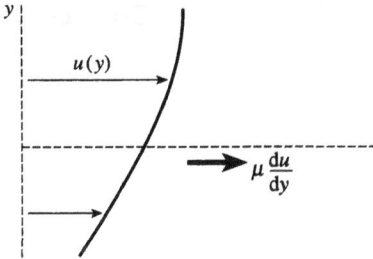

Abbildung 9.4: Schubspannung in einer viskosen Flüssigkeit

Kraft pro Flächeneinheit wird Schubspannung genannt. Für viele Flüssigkeiten findet man für die Schubspannung

$$\tau = \mu \frac{du}{dy}. \tag{9.8}$$

Sie ist also proportional zum Geschwindigkeitsgradienten, das heißt zu der Rate, mit der die Flüssigkeit verformt wird, und zu der Konstante μ, die Viskositätskoeffizient genannt wird. (Der Viskositätskoeffizient wird oft auch mit η bezeichnet.) Typische Werte für μ für einige Flüssigkeiten zeigt Tabelle 9.1.

Tabelle 9.1: Typische Werte für die Viskosität μ und die Dichte ρ einiger Flüssigkeiten.

	$\mu\,(\mathrm{kg\,m^{-1}\,s^{-1}})$	$\rho\,(\mathrm{kg\,m^{-3}})$
Luft	0,00002	1,3
Wasser	0,001	1000
Glyzerin	1,8	1000
Honig	120	1000

Die Fundamental-Gleichungen

Die allgemeinen Bewegungsgleichungen für viskose Flüssigkeiten wurde 1845 von Sir George Stokes gefunden. Sie werden als Navier-Stokessche Gleichungen bezeichnet. Wir werden uns aber hier auf den Spezialfall inkompressibler Flüssigkeiten mit konstanter Dichte ρ beschränken. Wir nehmen weiterhin an, daß die Strömung stationär und nur zweidimensional ist. Das Geschwindigkeitsfeld soll also unabhängig von der Zeit sein und die Form $[u(x,y), v(x,y), 0]$ haben wie in dem einfachen Beispiel (9.3).

Mit p für den Druck in der Flüssigkeit schreiben sich in diesem Fall die Bewegungsgleichungen als

$$\rho \left(u\frac{\partial u}{\partial x} + v\frac{\partial u}{\partial y} \right) = -\frac{\partial p}{\partial x} + \mu \left(\frac{\partial^2 u}{\partial x^2} + \frac{\partial^2 u}{\partial y^2} \right),$$

$$\rho \left(u\frac{\partial v}{\partial x} + v\frac{\partial v}{\partial y} \right) = -\frac{\partial p}{\partial y} + \mu \left(\frac{\partial^2 v}{\partial x^2} + \frac{\partial^2 v}{\partial y^2} \right),$$

$$\frac{\partial u}{\partial x} + \frac{\partial v}{\partial y} = 0. \tag{9.9}$$

Wenn die Gleichungen Sie abschrecken, so sind sie in guter Gesellschaft: Euler
war schon über die entsprechenden Gleichungen für $\mu = 0$ entsetzt, die er 1755
fand. Im Moment soll uns aber nur die grundlegende Struktur der Gleichungen (9.9)
interessieren.

Beachten Sie zunächst, daß wir die korrekte Anzahl von Gleichungen haben: drei
Stück für drei Unbekannte u, v und p. In der letzten spiegelt sich die Tatsache wieder,
daß die Flüssigkeit inkompressibel ist (vergleiche (9.4)).

Die ersten beiden Gleichungen sind gerade die x- und die y-Komponente der Beziehung 'Masse $\times$ Beschleunigung = Kraft'. Die rechte Seite ist die Summe aus den
Kräften durch Druck und viskose Reibung. Die Form der Beschleunigungsterme auf
der linken Seite (in Klammern) scheint zunächst etwas ungewohnt. Denken Sie aber
einmal an das viel einfachere Problem eines einzelnen Teilchens, das sich zum Beispiel
in die x-Richtung bewegt. Seine Beschleunigung ist dann du/dt, wobei $u = dx/dt$ ist.
Also kann man statt dessen auch udu/dx schreiben. Die Terme auf der linken Seite der
beiden ersten Gleichungen von (9.9) kommen genau daher.

Randbedingungen

Ein viskose Flüssigkeit kann sicherlich nicht durch eine starre, undurchlässige Wand
fließen. Sie kann aber auch nicht an der Wand vorbeigleiten. Experimente haben
gezeigt, daß sich bei allen viskosen Flüssigkeiten ($\mu \neq 0$) die Grenzschicht an der

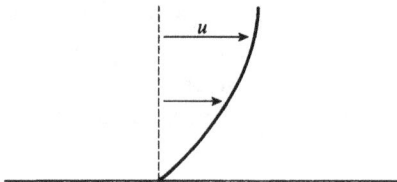

Abbildung 9.5: Die Geschwindigkeit einer viskosen Strömung ist in unmittelbarer Nachbarschaft zu einer ruhenden
Wand gleich null.

Wand bezüglich der Wand in Ruhe befinden muß. Insbesondere erhalten wir (siehe Abbildung 9.5):

$$u = v = 0 \qquad \text{an einer sich in Ruhe befindlichen Wand.} \qquad (9.10)$$

Die Reynoldssche Zahl

In Anbetracht des Schwierigkeitsgrades von (9.9) sucht man natürlich nach Umständen, in denen manche Terme so klein sind, daß man sie vernachlässigen kann.

Nun soll U eine typische Strömungsgeschwindigkeit sein und L eine typische Längeneinheit für ein gegebenes Problem. Es ist dann nicht so schwer zu zeigen, daß die Terme der Beschleunigung aus (9.9) eine typische Größe von $\rho U^2/L$ und die Terme der viskosen Reibung eine typische Größe von $\mu U/L^2$ haben. Dies ist nur eine grobe Abschätzung, das Verhältnis ist aber eindeutig definiert als

$$R = \frac{\rho U L}{\mu}, \qquad (9.11)$$

wobei R die Reynoldssche Zahl für die Strömung ist.

Wenn also die Abschätzungen ungefähr stimmen, kann man für (9.9) feststellen, daß

$$\frac{\text{Terme der Beschleunigung}}{\text{Terme der viskosen Reibung}} \approx R. \qquad (9.12)$$

Man kann nun hoffen, daß entweder R sehr klein ist oder R sehr groß ist. In beiden Fällen kann man einen Term aus den Gleichungen vernachlässigen.

Tabelle 9.2: Typische Werte für die Reynoldssche Zahl verschiedener Strömungsbedingungen.

	R
Schwimmende Spermie ($U \sim 10^{-4}, L \sim 10^{-5}$)	10^{-3}
Heller Sirup, der vom Löffel tropft ($U \sim 10^{-2}, L \sim 3 \cdot 10^{-2}$)	$2 \cdot 10^{-3}$
Finger, der durch Wasser bewegt wird ($U \sim 3 \cdot 10^{-2}, L \sim 10^{-2}$)	$3 \cdot 10^{2}$
Strudel in einer gerührten Tasse Kaffee ($U \sim 10^{-1}, L \sim 5 \cdot 10^{-2}$)	$5 \cdot 10^{3}$
Strömung um einen Jumbo-Jet-Flügel herum ($U \sim 200, L \sim 3$)	$5 \cdot 10^{7}$

9.4 Hochviskose Strömungen

Nehmen wir an, wir hätten zwei Zylinder, die ineinander stünden. Den Zwischenraum füllen wir mit Honig auf. Danach markieren wir eine Stelle im Honig, indem wir etwas Tinte injizieren (Abbildung 9.6(a)).

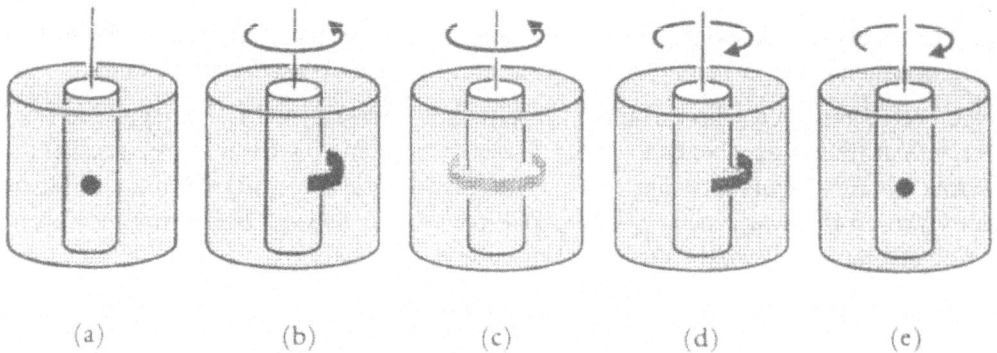

(a)   (b)   (c)   (d)   (e)

Abbildung 9.6: Die Reversibilität hochviskoser Strömungen.

Wenn wir nun den inneren Zylinder langsam drehen, wird die Flüssigkeit im direkten Kontakt mit der Wandung mitgenommen. Die viskose Schubspannung überträgt die Bewegung auf weiter außen liegende Schichten. Als Ergebnis davon wird der Farbtropfen langsam auseinandergezogen (Abbildung 9.6(b)). Nach vielleicht vier vollen Umdrehungen des inneren Zylinders ist aus dem Farbtropf ein blasser Ring geworden, der den inneren Zylinder umgibt (Abbildung 9.6(c)).

Wenn wir nun den Zylinder alle vier Umdrehung zurück auf seine Ausgangsposition drehen, sammelt sich die Farbe fast vollständig wieder in dem ursprünglichen Farbtropf (Abbildung 9.6(d), (e)).

Das scheint den Alltagserfahrungen mit der Bewegung von Flüssigkeiten zu widersprechen. In den allermeisten Fällen haben wir es aber im Alltag mit hohen Reynoldsschen Zahlen zu tun. In unserem Beispiel ist jedoch die Reynoldssche Zahl sehr klein, was unter anderem an der hohen Viskosität des Honigs liegt (siehe Tabellen 9.1 und 9.2). Für kleine Reynoldssche Zahlen sind aber die Strömungen in der Tat fast reversibel.

Der Grund dafür ist, daß man wegen (9.12) die Terme der Beschleunigung auf der linken Seite der beiden ersten Gleichungen von (9.9) im Vergleich mit den Termen der viskosen Reibung praktisch vernachlässigen kann. Eine Strömung mit kleiner Reynoldsschen Zahl sollte also in guter Näherung durch folgende Gleichungen

beschrieben werden

$$0 = -\frac{\partial p}{\partial x} + \mu\left(\frac{\partial^2 u}{\partial x^2} + \frac{\partial^2 u}{\partial y^2}\right), \qquad 0 = -\frac{\partial p}{\partial y} + \mu\left(\frac{\partial^2 v}{\partial x^2} + \frac{\partial^2 v}{\partial y^2}\right),$$

$$\frac{\partial u}{\partial x} + \frac{\partial v}{\partial y} = 0. \tag{9.13}$$

Nun sei u_1, v_1 und p_1 die Lösung der Gleichungen unter der Randbedingung $u_1 = u_B$ und $v_1 = v_B$ an einer festen Wandung, u_B und v_B seien bekannt. Dann drehen wir einfach die Randbedingungen um, so daß wir an der Wandung jetzt $u = -u_B$ und $v = -v_B$ haben. Es ist leicht zu zeigen, daß die umgedrehte Strömung mit

$$u = -u_1, \qquad v = -v_1, \qquad p = \text{Konstante} - p_1 \tag{9.14}$$

die Lösung für das neue, umgedrehte Problem ist: Offensichtlich werden die neuen Randbedingungen erfüllt und ebenso die Gleichungen (9.13), da sich bei allen Termen lediglich die Vorzeichen umdrehen.

Das ist die Erklärung für die Umkehrbarkeit in Abbildung 9.6, und es ist wirklich nur ein Phänomen bei kleinen Reynoldsschen Zahlen. Im allgemeinen sind viskose Strömungen keineswegs reversibel. Wenn wir versuchsweise (u, v) durch $(-u, -v)$ in (9.9) ersetzen, so werden wir kaum eine Lösung erhalten. Die Terme der viskosen Reibung drehen zwar ihre Vorzeichen um, die Terme der Beschleunigung jedoch nicht, da sie in u und v quadratisch sind.

Ein exotisches Beispiel, in dem die Reversibilität von Bedeutung ist, ist die Bewegung von Mikroorganismen wie etwa Spermien. Die Reynoldssche Zahl ist sehr klein, im wesentlichen wegen der winzigen Längenskala L (siehe Tabelle 9.2). Wenn diese Mikroorganismen versuchen würden, wie Fische zu schwimmen, kämen sie nicht von der Stelle. Denn was immer sie mit einem Schlag ihres Schwanzes erreicht haben, bei dem Schlag in die andere Richtung würde es wieder rückgängig gemacht. Statt dessen bewegen sie ihren Schwanz spiralförmig (Abbildung 9.7), wodurch sie das Problem umgehen.

Abbildung 9.7: Ein schwimmendes Spermium.

9.5 Der Fall kleiner Viskosität

Wir wenden uns nun dem entgegengesetzten Extrem zu, nämlich einem sehr kleinen μ. Das bedeutet, daß die Reynoldssche Zahl $R = \rho UL/\mu$ sehr groß ist. Dies trifft für die meisten praktischen Fälle zu. Luft, die den Flügel eines Passagierflugzeuges umströmt, hat typischerweise eine Reynoldssche Zahl von 10^7 oder größer. Selbst der Strudel in der Kaffeetasse hat $R \sim 10^4$ (Tabelle 9.2).

Wenn R sehr groß ist, scheinen die Terme der viskosen Reibung in (9.9) wegen (9.12) vernachlässigbar. Dennoch gibt es Umstände, wie wir in Abschnitt 9.1 ausgeführt haben, in denen die Auswirkung der viskosen Reibung nicht vernachlässigt werden darf, wie groß R bzw. wie klein μ auch sein mag.

Der Schlüssel zu diesem Rätsel liegt in der Tatsache, daß die viskose Reibung Terme mit der höchsten Ableitung, nämlich Ableitung zweiter Ordnung haben. Um zu verstehen, warum das so wichtig sein kann, betrachten wir folgendes viel einfachere Problem.

Ein einfaches mathematisches Modell einer Grenzschicht

$u(x)$ sei eine Lösung der gewöhnlichen Differentialgleichung

$$\varepsilon\frac{\mathrm{d}^2 u}{\mathrm{d}x^2} + \frac{\mathrm{d}u}{\mathrm{d}x} = 1, \tag{9.15}$$

unter der Randbedingung

$$u(0) = 0, \qquad u(1) = 2, \tag{9.16}$$

wobei ε eine sehr kleine positive Konstante ist.

Alles, was dieses kleine Problem mit (9.9) bei großer Reynoldsscher Zahl gemein hat, ist, daß die höchste Ableitung mit einem sehr kleinen Koeffizienten multipliziert wird. Wir wollen auch nicht mehr behaupten, als daß der erste Term aus (9.15) ein bißchen so aussieht wie die Terme der viskosen Reibung in (9.9) mit ε anstelle von μ.

Wenn wir nun versuchen, den ersten Term in (9.15) wegzulassen, weil der Koeffizient so klein ist, bekommen wir ein ernsthaftes Problem, da wir nunmehr eine Differentialgleichung erster Ordnung

$$\frac{\mathrm{d}u}{\mathrm{d}x} = 1 \tag{9.17}$$

mit zwei Randbedingungen (9.16) haben. Die Lösung von (9.17) ist $u = x + c$, und wie auch die Konstante c gewählt wird, beide Randbedingungen lassen sich nicht erfüllen. Wenn wir zum Beispiel $c = 1$ wählen, dann ist zwar $u(1) = 2$, aber $u(0) \neq 0$.

Beachten Sie, daß wir dem Problem nicht entkommen, wie klein der Wert von ε auch sein mag. Selbst wenn $\varepsilon = 10^{-1\,000\,000}$ wäre, dürften wir den ersten Term in (9.15) nicht weglassen.

Der große Vorteil des einfachen Problems gegenüber (9.9) ist, daß wir es exakt lösen können:

$$u = x + \frac{1 - e^{-x/\varepsilon}}{1 - e^{-1/\varepsilon}} \tag{9.18}$$

(Aufgabe 9.3). Wir können die exakte Lösung dazu verwenden, die Ursache für die Schwierigkeiten aufzuspüren.

ε ist größer als null, aber sehr klein, weshalb $1/\varepsilon$ sehr groß und $e^{-1/\varepsilon}$ extrem klein ist. Dasselbe gilt für $e^{-x/\varepsilon}$ über fast den ganzen Bereich $0 \le x \le 1$, und man erhält

$$u \approx x + 1, \tag{9.19}$$

wie in Abbildung 9.8 gezeigt.

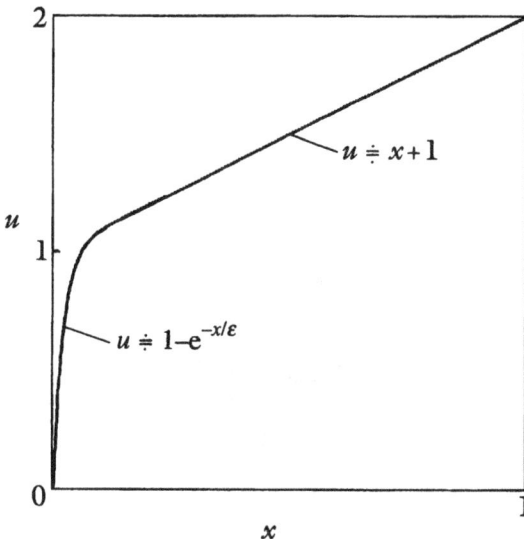

Abbildung 9.8: Die Lösung von (9.18) für $\varepsilon = 0{,}02$.

Die Näherung verliert aber ihre Gültigkeit, wenn x ungefähr so klein wie ε wird, denn dann kann $e^{-x/\varepsilon}$ nicht länger gegenüber 1 vernachlässigt werden. Fällt x von zum Beispiel 5ε auf 0, so steigt $e^{-x/\varepsilon}$ von 0,001 auf 1. Damit wird der Zähler in (9.18) zu null.

u ist also praktisch überall durch (9.19) gegeben. In einer schmalen Region bei $x = 0$ nimmt der Funktionswert aber fast schlagartig von ungefähr 1 auf exakt 0 ab. In dieser

'Grenzschicht' ist die Ableitung du/dx in der Größenordnung $1/\varepsilon$ und die zweite Ableitung ist von der Größenordnung $1/\varepsilon^2$, wie man an den exakten Ausdrücken leicht sieht

$$\frac{du}{dx} = 1 + \frac{\frac{1}{\varepsilon}e^{-x/\varepsilon}}{1-e^{-1/\varepsilon}},$$

$$\frac{d^2u}{dx^2} = -\frac{\frac{1}{\varepsilon^2}e^{-x/\varepsilon}}{1-e^{-1/\varepsilon}}, \tag{9.20}$$

die man aus (9.18) erhält. Das erklärt schließlich, warum wir den ersten Term in (9.15) nicht völlig vernachlässigen dürfen, in der Grenzschicht bleibt er immer von Bedeutung. Egal wie klein wir ε wählen, der Wert von d^2u/dx^2 wird in der Grenzschicht einfach so groß, daß $\varepsilon d^2u/dx^2$ signifikant bleibt.

Viskose Grenzschichten

Wir kehren nun zu realen Strömungen bei hohen Reynoldsschen Zahlen zurück. Abbildung 9.9 zeigt eine Flüssigkeit mit geringer Viskosität (Wasser), die in einer Röhre mit sich verengendem Querschnitt fließt. Um die Strömung für das Auge sichtbar zu machen, werden an einem quer durch die Röhre gespannten Draht durch einen gepulsten elektrischen Strom Wasserstoffbläschen gebildet. Das entspricht in etwa der Markierung von kleinen Quadraten mit Tinte.

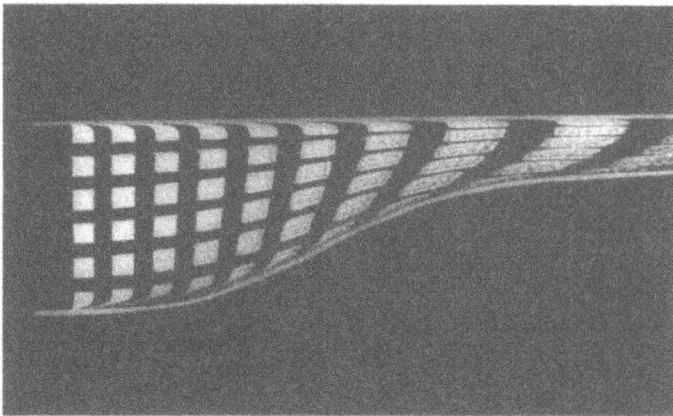

Abbildung 9.9: Strömung bei hoher Reynoldsscher Zahl in einer sich verjüngenden Röhre (Encyclopaedia Britannica Educational Corporation).

Wenn man genau hinsieht, erkennt man tatsächlich, daß die Strömung nicht über den ganzen Querschnitt gleich ist. In der Nähe der Wandungen, wo die viskose Reibung wegen des hohen Geschwindigkeitsgradienten an Einfluß gewinnt, verläuft die Strömung anders als weiter in der Mitte (Abbildung 9.10).

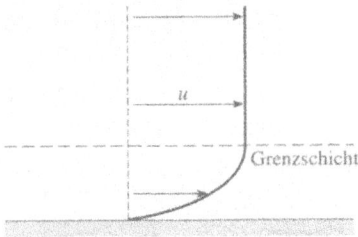

Abbildung 9.10: Typische Geschwindigkeitsverteilung einer viskosen Grenzschicht.

Hier spielt die viskose Grenzschicht eine mehr passive Rolle. Sie sorgt lediglich für den schnellen Übergang von der Geschwindigkeit Null direkt an der Wandung zur Strömungsgeschwindigkeit des Hauptstroms weiter in der Mitte. Viskose Grenzschichten können jedoch auch die gesamte Strömung beeinflussen.

Ein Beispiel dafür ist der allmählich nachlassende Strudel in einer gerührten Tasse Tee, der fast vollständig durch die dünne viskose Grenzschicht auf dem Boden der Tasse bestimmt wird. Als Experiment nehmen wir eine Tasse mit flachem Boden, füllen sie mit kaltem Wasser und streuen ein paar Teeblätter als Strömungsindikatoren hinein. Dann rühren wir kurz um. Nun kann man beobachten, wie die Blätter in der Grenzschicht auf dem Boden spiralförmig in die Mitte treiben. Diese in die Mitte gerichtete sogenannte Sekundärströmung sorgt für einen zweiten Wirbel, der dem ersten überlagert ist (Abbildung 9.11). Dieser wiederum bewirkt, daß ein Tröpfchen aus der Mitte in seiner Höhe gestaucht und dafür seitlich gestreckt wird. Als Ergebnis verringert sich die Winkelgeschwindigkeit des Tröpfchens, genau wie bei einem Eiskunstläufer, der seine Arme ausbreitet, um die Drehung zu verlangsamen.

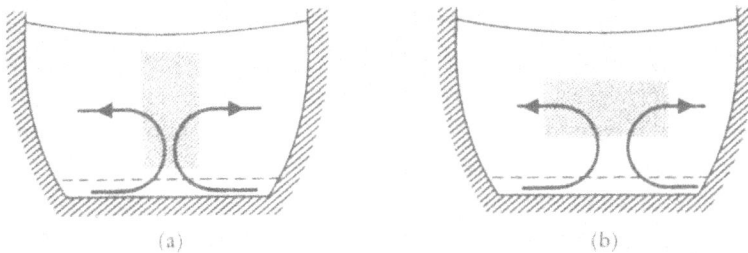

(a)   (b)

Abbildung 9.11: Die Sekundärströmung ist verantwortlich für das allmähliche Nachlassen des Strudels in einer gerührten Teetasse.

Der wichtigste Effekt einer dünnen Grenzschicht ist aber, daß sich die Strömung von der Oberfläche 'ablösen' kann. Das ist zum Beispiel mit der Strömung um den Zylinder in Abbildung 9.1(b) passiert. Die Reynoldssche Zahl war in diesem Fall 2000, und die Grenzschicht an der angeströmten Seite des Zylinders war nur etwa ein Fünfzigstel des Zylinderradius. Diese dünne Schicht mit sehr hohem Geschwindigkeitsgradienten löst sich dann vom Zylinder und beeinflußt so entscheidend den weiteren Verlauf der Strömung.

Dieses Phänomen wurde das erstemal von Ludwig Prandtl in einem hervorragenden achtseitigen Artikel aus dem Jahre 1905 behandelt. Abbildung 9.12 zeigt eine Skizze von ihm, die die Strömung in der Grenzschicht in der Nähe des Ablösepunktes darstellt. Prandtl zeigte darüber hinaus, daß die Dicke der Grenzschicht proportional zu $\mu^{1/2}$ ist. Wir könnten also die Grenzschicht beliebig klein machen, wenn wir eine Flüssigkeit mit genügend kleinem μ wählten. Jedoch läßt sich das Abreißen der Strömung dadurch nicht verhindern, selbst nicht für den Grenzwert $\mu \to 0$.

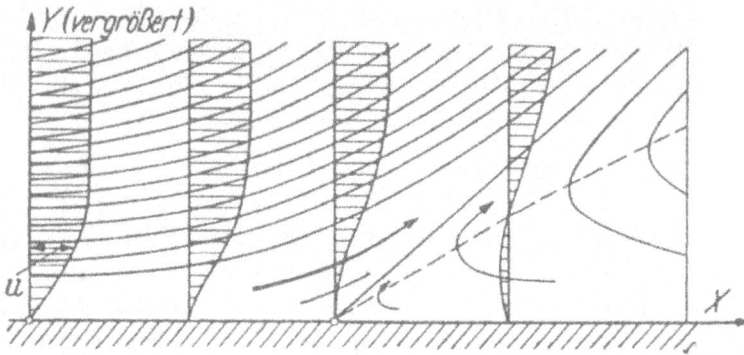

Abbildung 9.12: Skizze eines Ablösevorgangs in der Grenzschicht aus dem Originalartikel von Prandtl.

Auf diese Weise hat Prandtl die Grundlagen für die Lösung des in Abschnitt 9.1 geschilderten Rätsels geschaffen. Darüber hinaus wurden für seine Ideen noch weitere Anwendungsfälle gefunden, die weit über die Dynamik von Flüssigkeiten hinausgehen. Sie zeigen die prinzipielle Möglichkeit, daß beliebig kleine Ursachen einen entscheidenden Effekt in einem physikalischen System haben können.

Falls die letzte Bemerkung den Eindruck hinterließ, daß viskose Grenzschichten und Strömungsablösung ein etwas akademisches Thema sei, ist es angebracht zu erwähnen, daß sich ohne sie kein Anfahrtswirbel von einem Flügel trennen würde und somit kein Flugzeug oder Vogel sich vom Boden erheben könnte (Abbildung 9.13).

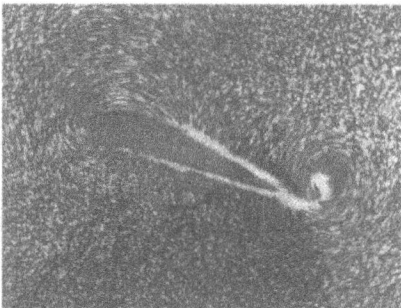

Abbildung 9.13: Ein 'Flügel' in Wasser, der anfangs in Ruhe war, wird plötzlich nach links bewegt. Die Grenzschicht sorgt dafür, daß sich an der scharfen Hinterkante des Flügels der Anfahrtswirbel ablösen kann, was notwendig für die Entstehung von Auftrieb ist.

Übungen

Aufgabe 9.1

Es sei

$$x = X \cos \Omega t - Y \sin \Omega t,$$
$$y = Y \cos \Omega t + X \sin \Omega t,$$
$$z = Z,$$

Wobei Ω eine Konstante ist. Finden Sie die Geschwindigkeitskomponenten u, v und w als Ausdruck von x, y und z heraus. Zeigen Sie, daß diese spezielle Bewegung eine mögliche Strömung einer inkompressiblen Flüssigkeit sein kann.

Zeigen Sie, daß jedes Teilchen der Flüssigkeit einen Kreis mit dem Mittelpunkt bei $x = 0$, $y = 0$ beschreibt und skizzieren Sie die Strömung als Ganzes.

Aufgabe 9.2

Zeigen Sie, daß die Strömung

$$u = \alpha x, \qquad v = -\alpha y, \qquad w = 0$$

in Abbildung 9.2 für inkompressible, viskose Flüssigkeiten möglich ist, indem Sie zeigen, daß sie (9.9) erfüllt. Was ist der entsprechende Ausdruck für den Druck p?

Aufgabe 9.3

Zeigen Sie, daß (9.18), also

$$u = x + \frac{1 - e^{-x/\varepsilon}}{1 - e^{-1/\varepsilon}}$$

die Lösung für das Problem (9.15), (9.16) ist. Wie ändert sich Abbildung 9.8, wenn ε zwar sehr klein bleibt, aber einen negativen Wert hat?

Aufgabe 9.4

Lösen Sie

$$\varepsilon \frac{d^2 u}{dx^2} - u = -1,$$

wobei ε eine positive Konstante ist, und die Randbedingungen

$$u(0) = 0, \qquad u(1) = 0$$

sind. Skizzieren Sie die Lösungen für sehr kleines ε.

10 Instabilität und Katastrophe

10.1 Einführung

Ein bekanntes Beispiel für Instabilität findet man in einem Experiment, das das erstemal 1883 von Osborne Reynolds durchgeführt wurde. Er untersuchte die Strömung von Wasser in einer Röhre mit kreisförmigem Querschnitt. Das Wasser floß aus einem großen Glastank durch eine trichterförmige Öffnung in das Rohr (Abbildung 10.1). Um den Verlauf sichtbar zu machen, ließ er zusammen mit dem klaren Wasser einen

Abbildung 10.1: Skizze des Reynoldsschen Experimentes zur laminaren und turbulenten Strömung, entnommen aus seinem Artikel von 1883.

feinen Strahl intensiv gefärbten Wassers in die Röhre strömen. Das Behältnis für die Tinte sieht man in Abbildung 10.1 auf der linken Seite oberhalb des Tanks.

Für genügend geringe Fließgeschwindigkeiten fand Reynolds eine gleichmäßige oder 'laminare' Strömung. Jedes Flüssigkeitsteilchen bewegte sich parallel zu der Achse der Röhre. Der Streifen gefärbten Wassers zog sich als wunderbar gerade Linie die Röhre entlang (Abbildung 10.1(a)). Jedoch,

...wenn die Geschwindigkeit in kleinen Stufen erhöht wurde, gab es einen Punkt stets in beachtlicher Entfernung zum Einlaß der Röhre, an dem sich der Farbstreifen mit dem restliche Wasser mischte, und ab dem die restliche Röhre mit einer Masse gefärbten Wassers gefüllt war [Abbildung 10.2(b)]. ... Betrachtete man die Röhre bei dem Licht eines elektrischen Funkens, so löste sich die Masse von Farbe in mehr oder weniger unterscheidbare Kräusel auf, die Wirbel anzeigten [Abbildung 10.2(c)].

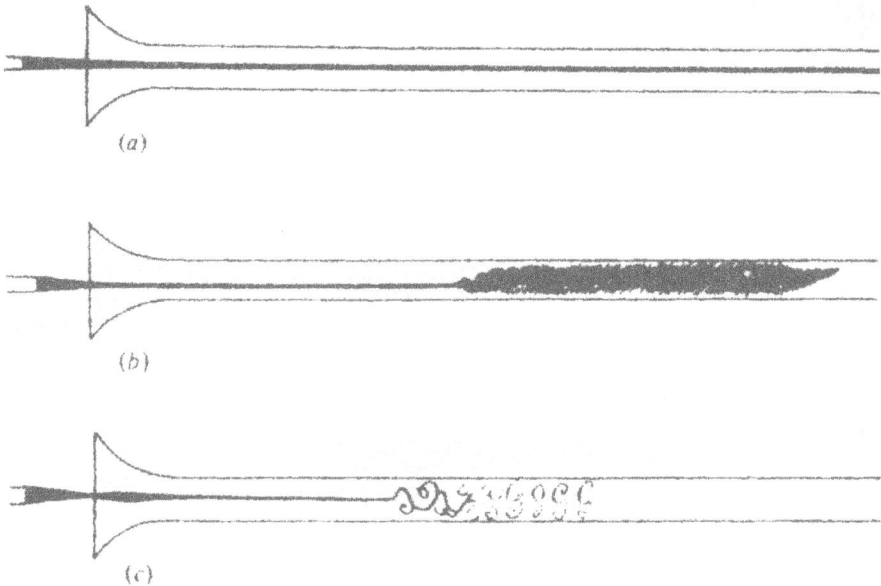

Abbildung 10.2: Reynolds' Zeichnungen zur Strömung in geraden Röhren.

Der plötzliche Übergang von einer laminaren zu einer turbulenten Strömung bei allmählicher Erhöhung der Geschwindigkeit gehört noch zu den tiefsten Problemen der klassischen Physik.

Im Augenblick genügt es zu betonen, daß die glatte, gerade, laminare Strömung eine perfekte Lösung der relevanten Differentialgleichungen und Randbedingungen (siehe Abschnitt 9.3) ist. Sie ist auch für hohe Fließgeschwindigkeiten noch ausgezeichnet im Einklang mit den Gesetzen der Dynamik. Das einzige, was an ihnen 'falsch' ist, ist, daß sie instabil werden. Kleinste Störungen, die in der Realität unvermeidlich sind, reichen dann aus, die laminare in eine turbulente Strömung zu verwandeln.

Da das Problem wie gesagt recht tiefgehend ist und wir in Abschnitt 10.6 darauf zurückkommen werden, wollen wir einen großen Teil des Kapitels der Stabilität und Instabilität von Gleichgewichtszuständen widmen.

Das klassische Beispiel dafür ist eine Kugel auf einem Berg (Abbildung 10.3). Das System sei wieder unkontrollierbaren kleinsten Störungen ausgesetzt. Ist die Kugel in der Ausgangsposition A, so werden die Störungen wenig Wirkung zeigen. Ist die Ausgangsposition aber B, so werden sie das System grundlegende ändern, die Kugel wird wegrollen. Der Gleichgewichtszustand B ist also labil (oder instabil).

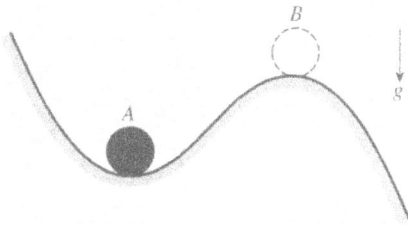

Abbildung 10.3: (a) Stabiles und (b) labiles Gleichgewicht einer Kugel auf einem Berg.

Die Überlegungen scheinen recht elementar, sie können aber von großem Wert sein. Bei komplizierten dynamischen Systemen, die von sehr schwierigen Differentialgleichungen beschrieben werden, lassen sich oft zumindest Lage und Art der Gleichgewichtszustände ermitteln. Das kann eine große Hilfe beim Verstehen des dynamischen Systems sein.

Stabilität oder Instabilität eines bestimmten Zustandes hängen in der Regel von einem oder mehreren Parametern ab, die verschiedene Eigenschaften des Systems charakterisieren. Ein gutes Beispiel ist ein elastischer Draht, der unter Einwirkung einer 'stauchenden' Kraft P sich biegt (Abbildung 10.4). Bereits im Jahre 1744 wurde das System von Euler untersucht. Für eine genügend kleine Kraft P bleibt der Draht trotz unvermeidlichen kleinsten Störungen praktisch gerade. Wird aber P über einen kritischen Wert P_c erhöht, wird die gerade Lösung instabil, und der Draht wird einen

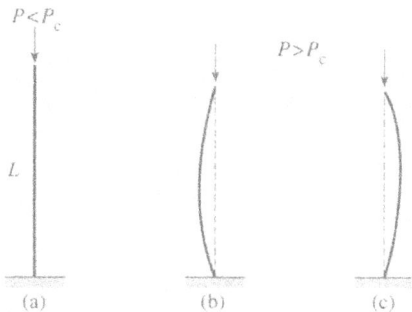

Abbildung 10.4: Ein Draht, der unter Einwirkung einer Kraft in einen gebogenen Zustand springt.

gebogenen Zustand einnehmen (Abbildung 10.4(b),(c)). Euler zeigte, daß der gerade Zustand instabil wird, wenn

$$P > \mathcal{B}\frac{\pi^2}{L^2},$$ (10.1)

wobei L die Länge und $\mathcal{B}$ die Biegesteifigkeit des Drahtes ist. Letztere hängt nur vom Material sowie Größe und Form des Drahtquerschnitts ab. Eine Verdopplung der Länge reduziert die Tragfähigkeit also um den Faktor vier, wenn der Draht gerade bleiben soll.

Wir nehmen nun ein damit entfernt verwandtes Problem, daß aber viel einfacher ist, um eine allgemeine Technik kennenzulernen, die man lineare Stabilitätsanalyse nennt.

10.2 Lineare Stabilitätsanalyse

Ein Gewicht der Masse m soll sich entlang eines glatten Drahtes frei bewegen können. Der Draht ist zu einem Kreis mit dem Radius l gebogen, der sich in einer vertikalen Ebene befindet. Das Gewicht sei weiterhin mit einer leichten Feder verbunden, die am obersten Punkt des Kreises befestigt ist und die eine natürliche Länge von l hat (Abbildung 10.5).

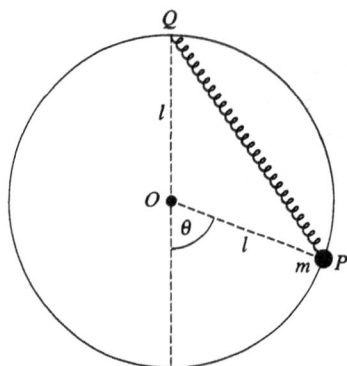

Abbildung 10.5: Ein einfaches System aus Feder und Masse zur Illustration der linearen Stabilitätsanalyse.

Die Intuition läßt einen vermuten, daß für eine schwache Feder die Position $\theta = 0$ ein stabiles Gleichgewicht ist, genauso wie bei fehlender Feder. Wir erwarten andererseits bei einer genügend starken Feder, daß der Zustand bei $\theta = 0$ instabil ist, so daß die leichteste Störung das Gewicht zur Seite schnellen lassen wird.

Wie immer fangen wir die Untersuchung mit der Suche nach den Differentialgleichungen der Bewegung an. Einfachste geometrische Überlegungen zeigen, daß die Winkel

OPQ und *OQP* jeweils gleich $\frac{1}{2}\theta$ sind. Damit ist die Auslenkung der Feder $2l\cos\frac{1}{2}\theta - l$ und die Federspannung

$$T = \alpha l \left(2\cos\frac{1}{2}\theta - 1 \right),$$

(10.2)

wobei α die Federkonstante ist (siehe (5.9)). Wir multiplizieren das mit $\sin\frac{1}{2}\theta$, um die Komponente entlang des Drahtes in Richtung zunehmendes θ zu erhalten. Der Draht sei so glatt, daß wir die Reibung vernachlässigen können. Dann brauchen wir nur noch die Schwerkraft als weitere Kraft hinzuzunehmen. Sie ist $mg\sin\theta$ in Richtung abnehmendes θ. Die Differentialgleichung der Bewegung ist also

$$ml\frac{d^2\theta}{dt^2} = -mg\sin\theta + \alpha l \left(2\cos\frac{\theta}{2} - 1 \right)\sin\frac{\theta}{2}.$$

(10.3)

Das reduziert sich zur Gleichung für das einfache Pendel (5.2), wenn $\alpha = 0$, das heißt, wenn die Feder gar nicht vorhanden ist.

Als nächstes ist es sinnvoll, eine dimensionslose Zeit

$$\tilde{t} = t/(l/g)^{1/2}$$

(10.4)

einzuführen. Damit wird (10.3) zu

$$\ddot{\theta} = -\sin\theta + S\left(2\cos\frac{\theta}{2} - 1 \right)\sin\frac{\theta}{2},$$

(10.5)

wobei ein Punkt die Ableitung nach $\tilde{t}$ bedeutet. Hier ist

$$S = \frac{\alpha l}{mg}$$

(10.6)

ein dimensionsloser Parameter, der die Stärke der destabilisierenden Kraft der Feder im Verhältnis zur stabilisierenden Wirkung der Schwerkraft angibt.

Linearisierung der Gleichung (10.5) um $\theta = 0$

Wir nehmen nun eine kleine Störung des Gleichgewichtszustandes bei $\theta = 0$ an. Solange $|\theta|$ klein bleibt, läßt sich $\sin\theta$ durch θ, $\sin(\theta/2)$ durch $(\theta/2)$ und $\cos(\theta/2)$ durch 1 annähern. Für (10.5) erhalten wir als Näherung

$$\ddot{\theta} = \left(\frac{1}{2}S - 1 \right)\theta,$$

(10.7)

was eine lineare Bewegungsgleichung ist. Wir betonen aber, daß dies nur für $|\theta| \ll 1$ gilt.

Ist nun $S < 2$, ist der Koeffizient von θ in (10.7) negativ, und es ergeben sich einfache harmonische Schwingungen (siehe (3.28)). In diesem Fall wird eine kleine Störung zu Schwingungen mit kleiner Amplitude um $\theta = 0$ führen.

Ist aber

$$S > 2 \tag{10.8}$$

so ist die allgemeine Lösung von (10.7)

$$\theta = A e^{p\tilde{t}} + B e^{-p\tilde{t}}, \tag{10.9}$$

wobei $p = (\frac{1}{2}S - 1)^{1/2}$ ist (siehe (3.30)). Die Konstanten A und B werden durch die Anfangsbedingungen gegeben. Sie sind klein, wenn die anfängliche Störung klein ist. Aber keine wird exakt null sein, und (10.9) zeigt somit die Instabilität der Position $\theta = 0$. Denn der erste Term wächst exponentiell mit der Zeit, was bedeutet, daß $|\theta|$ in diesem Fall nicht klein bleibt.

Wir schließen daraus, daß der Gleichgewichtszustand bei $\theta = 0$ in Abbildung 10.5 für $S < 2$ stabil und für $S > 2$ instabil ist. Oder anders gesagt, es gibt eine Instabilität, wenn die Feder stark genug ist, was wir ja bereits vermuteten.

10.3 Mehrfachlösungen, Bifurkation

Die vorangegangenen Ergebnisse sagen uns nichts darüber, wie sich das System weiter verhalten wird, wenn $S > 2$ ist. Durch (10.9) wissen wir zwar, daß $|\theta|$ irgendwann einmal nicht mehr klein sein wird. Ist dieser Fall jedoch eingetreten, so gelten die Voraussetzungen für die linearisierende Näherung, wie zum Beispiel $\sin\theta \approx \theta$, nicht mehr.

Bevor wir uns numerischen Lösungen von (10.5) oder einer entsprechenden Gleichung mit Reibung (Aufgabe 10.1) zuwenden, wollen wir nach weiteren Gleichgewichtszuständen von (10.5) suchen. Für diesen Zweck formen wir (10.5) um und erhalten

$$\ddot{\theta} = \left[2(S-1)\cos\frac{\theta}{2} - S\right]\sin\frac{\theta}{2}. \tag{10.10}$$

Für diese Gleichung ergibt sich nur dann eine Lösung $\theta =$ konstant, wenn die rechte Seite verschwindet. Das tritt entweder ein, wenn $\sin(\theta/2) = 0$, was gleichbedeutende mit $\theta = 0$ ist, oder wenn $\theta = \theta_0$ ist mit

$$\cos\frac{\theta_0}{2} = \frac{1}{2(1 - 1/S)} \tag{10.11}$$

Da $-\pi < \theta_0 < \pi$, kann diese weitere Gleichgewichtslösung nur existieren, wenn die rechte Seite von (10.11) (a) positiv und (b) kleiner als 1 ist. Nun ist nach Definition (10.6) $S > 0$, so daß (a) $S > 1$ voraussetzt. Aus (b) folgt dann wegen $2(1 - 1/S) > 1$, daß

$$S > 2. \tag{10.12}$$

Interessanterweise treten die 'neuen' Gleichgewichtszustände gerade dann in Erscheinung, wenn die Feder so stark wird, daß der Gleichgewichtszustand bei $\theta = 0$ seine Stabilität verliert. Für $S < 2$ existiert also genau ein Gleichgewichtszustand bei $\theta = 0$. Dieses Gleichgewicht ist stabil. Wird S über 2 hinaus erhöht, so spaltet sich der Gleichgewichtszustand in zwei auf, was man Bifurkation nennt (Abbildung 10.6). Die beiden neuen Zustände sind stabil, wie wir gleich zeigen werden. Sie werden aber von dem alten Zustand, der jetzt instabil geworden ist, getrennt. Wenn S weiter erhöht wird, wandern entsprechend (10.11) die neuen Gleichgewichtszustände $\theta = \theta_0$ immer mehr von $\theta = 0$ weg. Für $S \to \infty$ wird $\theta = \pm 2\pi/3$, wo die Feder ungespannt ihre natürliche Länge l hat.

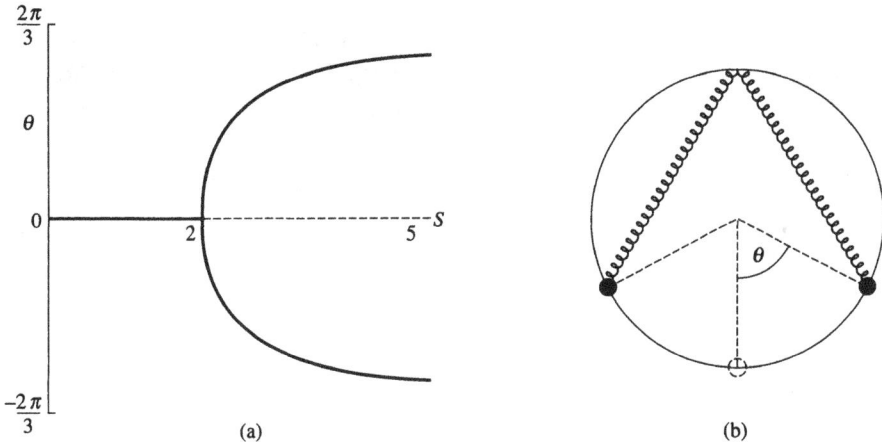

Abbildung 10.6: (a) Das Bifurkations-Diagramm für das System aus Feder und Masse von Abbildung 10.5. Durchgezogene Linien kennzeichnen stabiles Gleichgewicht, gestrichelte instabiles. (b) Ein Gleichgewichtszustand für einen typischen Wert von $S > 2$.

Abbildung 10.7 zeigt eine einfache Analogie zu dem Bifurkations-Diagramm in Abbildung 10.6(a). Es ist eine Kugel in einem 'Gebirge'. Man kann sich bei diesem Bild gut vorstellen, daß das Gewicht für $S > 2$ sich bei der geringsten Störung schnell von der Stelle $\theta = 0$ entfernen wird. Danach wird es um den neuen Gleichgewichtszustand herum schwingen. In unserem Modell ohne Reibung würden diese Schwingungen nie aufhören. In der Realität gibt es natürlich stets Reibung, so daß man bei einem System analog zu Abbildung 10.7 von dem Gewicht erwarten wird, daß es an einem der neuen Gleichgewichtszustände zur Ruhe kommt.

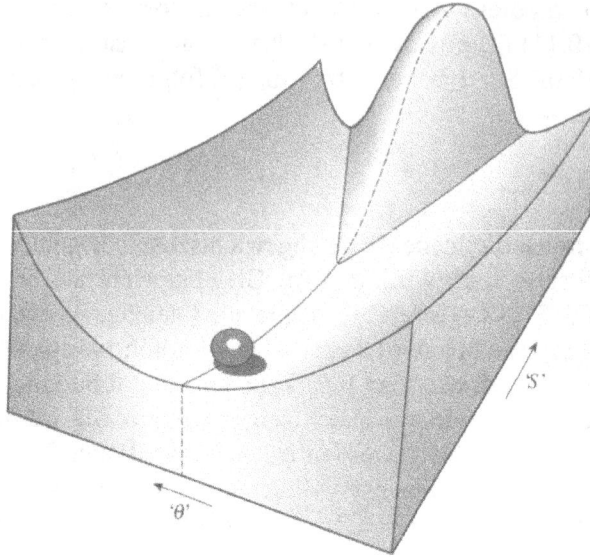

Abbildung 10.7: Eine einfache Analogie zum Bifurkations-Diagramm von Abbildung 10.6(a).

Durch numerische Integration von (10.5) mit oder ohne Reibungsterm $-\tilde{k}\dot{\theta}$ lassen sich die Ergebnisse belegen. Dies leistet zum Beispiel, eine Variation des Programmes PENDANIM, wie es auf Seite 243 beschrieben wird.

Stabilität der 'neuen' Gleichgewichtszustände

Um zu zeigen, daß die neuen Gleichgewichtszustände tatsächlich stabil sind, linearisieren wir (10.10) um die Stelle $\theta = \theta_0$. Wir setzen dazu

$$\theta = \theta_0 + \theta_1(t), \tag{10.13}$$

wobei θ_1 als klein angenommen wird.

Da θ_0 eine Konstante ist, wird die linke Seite von (10.10) zu $\ddot{\theta}_1$. Wenn wir für die rechte Seite von (10.10)

$$F(\theta) = \left[2(S-1)\cos\frac{\theta}{2} - S \right] \sin\frac{\theta}{2} \tag{10.14}$$

schreiben, so ergibt sich aus dem Taylorschen Satz (vergleiche 2.14)

$$F(\theta) = F(\theta_0) + \theta_1 F'(\theta_0) + O(\theta_1^2). \tag{10.15}$$

Nun ist $F(\theta_0) = 0$, da θ_0 (10.11) erfüllt. Leitet man (10.14) nach der Produktregel ab, so erhält man

$$F'(\theta_0) = -(S-1)\sin^2\frac{\theta_0}{2} + \left[2(S-1)\cos\frac{\theta_0}{2} - S\right]\frac{1}{2}\cos\frac{\theta_0}{2}.$$

Der zweite Term ist null, da θ_0 (10.11) erfüllt. Damit erhält man für die linearisierte Bewegungsgleichung für kleine Auslenkungen θ_1 um den Gleichgewichtszustand $\theta = \theta_0$

$$\ddot{\theta}_1 = -(S-1)\sin^2\frac{\theta_0}{2}\cdot\theta_1. \tag{10.16}$$

Da wir nur den Fall $S > 2$ betrachten, ist der (konstante) Koeffizient von θ_1 auf der rechten Seite negativ, und es ergeben sich einfache harmonische Schwingungen, womit gezeigt wäre, daß die neuen Zustände tatsächlich stabil sind.

10.4 Plötzliche Zustandsänderungen

Wenn die Parameter eines Systems nur geringfügig geändert werden, so wird sich im allgemeinen der Zustand des Systems ebenfalls nur wenig ändern. Es gibt jedoch Umstände, in denen eine minimale Veränderung eine plötzliche, katastrophenartige Änderung des Zustandes verursacht.

Nehmen wir zum Beispiel eine Drahtlitze wie das Bremskabel eines Fahrrades und klemmen die Litze fest, so daß ein kurzes Stück der Länge L senkrecht nach oben übersteht. Ihre eigene Steifigkeit hält die Litze gegen die Schwerkraft in der Senkrechten. Nun erhöhen wir allmählich L.

Bis zu einer kritischen Länge $L = L_s$ springt die Litze sogar wieder in ihre Ausgangsposition zurück, wenn sie weit zur Seite gebogen wurde (Abbildung 10.8(a)). Wenn

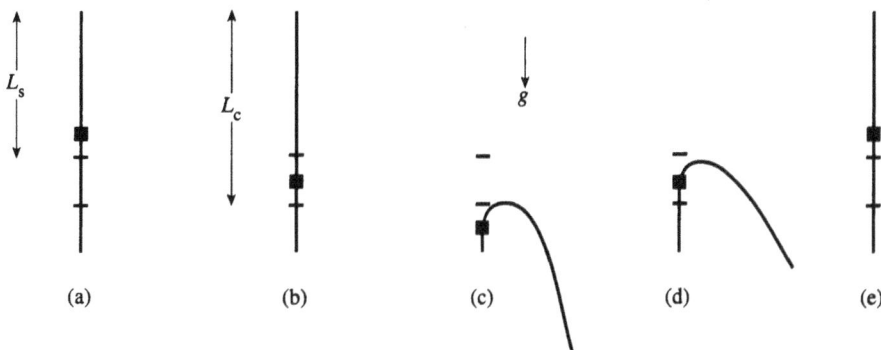

Abbildung 10.8: Die Hysterese eines Stücks Drahtlitze, das senkrecht an der mit ■ gekennzeichneten Stelle festgeklemmt wurde.

wir L weiter erhöhen, können wir die Litze noch bis zu einem weiteren kritischen Punkt L_c senkrecht halten, vorausgesetzt, daß der Zustand der Litze nicht mehr stark gestört wird (Abbildung 10.7(b)). Sobald aber der Wert L_c überschritten wurde, führen schon die kleinsten Störungen dazu, daß die Litze zusammensackt und seitlich nach unten hängt (Abbildung 10.7(c)).

Eine kleine Änderung von L kann also einen großen Sprung im Zustand des Systems verursachen. Und wenn wir nun L langsam kleiner als L_c machen, so springt das System (vorausgesetzt, wir helfen nicht nach) nicht in seinen Ausgangszustand zurück (Abbildung 10.7(d)). Erst wenn L wieder kleiner als L_s wird springt die Litze sozusagen aus eigenem Antrieb wieder in die Senkrechte zurück (Abbildung 10.7(e)).

Das Bifurkations-Diagramm für ein derartiges System ist in Abbildung 10.9 skizziert. Hier soll A ein Maß für die Abweichung des Systems vom Zustand $A = 0$ sein, der für $L < L_c$ stabil und für $L > L_c$ instabil ist. Die Bifurkation oder Verzweigung der Lösung bei $L = L_c$ wird subkritisch genannt im Gegensatz zur superkritischen Bifurkation in Abbildung 10.6(a).

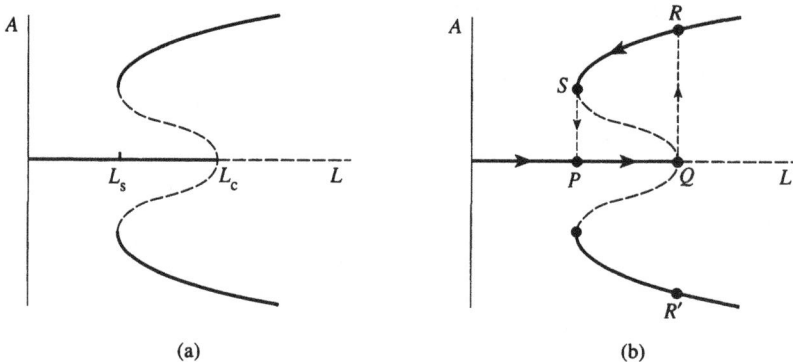

Abbildung 10.9: (a) Eine subkritische Bifurkation (durchgezogene Linie bedeutet stabil, gestrichelte instabil). (b) Die dazugehörige Hysteresisschleife.

Um das Diagramm zu überprüfen, gehen wir zunächst von dem Gleichgewichtszustand bei $A = 0$ und $L < L_c$ aus. Wenn wir nun langsam L über L_c hinaus erhöhen, wird die Lösung $A = 0$ am Punkt Q instabil, und das System springt in den Zustand R oder R', je nach Richtung der kleinen Störung. Wenn es zu R gesprungen ist und wir nun wieder L verkleinern, so bleibt die 'neue' Lösung stabil bis zu dem Punkt S. Von diesem Punkt springt das System zu dem Punkt P in den Ausgangszustand $A = 0$ zurück.

Dieser nicht reversible Vorgang bei allmählicher Erhöhung eines Parameters und anschließender Verringerung nennt man Hysterese, und $PQRSP$ heißt Hysteresisschleife.

10.5 Einfluß von Asymmetrien und Katastrophe

Wir kehren nun wieder zu einem System zurück, daß bei allmählicher Erhöhung eines Parameters L über einen kritischen Wert L_c hinaus eine superkritische Bifurkation aufweist (Abbildung 10.10(a)). Das System wird sich dann – je nachdem in welche Richtung es durch kleinste, unvermeidliche Störungen gelenkt wird – für einen der stabilen Zweige entscheiden. Verkleinern wir L wieder, so werden die Zustände wieder in umgekehrter Reihenfolge durchlaufen. Man findet insbesondere kein Anzeichen von Sprüngen wie wir sie in Abschnitt 10.4 gesehen haben.

Theoretisch ist das soweit richtig, in der Praxis existieren aber meist kleine Unregelmäßigkeiten, die die Symmetrie zwischen den beiden 'neuen' Lösungen brechen. Als Folge davon entscheidet sich das System beim Überschreiten der Grenze L_c immer für den gleichen Zweig, anstatt durch kleinste Störungen 'zufällig' einen Zustand auszuwählen. Das Bifurkations-Diagramm verändert sich dadurch geringfügig, aber entscheidend zu der in Abbildung 10.10(b) gezeigten Form. Wenn wir nun das System absichtlich so stark stören, daß es in den anderen Zustand springt, und wir dann L langsam verkleinern, so wird, wenn L klein genug ist, das System wieder in den bevorzugten Zustand springen. Wenn die Asymmetrie oder Unregelmäßigkeit klein ist, ist auch der Sprung klein, aber er ist vorhanden.

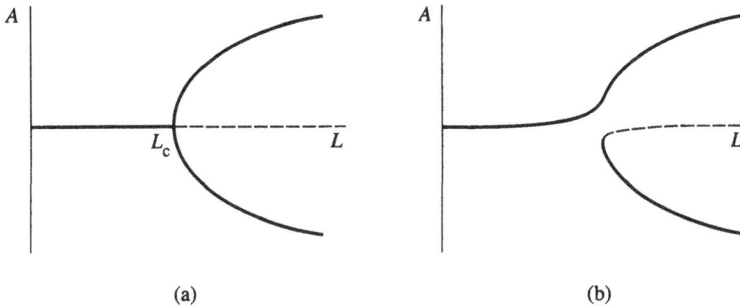

Abbildung 10.10: (a) Eine superkritische Bifurkation und (b) die Veränderung durch eine kleine Asymmetrie.

Eulers klassisches Experiment einer sich biegenden Stütze ist ein Beispiel für ein solches Verhalten, wenn wir nicht mehr die vollständige Symmetrie wie in Abbildung 10.4 voraussetzen. Nehmen Sie ein Stahlband, ein Lineal oder irgend einen anderen elastischen Stab, der eine deutliche Neigung besitzt, sich bevorzugt in eine Richtung zu biegen. Üben Sie auf die Enden eine so hohe Kraft aus, daß sich das Stück biegt. Drücken Sie nun senkrecht dazu auf die Wölbung, so daß das Stück den nicht bevorzugten Zustand einnimmt. Wenn Sie jetzt die Kraft auf die Enden allmähliche verringern, wird das System plötzlich in seinen bevorzugten Zustand zurückspringen.

Wir betrachten nun ein mathematisch einfacher zu fassendes System mit einem vergleichbaren Verhalten.

Ein Beispiel

Wir nehmen ein System, wie es in Abbildung 10.11 skizziert ist. Es besteht aus einem leichten Stab der Länge l. Er ist an der einen Seite im Punkt O schwenkbar aufgehängt. An seinem anderen Ende befindet sich ein Gewicht der Masse m. Sein Winkel zur Senkrechten ist θ. Zwischen Stab und Grundplatte befinden sich auf jeder Seite zwei gleichartige Federn. Die Grundplatte BD ist um ε aus der Horizontalen gekippt. Ohne Schwerkraft würden die Federn den Stab in der Position $\theta = \varepsilon$ halten. In der Abweichung aus der Senkrechten besteht die Asymmetrie des Systems.

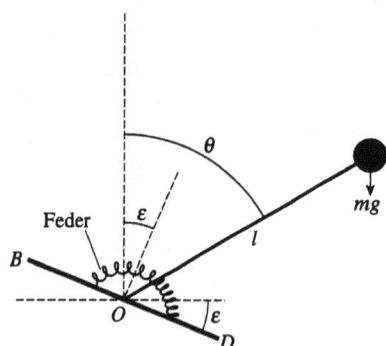

Abbildung 10.11: Ein mit Federn gestützter Stab mit einem Gewicht am oberen Ende.

Wir nehmen nun an, daß die Federkraft proportional zu $\theta - \varepsilon$ ist, und bezeichnen mit $\bar{\alpha}$ die Federkonstante, die ein Maß für die Steifigkeit der Federn ist. Die Bewegungsgleichung ist dann

$$ml\frac{\mathrm{d}^2\theta}{\mathrm{d}t^2} = mg\sin\theta - \bar{\alpha}(\theta - \varepsilon). \tag{10.17}$$

Ohne Schwerkraft ergäben sich einfache harmonische Pendelbewegungen um $\theta = \varepsilon$. Die Frequenz wäre $(\bar{\alpha}/ml)^{1/2}$, also proportional zur Quadratwurzel der Federkonstante $\bar{\alpha}$.

Unser Interesse gilt natürlich dem Fall $g \neq 0$. Mit der dimensionslosen Zeit

$$\tilde{t} = \left(\frac{g}{l}\right)^{1/2} t \tag{10.18}$$

wird (10.17) zu

$$\ddot{\theta} = \sin\theta - \frac{1}{M}(\theta - \varepsilon), \tag{10.19}$$

wobei ein Punkt die Ableitung nach $\tilde{t}$ bedeutet. Der dimensionslose Parameter

$$M = \frac{mg}{\bar{\alpha}} \tag{10.20}$$

bildet das Verhältnis zwischen der Wirkung der Schwerkraft und der Feder.

Um die Sache zu vereinfachen, gehen wir von kleinem θ und ε aus. Dann können wir $\sin\theta$ in (10.19) durch die ersten beiden Terme der Taylor-Reihe um die Stelle $\theta = 0$ annähern

$$\sin\theta \approx \theta - \frac{1}{6}\theta^3 \tag{10.21}$$

(siehe (2.15)). Dies ist eine sehr gute Näherung solang $|\theta|$ kleiner als $70°$ ist (siehe Abbildung 2.6). Die Bewegungsgleichung wird dann zu

$$\ddot{\theta} = \theta - \frac{1}{6}\theta^3 - \frac{1}{M}(\theta - \varepsilon). \tag{10.22}$$

Um die Gleichgewichtsstelle(n) $\theta = \theta_0$ zu ermitteln, setzen wir die rechte Seite gleich null und erhalten als Bedingung

$$(1 - M)\theta_0 + \frac{1}{6}M\theta_0^3 = \varepsilon. \tag{10.23}$$

Um zu sehen, wie θ_0 von ε abhängt, ist es einfacher, umgekehrt ε als Funktion von θ_0 zu zeichnen. Offensichtlich ist

$$\frac{d\varepsilon}{d\theta_0} = 1 - M + \frac{1}{2}M\theta_0^2. \tag{10.24}$$

Daraus folgt für $M < 1$, daß der Wert von ε monoton mit θ_0 steigt (Abbildung 10.12(a)). Für $M > 1$ ergeben sich zwei Extremstellen bei $\theta_0 = \pm 2^{1/2}(1 - M^{-1})^{1/2}$, und die Kurve nimmt die in Abbildung 10.12(b) gezeigte Form an.

Abschließend drehen wir die Graphen von Abbildung 10.12 um $90°$ und bilden daraus eine dreidimensionale Darstellung der Gleichgewichtszustände θ_0 als Funktion von M und ε (Abbildung 10.13). Das wichtigste Merkmal ist die Faltung in der Fläche. Durch Projektion dieser Region auf die M-ε-Ebene erhält man den schattierten Bereich. Die Einhüllende dieses Bereiches nennt man Cusp-Kurve.

Für jedes Wertepaar M, ε außerhalb des schattierten Bereiches existiert genau ein Gleichgewichtszustand θ_0. Doch innerhalb des Bereiches existieren jeweils drei Gleichgewichtszustände θ_0. Der 'mittlere' von diesen, der in Abbildung 10.12(b) auf der gestrichelten Linie liegt, ist instabil, während die anderen beiden stabil sind (Aufgabe 10.3). Wenn wir wollen, können wir M festhalten und die Asymmetrie ε langsam

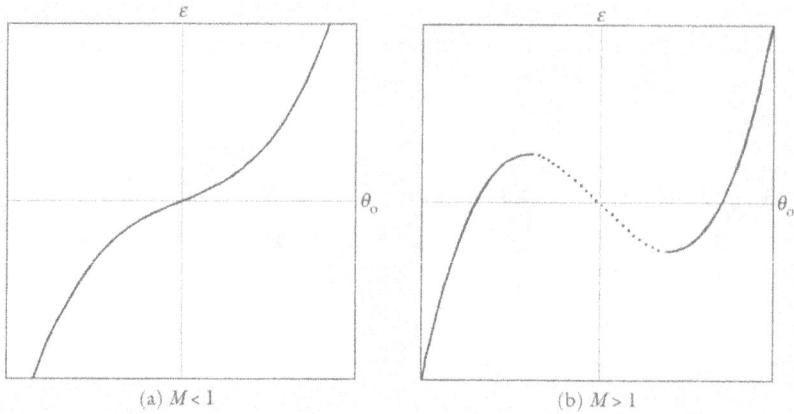

(a) $M < 1$ (b) $M > 1$

Abbildung 10.12: Die Beziehung zwischen der (bzw. den) Gleichgewichtsstelle(n) θ_0 und dem Asymmetrieparameter ε.

ändern. Für $M > 1$ beobachten wir Sprünge zwischen den Gleichgewichtszuständen und entsprechende Hysteresisschleifen.

Den Hauptvorteil von Abbildung 10.13 sieht man aber dann, wenn wir ε konstant halten und die Bifurkation von θ_0 als Funktion von M betrachten. Für $\varepsilon = 0$ erhalten wir eine perfekt symmetrische superkritische Bifurkation bei $M = 1$ in der Art von Abbildung 10.10(a). Mit $\varepsilon > 0$ zeigt unser einfaches Beispiel genau das Verhalten, was in Abbildung 10.10(b) abgebildet ist. Es existiert ein losgelöster Zweig in der Lösung, und der Stab neigt eindeutig dazu, eine Seite zu bevorzugen, wenn der Parameter langsam vergrößert wird.

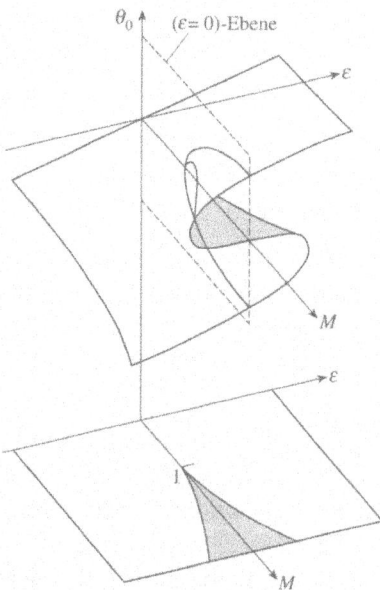

Abbildung 10.13: Skizze der Gleichgewichtszustände als Funktion sowohl von m als auch von ε.

10.6 Instabilität der Bewegung

In Abschnitt 10.1 fingen wir nicht mit Gleichgewichtszuständen, sondern mit einem sehr komplizierten Beispiel für instabile Bewegungen an. Wir werden nun kurz ein paar weitere Beispiele vorstellen, die jedoch viel einfacher sind.

Eine wild gewordene Streichholzschachtel

Nehmen Sie eine leere Streichholzschachtel, deren drei Kantenlängen sich deutlich von einander unterscheiden. Wirbeln Sie sie in die Luft, so daß sie sich um eine der drei Symmetrieachsen dreht (Abbildung 10.14). Sie werden herausfinden, daß nur die Rotation um die Achsen, die mit 1 und 3 bezeichnet sind stabil sind. Die Rotation um die mit 2 gekennzeichneten Achse löst sich schnell in eine unregelmäßige, wilde Bewegung auf.

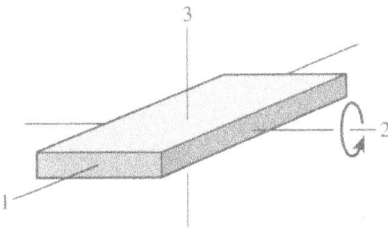

Abbildung 10.14: Um eine ihrer Symmetrieachsen rotiert eine Streichholzschachtel nicht stabil.

Um das zu verstehen, wenden wir uns den wunderschön symmetrischen Bewegungsgleichungen für einen beliebigen starren Körper zu, die von Euler 1760 gefunden wurden:

$$A\dot{\omega}_1 = (B-C)\omega_2\omega_3,$$
$$B\dot{\omega}_2 = (C-A)\omega_3\omega_1,$$
$$C\dot{\omega}_3 = (A-B)\omega_1\omega_2. \tag{10.25}$$

Hierbei bezeichnen ω_1, ω_2, ω_3 die drei Komponenten der momentanen Winkelgeschwindigkeit bezüglich eines relativ zum Körper fixierten Koordinatensystems. (Die Symmetrieachsen der Schachtel in Abbildung 10.14 bilden ein geeignetes System.) Rotiert also zum Beispiel der Körper lediglich um die 1-Achse, so hat man $\omega_1 = \omega$ und $\omega_2 = \omega_3 = 0$. Im allgemeinen jedoch hat die Winkelgeschwindigkeit drei Komponenten, die alle Funktionen der Zeit sind. Die positiven Konstanten A, B, C werden Trägheitsmomente bezüglich der Achsen 1, 2 und 3 genannt. Je weiter weg von einer bestimmten Achse die Masse verteilt ist, desto größer ist das Trägheitsmoment bezüglich dieser Achse. In unserem Fall aus Abbildung 10.14 ist also $A < B < C$.

Betrachten wir nun den Fall, daß die Streichholzschachtel um die 2-Achse rotiert, daß also $\omega_2 = \omega$ mit konstantem ω und $\omega_1 = \omega_3 = 0$. Sicherlich gehorcht die Bewegung den Gesetzen der Mechanik, da sie (10.25) erfüllt. Ist sie aber auch stabil?

Um das zu beantworten, stören wir die Rotation ein wenig. Die Winkelgeschwindigkeit hat dann folgende Komponenten

$$\omega_1 = \xi_1, \qquad \omega_2 = \omega + \xi_2, \qquad \omega_3 = \xi_3, \tag{10.26}$$

wobei ξ_1, ξ_2, ξ_3 jeweils Funktionen der Zeit sind, aber kleine Werte verglichen mit ω haben. Aus der ersten und letzten Gleichung von (10.25) erhalten wir dann

$$A\dot{\xi}_1 = (B - C)(\omega + \xi_2)\xi_3,$$
$$C\dot{\xi}_3 = (A - B)\xi_1(\omega + \xi_2).$$

Vernachlässigt man die kleinen quadratischen Terme $\xi_2\xi_3$ und $\xi_1\xi_2$, so ergeben sich linearisierte Gleichungen:

$$A\dot{\xi}_1 = (B - C)\omega\xi_3,$$
$$C\dot{\xi}_3 = (A - B)\omega\xi_3. \tag{10.27}$$

Zum Schluß eliminieren wir zum Beispiel ξ_3 durch Ableitung der ersten Gleichung von (10.27). Es ergibt sich

$$AC\ddot{\xi}_1 = (A - B)(B - C)\omega^2\xi_1. \tag{10.28}$$

Ist nun $A < B < C$, so ist der (konstante) Koeffizient von ξ_1 positiv, und die Gleichung hat die Form $\ddot{\xi}_1 = p^2\xi_1$, was in Übereinstimmung mit der Beobachtung Instabilität zur Folge hat (vergleiche (10.9)). Ist jedoch B das größte oder kleinste Trägheitsmoment, so ist der Faktor $(A - B)(B - C)$ in (10.28) negativ, und ξ_1 vollführt lediglich einfache harmonische Oszillationen, was einem stabilen Zustand entspricht. Diese einfache, aber elegante Rechnung ist also in vollständiger Übereinstimmung mit den Ergebnissen unseres 'Wohnzimmerexperimentes'.

Rotierende Kreisel

Ein weiteres interessantes Beispiel einer instabilen Bewegung kann man bei dem sogenannten Umkehrkreisel beobachten. Er ist ein Kinderspielzeug, das aus einer einseitig abgeschnittenen Kugel besteht. An Stelle des fehlenden Segmentes befindet sich ein Stiel. In Ruhe liegt der Kreisel mit dem Stiel nach oben in einer stabilen Lage (Abbildung 10.15(a)). Wird er jedoch schnell genug um seine senkrechte Achse gedreht, so wird diese Lage instabil, und der Kreisel richtet sich langsam auf, bis er auf dem Stiel steht (Abbildung 10.15(b)). Der zur Instabilität führende Mechanismus ist schwer zu behandeln, er beruht auf Reibungskräften zwischen Kreisel und Unterlage.

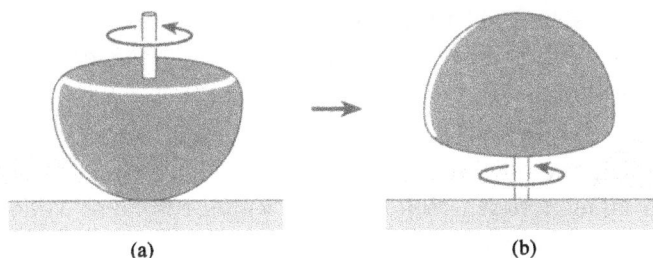

Abbildung 10.15: Ein Umkehrkreisel richtet sich auf.

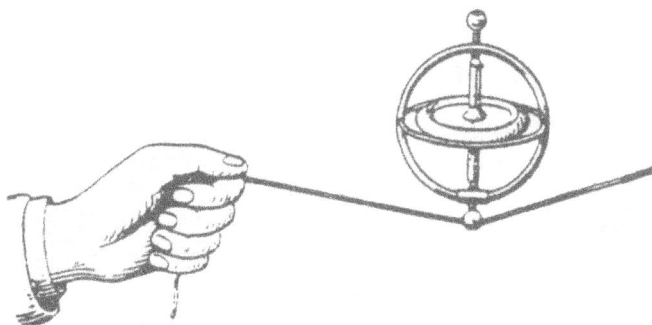

Abbildung 10.16: Ein Spielzeug-Gyroskop, das auf einer Schnur balanciert.

Die Stabilität des Zustandes (b) ist jedoch nicht mysteriöser als die eines gewöhnlichen, stehenden Kreisels (Abbildung 10.16). Wieder läßt sich das Problem mit Hilfe der linearen Stabilitätsanalyse angehen. Als Ergebnis erhält man, daß jenseits einer kritischen Winkelgeschwindigkeit Ω_c der aufrechtstehende Kreisel stabil ist. Es zeigt sich wie erwartet, daß Ω_c für lange, dünne Kreisel größer als für kurze, dicke ist.

Noch einmal das Reynoldssche Experiment

Eine der großen Schwierigkeiten mit speziell diesem Experiment ist, daß die lineare Stabilitätsanalyse für den Fluß in der Röhre (Abbildung 10.1) für beliebig hohe Geschwindigkeiten eine glatte, laminare Strömung als stabil vorhersagt.

Dies steht nicht im Widerspruch zu den Beobachtungen in Abbildung 10.2(b) und (c), denn die lineare Stabilitätsanalyse hat nur Gültigkeit für genügend kleine Störungen. Offensichtlich ist also ein Problem beim Reynoldsschen Experiment, daß bei genügend hohen Fließgeschwindigkeiten für eine laminare Strömung die Hintergrundstörungen viel kleiner sein müssen als in realen Experimenten realisierbar.

Der entscheidende Parameter ist jedoch nicht die Fließgeschwindigkeit U, sondern die dimensionslose Zahl

$$R = \frac{\rho U L}{\mu}, \tag{10.29}$$

die wir als Reynoldssche Zahl kennengelernt haben (siehe Abschnitt 9.3). Hierbei ist ρ die Dichte der Flüssigkeit, μ die Viskosität (siehe Abschnitt 9.8) und L der Durchmesser der Röhre.

Jüngste Experiment erzielten bis $R \sim 100\,000$ eine stabile, laminare Strömung. Jedoch war dafür ein außergewöhnlicher Aufwand erforderlich, Störungen insbesondere am Einlaß der Röhre zu minimieren. Wurde R noch weiter erhöht, so wurde die Strömung turbulent. Um wieder zu einer laminaren Strömung zurückzukehren, mußte R kleiner als ungefähr $2\,000$ werden. Das ganze System zeigt also eine Hysterese, die viel stärker ausgeprägt ist, als die in Abschnitt 10.4 behandelte.

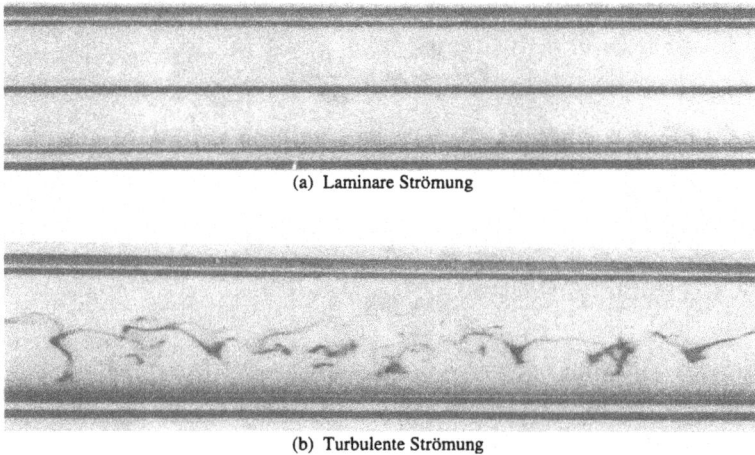

(a) Laminare Strömung

(b) Turbulente Strömung

Abbildung 10.17: Wiederholung des Reynoldsschen Experimentes (von van Dyke 1982).

Reynolds gelang es damals bis zu $R \sim 13\,000$ eine gerade, laminare Strömung stabil zu halten. Sein Originalaufbau steht noch immer im Strömungslabor der Manchester University. Vor einigen Jahren wurden an dem Originalaufbau die Experimente wiederholt, um die in Abbildung 10.17 gezeigten Aufnahmen der Strömung zu machen. Winzige Vibrationen durch den Straßenverkehr verhinderten jedoch, daß die Experimente so gut gelangen wie bei Reynolds vor gut 100 Jahren, als es nur Pferde und Kutschen gab.

Übungen

Aufgabe 10.1

Nehmen wir in (10.5) Reibung hinzu, so erhalten wir

$$\ddot{\theta} = -\tilde{k}\dot{\theta} - \sin\theta + S\left(2\cos\frac{\theta}{2} - 1\right)\sin\frac{\theta}{2}$$

(vergleiche Aufgabe 5.5). Gehen Sie die Gleichung mit dem Animationsprogramm PENDANIM an, wie es auf Seite 243 vorgeschlagen wird. Welche Konsequenzen haben verschiedene Anfangswerte für θ und $\dot{\theta}$. Bestätigen Sie die zwei Gleichgewichtszustände, die (10.11) für $S > 2$ vorhersagt.

Es sei $S = 10$ und $\tilde{k} = 0{,}1$. Die Anfangsbedingungen für $\tilde{t}$ seien $\theta = 0$ und $\dot{\theta} = 1{,}6$. An welchem der beiden stabilen Gleichgewichtszustände kommt das System schließlich zur Ruhe?

Aufgabe 10.2

Ein Körper der Masse m bewege sich in einem Zentralkraftfeld c/r^n um den Ursprung O. Zeigen Sie mittels (6.14) und (6.15), daß

$$\ddot{r} - \frac{h^2}{r^3} = -\frac{c}{mr^n},$$

wobei $h = r^2\dot{\theta}$ eine Konstante ist. Leiten Sie her, daß eine gleichförmige Bewegung auf einem Kreis $r = a$ mit einer Winkelgeschwindigkeit Ω möglich ist, wenn $\Omega^2 = c/ma^{n+1}$ ist.

Setzen Sie $r = a + \eta(t)$, wobei η klein gegenüber a sein soll. Linearisieren Sie die Differentialgleichung um $r = a$. Zeigen Sie, daß die Kreisbewegung im Zentralkraftfeld c/r^n instabil ist, wenn

$$n > 3.$$

Aufgabe 10.3

Betrachten Sie den mit Federn gestützten Stab in Abbildung 10.11. Wenn $|\theta|$ genügend klein ist, läßt sich (10.22) verwenden und man erhält die Gleichgewichtszustände $\theta = \theta_0$ durch $F(\theta_0) = \varepsilon$, wobei

$$F(\theta) = (1 - M)\theta + \frac{1}{6}M\theta^3$$

ist (siehe (10.23)).

Untersuchen Sie die Stabilität der Gleichgewichtszustände, indem Sie (10.22) um $\theta = \theta_0$ linearisieren. Zeigen Sie insbesondere, daß die Gleichgewichtszustände entlang der durchgezogenen Kurven in Abbildung 10.12 stabil sind, während sie entlang der gepunkteten Kurve in Abbildung 10.12(b) instabil sind.

Zeigen Sie, daß θ_0 für $M > 1$ springt, wenn ε allmählich über den kritischen Wert

$$|\varepsilon|_c = \left(\frac{8}{9}\frac{(M-1)^3}{M}\right)^{1/2},$$

steigt, was also die Gleichung für die Cusp-Kurve in der M-ε-Ebene in Abbildung 10.13 ist. Überprüfen Sie die Sprünge mit der Variation von PENDANIM auf Seite 243, die die gedämpfte Version von (10.22) numerisch integriert.

Aufgabe 10.4

Ein einfaches, gedämpftes Pendel sei einem konstanten Drehmoment Γ ausgesetzt. Man kann zeigen, daß die dimensionslose Gleichung der Bewegung

$$\ddot{\theta} + \tilde{k}\dot{\theta} + \sin\theta = \tilde{\Gamma}$$

ist (vergleiche Aufgabe 5.5), wobei

$$\tilde{\Gamma} = \frac{\Gamma}{mgl}$$

ist.

Zeigen Sie, daß es einen stabilen und einen instabilen Gleichgewichtszustand gibt, wenn $\tilde{\Gamma} < 1$, daß es jedoch überhaupt keinen Gleichgewichtszustand gibt, wenn $\tilde{\Gamma} > 1$.

Verwenden Sie die Abwandlung von PENDANIM auf Seite 244, um zu zeigen, daß sich das Pendel plötzliche von einem Gleichgewichtszustand in eine Drehbewegung um seine Aufhängung herum übergeht, wenn $\tilde{\Gamma}$ den Wert 1 überschreitet. Zeigen Sie darüber hinaus, daß man $\tilde{\Gamma}$ deutlich unter den Wert 1 senken muß, damit das Pendel wieder zur Ruhe kommt.

11 Nicht-lineare Oszillationen und Chaos

11.1 Einführung

Eines der 'einfachsten' dynamischen Systeme, das ein chaotisches Verhalten zeigt, wird durch

$$\ddot{x} + k\dot{x} + x^3 = A\cos\Omega t \qquad (11.1)$$

beschrieben. Es ist ein nicht-lineares Äquivalent zu dem klassischen Fall eines getriebenen Oszillators aus Abschnitt 5.2. Die Rückstellkraft ist aber proportional zu x^3 und nicht zu x. Typische numerische Lösungen sind in Abbildung 11.1 für eine recht große Amplitude der treibenden Kraft gezeigt.

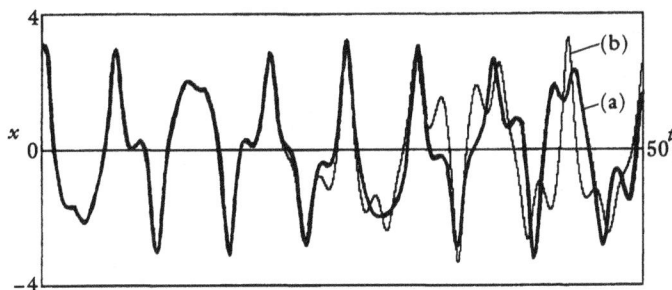

Abbildung 11.1: Numerische Lösungen von (11.1) mit $k = 0{,}05$, $\Omega = 1$, $A = 7{,}5$ und den Anfangsbedingungen (a) $x = 3$, $\dot{x} = 3$ und (b) $x = 3{,}003$, $\dot{x} = 3$.

Chaotische Oszillationen wie diese hier haben zwei wesentliche Besonderheiten. Als erstes ist der Kurvenverlauf unregelmäßig und scheinbar zufällig, es entstehen keine sich wiederholenden Muster. Und zweitens zeigen sie eine extreme Empfindlichkeit gegenüber den Anfangsbedingungen. Die dünnere Linie in Abbildung 11.1 ist die Lösung von (b), die sich in den Anfangsbedingungen nur um ein Promille von der ersten Lösung unterscheidet. Zunächst sind beide Lösungen praktisch nicht zu unterscheiden. Aber bereits nach fünf Oszillationen des treibenden Terms $A\cos\Omega$ hat man zwei deutlich verschiedene, chaotische Kurven.

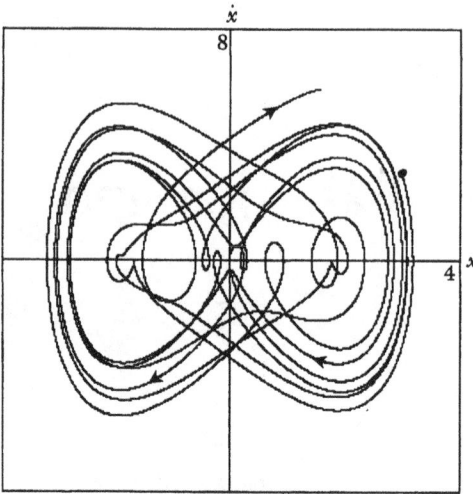

Abbildung 11.2: Die chaotische Oszillation aus Abbildung 11.1(a) dargestellt im Phasendiagramm.

In den vergangenen zwanzig Jahren ist es klar geworden, daß ein solches Verhalten für viele nicht-lineare Systeme völlig typisch ist, vorausgesetzt, daß einige bestimmte Bedingungen erfüllt werden, die wir in Abschnitt 11.3 behandeln werden.

Wir wollen jedoch betonen, daß Nichtlinearität keineswegs immer zu Chaos führt. In der Tat kann manchmal genau der gegenteilige Effekt eintreten. Wir werden im folgenden Abschnitt ein gutes Beispiel dafür kennenlernen.

11.2 Grenzzyklen, der Van-der-Pol-Oszillator

Das nicht-lineare System, das wir nun untersuchen werden, hat die interessante Eigenschaft, daß wenn man am Anfang nichts macht, weiterhin auch nichts passiert. Wenn man aber irgend etwas macht – egal was – so endet das System mit einer Schwingung mit einer bestimmten Amplitude und Frequenz, die von den Anfangsbedingungen unabhängig sind.

Das ursprüngliche Problem war, den in Abbildung 11.3 gezeigten Schaltkreis mit einer Triode mathematisch zu beschreiben. Die Kennlinie der Röhre sorgt für ein

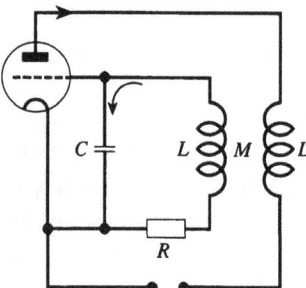

Abbildung 11.3: Der Van-der-Pol-Schaltkreis.

nicht-lineares System. Für den dimensionslos gemachten Strom x erhält man als bestimmende Differentialgleichung die sogenannte Van-der-Pol-Gleichung

$$\ddot{x} + \varepsilon(x^2 - 1)\dot{x} + x = 0, \tag{11.2}$$

wobei ε eine positive Konstante ist.

Für $\varepsilon = 0{,}1$ zeigt Abbildung 11.4 das allmähliche Einsetzen der Oszillation bei einem Anfangswert von x, der so klein ist, daß man ihn auf der Abbildung nicht sehen kann. Und, was wir schon angedeutet haben, ein enorm großer Anfangswert für x (oder $\dot{x}$) führt schließlich ebenfalls zu der selben Oszillation, die man für $t \geq 140$ in Abbildung 11.4 sieht. Die Amplitude der Oszillation ist fast gleich 2, und die Periode ist ungefähr 2π.

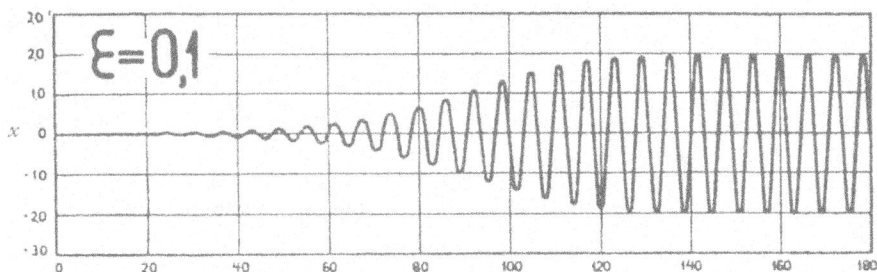

Abbildung 11.4: Eine 'selbst-erregte' Schwingung, entnommen aus der Originalarbeit von van der Pol (1926).

Die Selbsterregung läßt sich grob verstehen, indem man (11.2) mit dem linear gedämpften Oszillator (5.14) vergleicht. Der Koeffizient von $\dot{x}$ in (11.2) ist natürlich nicht konstant. Er ist allerdings positiv, wenn $|x| > 1$, so daß der ganze Term als Dämpfung wirkt. Ist $|x|$ jedoch kleiner, so ist der Koeffizient von $\dot{x}$ negativ, was eine Verstärkung zur Folge hat, wie ein negatives k in (5.14) (siehe (5.15)).

Wir gehen nun zum Phasenraum über und schreiben (11.2) in der Form

$$\begin{aligned}
\dot{x} &= y \\
\dot{y} &= -x - \varepsilon(x^2 - 1)y
\end{aligned} \tag{11.3}$$

(siehe Abschnitt 3.6 und 5.5). Es zeigt sich, daß die Bahnen, die in Ursprungsnähe starten, spiralförmig nach außen gehen. Abbildung 11.5 zeigt dies für den Fall $\varepsilon = 1$. Zwei andere Bahnen, die bei großen Anfangswerten starten, sind ebenfalls dargestellt. Alle Bahnen münden schließlich in einer geschlossenen Kurve, dem Grenzzyklus, die stärker gezeichnet wurde. Für diesen Wert von ε ist die Kurve eindeutig nicht kreisförmig. Das heißt, obwohl die Oszillation periodisch ist, ist sie keineswegs eine einfache harmonische Schwingung (vergleiche Abbildung 5.15).

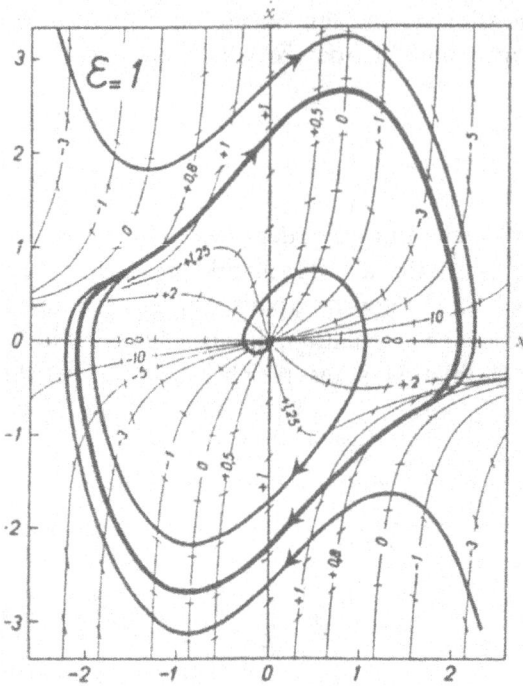

Abbildung 11.5: Annäherung an den Grenzzyklus im Phasenraum für $\varepsilon = 1$ in (11.2).
(Zur Originalzeichnung van der Pols wurden
nur ein paar Pfeile hinzugefügt.)

Relaxationsschwingung

Für noch größere Werte von ε verliert der Grenzzyklus jede Ähnlichkeit mit einer
Sinusschwingung. Jeder Zyklus beginnt damit, daß der Wert von x sehr langsam von 2
auf 1 sinkt, dann plötzlich auf -2 springt, um dann allmählich auf -1 zu steigen und
auf 2 zu springen, wo der Zyklus von neuem beginnt. Je größer ε ist, desto abrupter
werden die Sprünge und desto größer wird die Periode (Aufgabe 11.1).

Das allgemeine Verhalten, das in Abbildung 11.6 gezeigt ist, ist für nicht-lineare Systeme mit einem großen (oder kleinen) Parameter nicht ungewöhnlich. Man bezeichnet
es als Relaxationsschwingung.

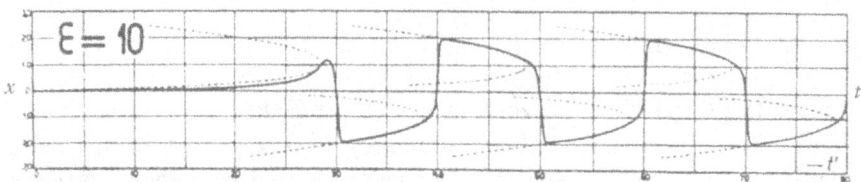

Abbildung 11.6: Annäherung an den Grenzzyklus der Van-der-Pol-Gleichung für $\varepsilon = 10$.

11.3 Bedingungen für Chaos

Wir kehren nun zu den chaotischen Oszillationen nicht-linearer Systeme zurück. Damit ein solches Verhalten eintreten kann, muß der zugehörige Phasenraum mindestens dreidimensional sein.

Oder andersherum ausgedrückt, Chaos kann nicht in einem zweidimensionalen autonomen System entstehen

$$\dot{x} = f(x, y),$$
$$\dot{y} = g(x, y). \tag{11.4}$$

Den Grund dafür findet man im Poincaré-Bendixon-Theorem, das wir im folgenden erklären.

Stellen wir uns zunächst vor, wir hätten die Gleichgewichtszustände von (11.4), so es welche gibt, gefunden. Das sind die Stellen an denen sowohl $f(x, y) = 0$ als auch $g(x, y) = 0$ ist. Nehmen wir weiterhin an, daß der Weg durch die Phasenebene an einem Punkt beginnt und einen bestimmten, begrenzten Bereich der Phasenebene nicht verlassen kann. Dann besagt das Poincaré-Bendixon-Theorem, daß die Bahn entweder (a) an einem Gleichgewichtspunkt endet, (b) zu dem Ausgangspunkt zurückkehrt,

Abbildung 11.7: Henry Poincaré (1854–1912).

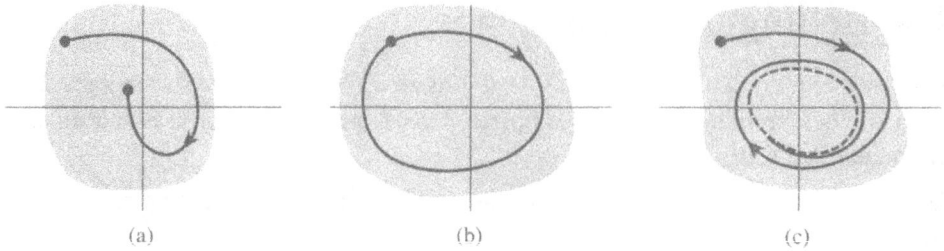

Abbildung 11.8: Illustration zum Poincaré-Bendixon-Theorem.

wodurch eine geschlossene Kurve entsteht, oder (c) sich einem Grenzzyklus annähert (Abbildung 11.8). Insbesondere gibt es jedoch keine chaotischen Lösungen.

Das Theorem ist sicherlich nicht trivial. Ein wichtiger Teilbeweis läßt sich jedoch sehr einfach herleiten. Aus (11.4) folgt nämlich unmittelbar, daß

$$\frac{dy}{dx} = \frac{g(x,y)}{f(x,y)}, \tag{11.5}$$

was der Steigung der Bahn in der Phasenebene in jedem Punkt einen festen Wert zuweist, außer für Gleichgewichtspunkte, da dort f und g null sind. Eine Bahn kann in einem zweidimensionalen autonomen System sich oder eine beliebige andere Bahn höchstens in einem Gleichgewichtspunkt kreuzen. Das läßt ein Verhalten, wie es in Abbildung 11.2 gezeigt ist, wo die Bahnen im Laufe der Zeit sich immer und immer wieder an den verschiedensten Stellen kreuzen, nicht zu.

Beachten Sie, daß das System in Abbildung 11.2 nicht von der Form (11.4) ist. Die zugrundeliegende Gleichung (11.1) ist zweiter Ordnung, aber nicht autonom. Wenn wir sie in ein autonomes System erster Ordnung umformen, erhalten wir

$$\begin{aligned}
\dot{x} &= y \\
\dot{y} &= -ky - x^3 + A\cos\Omega t \\
\dot{t} &= 1
\end{aligned} \tag{11.6}$$

(siehe Abschnitt 3.6). Woraus wir sehen, daß der zugehörige Phasenraum dreidimensional ist, in dem das Poincaré-Bendixon-Theorem keine Gültigkeit besitzt. Beachten Sie außerdem, daß wir in Abbildung 11.2 nur die Projektion einer chaotischen Bahn in die x-y-Ebene sehen. Tatsächlich verläuft die Bahn aus der Papierebene heraus mit gleichmäßig zunehmender Höhe, was einer positiven t-Richtung entspricht. Auch er kreuzt sich also niemals.

Es gibt natürlich auch Fälle, in denen der Phasenraum eines Systems ganz offensichtlich dreidimensional ist. Ein berühmtes Beispiel folgt im nächsten Abschnitt.

11.4 Die Lorenz-Gleichungen

Diese Gleichungen wurden das erste Mal 1963 als drastisch vereinfachtes Modell thermischer Konvektion in einer Flüssigkeitsschicht aufgestellt. Ihre 'gebräuchlichste' Form ist

$$
\begin{aligned}
\dot{x} &= 10(y-x), \\
\dot{y} &= rx - y - zx, \\
\dot{z} &= -\frac{8}{3}z + xy,
\end{aligned}
\tag{11.7}
$$

wobei r ein konstanter Parameter ist.

Im ursprünglichen Kontext war r ein Maß für den Temperaturunterschied zwischen Ober- und Unterseite der Flüssigkeitsschicht, welcher die treibende Kraft der Konvektion darstellt. In diesem Modell ist x die Strömungsgeschwindigkeit, und y und z geben auf grobe Weise bestimmte allgemeine Eigenschaften der Temperaturverteilung wieder. Bald richtete sich aber das Hauptinteresse auf die mathematischen Eigenschaften der Gleichungen. Auch wir werden sie aus diesem Grund hier behandeln.

Als erster Schritt bietet sich an, nach Gleichgewichtszuständen von (11.7) zu schauen und zu überprüfen, ob sie stabil oder instabil sind (siehe Abschnitt 10.2 und 10.3). Der Ursprung

$$
x = 0, \qquad y = 0, \qquad z = 0
\tag{11.8}
$$

ist offensichtlich ein Gleichgewichtszustand für alle r. Er ist nach der linearen Stabilitätsanalyse jedoch nur für $r < 1$ stabil. Wird r über 1 erhöht, so finden sich zwei 'neue' Gleichgewichtszustände bei

$$
x = y = \pm\sqrt{\frac{8}{3}(r-1)}, \qquad z = r - 1.
\tag{11.9}
$$

Diese Zustände existieren für alle $r > 1$, aber es zeigt sich, daß sie nur für $1 < r < 24{,}74$ stabil sind. Darüber hinaus gibt es keine Gleichgewichtspunkte.

In Abbildung 11.9 ist für $r = 28$ ein typisches Ergebnis einer numerischen Näherung dargestellt. Verwendet wurde dazu das Programm NXT. Das chaotische Verhalten der Lösung äußert sich nicht nur in der Irregularität, sondern auch in der extremen Empfindlichkeit gegenüber den Anfangsbedingungen. Bereits bei einem Unterschied von einem Promille laufen die Lösungen für $t > 13$ auseinander. Und selbst wenn wir den Unterschied auf 1 zu 100 000 verringern, stimmen die Lösungen nur bis $t \sim 16$ überein.

Lorenz erkannte, daß dieses Verhalten eine allgemeine Eigenschaft irregulärer Oszillationen in nicht-linearen Systemen ist. Er fand darüber hinaus, daß die extreme

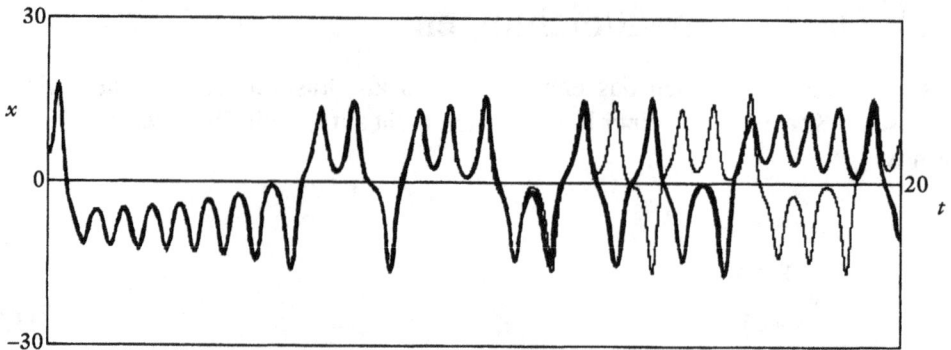

Abbildung 11.9: Die numerische Lösungen der Lorenz-Gleichung (11.7) für $r = 28$ und mit $(x, y, z) = (x_0, 5, 5)$ bei $t = 0$. Bei der stärkeren Linie ist $x_0 = 5,000$ bei der dünneren ist $x_0 = 5,005$.

Empfindlichkeit gegenüber den Anfangsbedingungen der wesentlich Grund für die Irregularität ist. Über die praktischen Konsequenzen schrieb er 1963 in seinem Aufsatz, daß

... Wenn unsere Ergebnisse ... auf die Atmosphäre übertragen werden, ... so zeigen sie, daß Vorhersagen über einen längeren Zeitraum unmöglich sind, egal welche Methode angewandt wird und wie genau die momentane Wetterlage bekannt ist. Mit Hinblick auf die unvermeidlichen Ungenauigkeiten und der Unvollständigkeit der Wetterbeobachtung scheint eine Wettervorhersage über sehr langen Zeitraum nicht existent.

Es überrascht nicht, daß chaotische Oszillationen ebenfalls sehr empfindlich auf die Fehler reagieren, die sich naturbedingt durch die Näherung bei jedem Rechenschritt einer numerischen Methode einschleichen. Dieser Aspekt verdient deswegen besondere Aufmerksamkeit. Die Berechnungen für Abbildung 11.9 wurden mit doppelt genauer Fließkommaarithmetik im Runge-Kutta-Verfahren ausgeführt. Der Zeitschritt war $h = 0,001$. Das Ergebnis wurde durch zusätzliche Berechnungen mit $h = 0,002$ und $h = 0,0005$ bestätigt. Ein deutlich größerer Zeitschritt von $h = 0,01$ führt nicht mehr zu korrekten Ergebnissen, noch nicht einmal auf dem relativ kurzen Intervall $0 < t < 20$ von Abbildung 11.9.

Das Verständnis für die chaotische Oszillation kann weiter vertieft werden, indem man sich die Bewegung eines Punktes (x, y, z) im Phasenraum betrachtet, der sich aus (11.7) ergibt. Abbildung 11.10 zeigt die Lösung mit den Anfangsbedingungen $(5, 5, 5)$ aus Abbildung 11.9 als Projektion der Bahn im Phasenraum auf die x-z-Ebene. Auch wenn es auf der Projektion anders aussieht, im dreidimensionalen Phasenraum schneidet sich die Bahn nirgends. Wenn es der Vorstellung hilft, kann man sich zwei Schallplatten denken, die etwa im rechten Winkel aneinandergehalten werden und deren Löcher je einen Gleichgewichtszustand (11.9) repräsentieren. Der Zustand bewegt sich im Phasenraum rasch von $(5, 5, 5)$ zu einer Stelle auf der linken 'Schallplatte', dreht sich dann entlang einer 'Rille' nach außen, wechselt dann ziemlich plötzlich zur rechten 'Schallplatte', wo sich das Spiel wiederholt. Diese einfache Analogie spiegelt jedoch

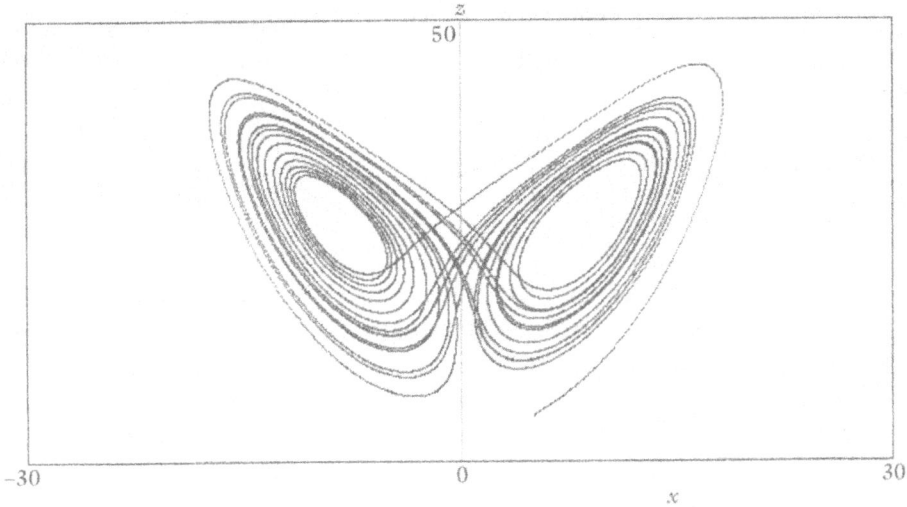

Abbildung 11.10: Die Oszillation aus Abbildung 11.9 für $x_0 = 5$ im Phasenraum projiziert auf die x-z-Ebene.

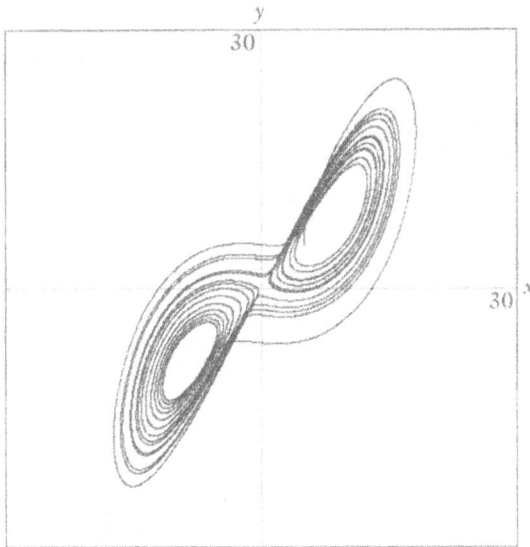

Abbildung 11.11: Die gleiche Oszillation, aber eine andere Projektion des Phasenraumes als in Abbildung 11.10.

nicht die tatsächlich sehr viel komplexere Situation wieder. Denn der sogenannte seltsame Attraktor in Abbildung 11.10 ähnelt weniger zwei Schallplatten, sondern vielmehr zweier unendlicher Stapel unendlich dünner Schallplatten, von der jede eine andere Rillung aufweist.

Ein einfacher Hinweis darauf, daß hier etwas wirklich seltsames passiert, erhält man, wenn man sich wie in Abschnitt 9.2 dargestellt den Phasenraum mit einer fiktiven

Flüssigkeit gefüllt vorstellt. Betrachten wir also (11.7) als eine Flüssigkeit, die den Phasenraum durchfließt, so haben wir $u = 10(y - x)$ usw., und für die Divergenz erhalten wir

$$\frac{\partial u}{\partial x} + \frac{\partial v}{\partial y} + \frac{\partial w}{\partial z} = -10 - 1 - \frac{8}{3} = -13\frac{2}{3}, \tag{11.10}$$

was negativ ist.

Betrachten wir nun einen kleines Tröpfchen dieser Phasenflüssigkeit um $(5,5,5)$ herum. Da dieses einen ganzen Satz leicht unterschiedlicher Anfangsbedingungen repräsentiert, und wir wissen, daß das Ergebnis darauf sehr empfindlich reagiert, wissen wir, daß das Tröpfchen innerhalb kurzer Zeit enorm deformiert und über den ganzen Attraktor in Abbildung 11.10 verteilt wird. Andererseits besagt das Ergebnis (11.10), daß das Tröpfchen während der ganzen Zeit an Volumen abnimmt. Die Divergenz von $-13{,}667$ entspricht sogar einer recht spektakulären Schrumpfungsrate. Mit jeder weiteren Oszillation in Abbildung 11.9 verringert sich das Volumen des Phasentröpfchens um etwa den Faktor 14 000.

11.5 Chaotisches Mischen: Streckung und Faltung

Otto Rössler erfand 1976 ein anderes System dritter Ordnung, das uns einen leichteren geometrischen Zugang liefert, um die Ursache von chaotischem Verhalten zu verstehen. In ihrer üblichen Form sind die Gleichungen

$$\begin{aligned}
\dot{x} &= -y - z, \\
\dot{y} &= x + 0{,}2y, \\
\dot{z} &= 0{,}2 + (x - c)z, \tag{11.11}
\end{aligned}$$

wobei c ein konstanter Parameter ist. Im Gegensatz zu den Lorenz-Gleichungen gibt es nur einen nicht-linearen Term, nämlich xz in der untersten Gleichung von (11.11).

Abbildung 11.12(a) zeigt eine typische chaotische Bahn im Phasenraum für $c = 5{,}7$. Für eine längeren Zeitraum ist z sehr klein, so daß sich x und y näherungsweise nach den vereinfachten Gleichungen

$$\begin{aligned}
\dot{x} &= -y, \\
\dot{y} &= x + 0{,}2y,
\end{aligned}$$

verhalten, so daß

$$\ddot{x} - 0{,}2\dot{x} + x = 0 \tag{11.12}$$

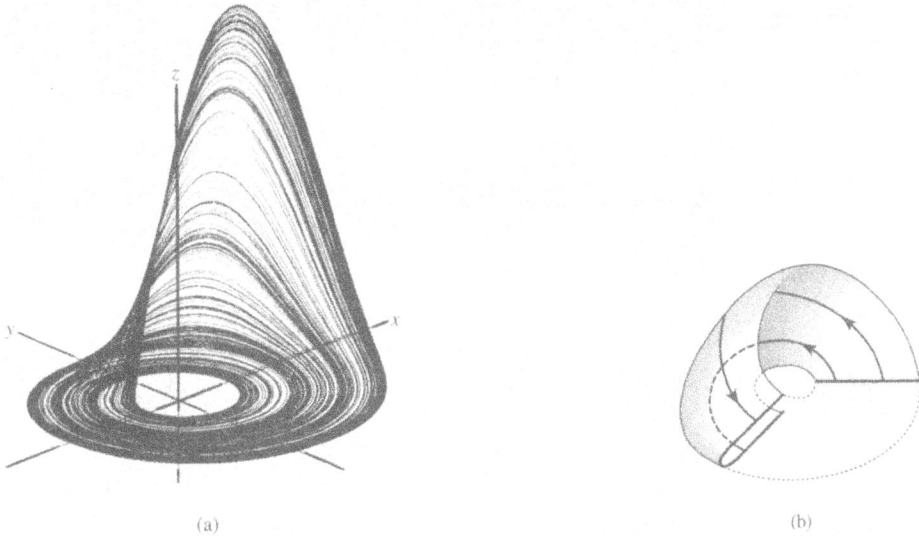

Abbildung 11.12: (a) Eine typische chaotische Bahn der Rössler-Gleichungen (11.11) im Phasenraum; $c = 5,7$. (b) Schematische Darstellung des wiederholten Prozesses von Streckung und Faltung der Strömung im Phasenraum. (Nach Peitgen et al. 1992.)

ist, was einer anwachsenden Oszillation entspricht (vergleiche (5.14)). Im Phasenraum ist das eine in der x-y-Ebene nach außen verlaufende Spirale. Irgendwann jedoch wird x größer als c, was in der untersten Gleichung von (11.11) für ein exponentielles Wachstum von z sorgt und die Bahn rasch aus der x-y-Ebene emporsteigen läßt. Ein großer Wert für z sorgt jedoch in der ersten Gleichung von (11.11) für einen großen, negativen Wert für $\dot{x}$, was wiederum x unter c drückt, so daß der Vorgang von vorne beginnt.

Man kann sich leicht vorstellen, wie die Strömung im Phasenraum auf diese Weise ein Stück der Fläche (Abbildung 11.12(b)) immer wieder streckt und faltet, so daß ursprünglich benachbarte Punkte schon bald weit verstreut sind, selbst, wenn sie sehr eng beieinander waren. Ganz allgemein scheint die Sensitivität gegenüber den Anfangsbedingungen, die ein Kennzeichen für Chaos ist, auf dem Mechanismus von Streckung und Faltung zu beruhen.

11.6 Ein Weg ins Chaos: Periodenverdopplung

Meist zeigen Systeme nur dann ein chaotisches Verhalten, wenn relevante Parameter sich in einem bestimmten Bereich befinden. Haben sie andere Werte, so verhält sich das System normal. Eine naheliegende Frage ist also, wie verläuft der Übergang zu chaotischem Verhalten oder davon weg, wenn ein Parameter allmählich verändert wird? Wir werden dieses Problem bis zu einem gewissen Grade mit dem Programm NVARY untersuchen.

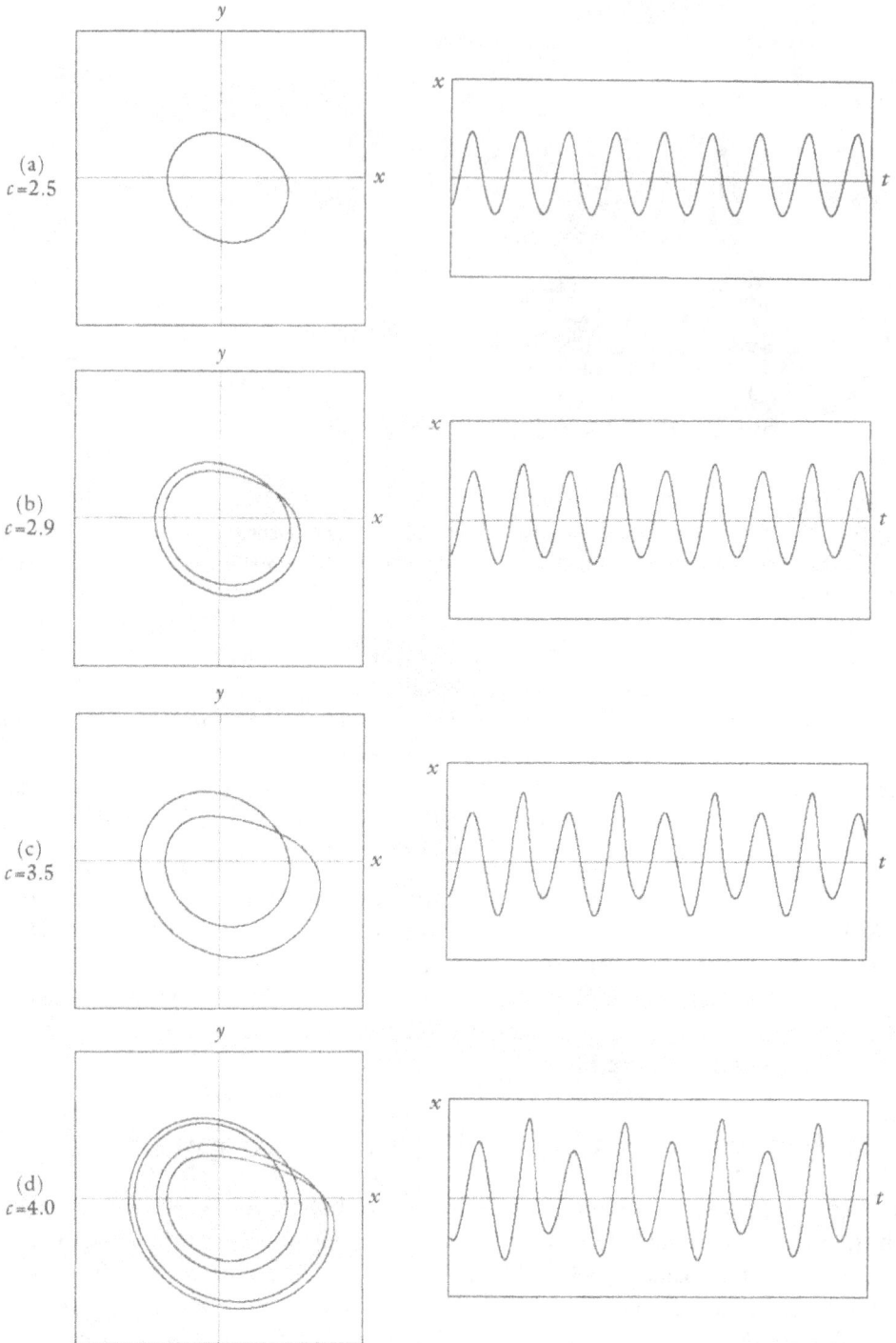

Abbildung 11.13: Eine Reihe von Periodenverdopplungen bei den Rössler-Gleichungen (11.11).

Die Rössler-Gleichungen (11.11) bieten ein gutes Beispiel für einen üblichen Weg ins Chaos, den man Periodenverdopplung nennt. Fangen wir zum Beispiel mit $c = 2{,}5$ an. Für einen weiten Bereich an Anfangsbedingungen kommt das System schließlich zu dem in Abbildung 11.13(a) gezeigten Grenzzyklus. Erhöht man c, so ergeben sich zunächst nur unmerkliche Veränderungen in Amplitude und Periodendauer der Oszillation. Überschreitet man jedoch den Wert von 2,83, so kehrt das System nicht mehr nach einer Periode an den Ausgangspunkt zurück, sondern erst nach zwei Perioden (Abbildung 11.13(b)). Für $c = 3{,}5$ ist das Verhalten noch ausgeprägter (Abbildung 11.13(c)), und bei $c = 3{,}84$ wiederholt sich die Verdopplung, so daß nunmehr erst nach vier Perioden der Ausgangszustand erreicht wird (Abbildung 11.13(d). Wird c weiter erhöht, so ereignen sich die Verdopplungen in immer dichteren Abständen, bis bei $c = 4{,}2$ die Oszillation chaotisch abläuft, ohne daß sich ein Muster exakt wiederholt.

11.7 Mehrfachlösungen und 'Sprünge'

Wir beenden dieses Kapitel mit der Bemerkung, daß nicht-lineare Systeme in unterschiedlicher Weise oszillieren können, selbst für ein und denselben Satz an Parametern. Die Anfangsbedingungen sind dann für das beobachtete Verhalten verantwortlich.

Der getriebene kubische Oszillator

$$\ddot{x} + k\dot{x} + x^3 = A\cos\Omega t \tag{11.13}$$

bietet dafür ein Beispiel (siehe Abschnitt 11.1). Abbildung 11.14 zeigt eine chaotische Lösungen und eine periodische mit einer Frequenz von $\frac{1}{3}\Omega$, die beide bei dem gleichen Parametersatz auftreten können. In Aufgabe 11.5 werden wir ein Beispiel haben, bei dem fünf verschiedene Grenzzyklen bei einem bestimmten Parametersatz erreicht werden können.

Ein frühes Beispiel für solche Mehrfachlösungen zeigte sich 1918 im Zusammenhang mit dem getriebenen Duffing-Oszillator.

$$\ddot{x} + k\dot{x} + \alpha x + \beta x^3 = A\cos\Omega t, \tag{11.14}$$

von dem (11.13) lediglich ein Grenzfall ist. Die Gleichung ergibt sich direkt aus dem Problem eines angetriebenen Oszillators aus Abbildung 5.2 für $m = 1$ und für eine Feder, die sich bei Kompression genauso verhält wie bei Expansion. Das heißt, daß $F(x)$ eine ungerade Funktion ist, daß $-F(x) = F(-x)$ ist. Wenn wir $F(x)$ durch eine Taylor-Reihe um $x = 0$ annähern, jedoch zwei anstatt nur einen Term verwenden (vergleiche (5.9)), erhalten wir $F(x) \approx \alpha x + \beta x^3$, da der x^2-Term null sein muß. Der Koeffizient $\beta = \frac{1}{6}F'''(0)$ kann positiv oder negativ sein, je nach Art der Feder. Wir werden im folgenden $\beta > 0$ annehmen wie in Abbildung 5.2(b), und wir wollen unsere

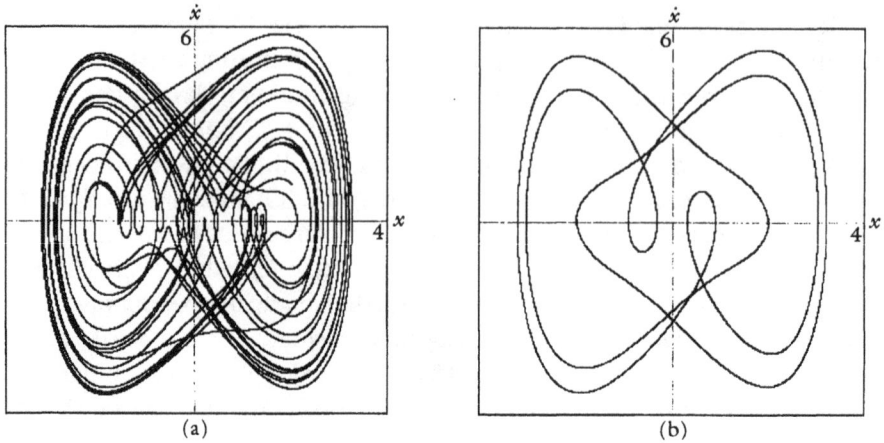

(a)   (b)

Abbildung 11.14: Zwei Möglichkeiten der Oszillation von (11.13) für die gleichen Parameterwerte $k = 0,2$, $\Omega = 1$, $A = 8,0$. (a) Chaotisch, erzielt durch $x = 1$, $\dot{x} = 0$ bei $t = 0$. (b) Periodisch (nachdem das System sich eingeschwungen hat), Periodendauer von 6π, erreicht durch $x = 0$, $\dot{x} = 0$ bei $t = 0$.

Aufmerksamkeit auf periodische Oszillationen des Systems (11.14) bei der Frequenz Ω der treibenden Kraft beschränken.

Ist die Amplitude A der treibenden Kraft klein, so daß auch die Amplitude von x recht klein ist, dann läßt sich der kubische Term in (11.14) praktisch vernachlässigen und das System ist im wesentlichen linear. Die Amplitude der resultierenden Oszillation ist dann am größten, wenn Ω nahe der Eigenfrequenz $\omega = \sqrt{\alpha}$ ist, jedoch hält die Dämpfung die Amplitude endlich, selbst wenn $\Omega = \omega$ ist (Abbildung 11.15(i), vergleiche auch Abbildung 5.7(b)).

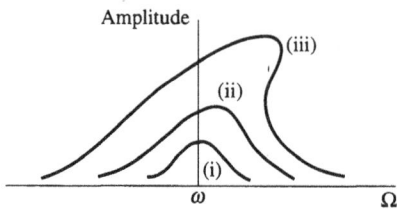

Abbildung 11.15: Skizze der Schwingungsamplitude als Funktion der Frequenz Ω der treibenden Kraft von (11.14) um den Punkt der linearen Resonanz $\Omega = \omega$ für drei verschiedene Werte von A.

Wird die Amplitude der treibenden Kraft etwas erhöht, so führt der kubische Term in (11.14) zu einer ausgeprägten Asymmetrie um $\Omega = \omega$. Das Maximum der Amplitude wird dann zu größeren Ω hin verschoben (Abbildung 11.15(ii)). Für noch größeres A kann sich der Verlauf 'überschlagen' (Abbildung 11.15(iii)). Es gibt dann einen Bereich für die Frequenz Ω der treibenden Kraft, für die drei verschiedene Oszillationen mit der selben Frequenz Ω möglich sind.

Es gibt hier eine eindeutige Parallele zu den mehrfachen Gleichgewichtszuständen in Kapitel 10, insbesondere mit den Abbildungen 10.12 und 10.13. Wie man vermuten wird, sind die Oszillationen mit mittlerer Amplitude instabil. Daraus ergeben sich bei

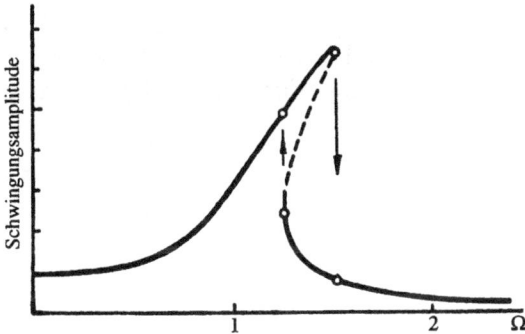

Abbildung 11.16: Das 'Sprung'-Phänomen und die Hysterese des getriebenen Duffing-Oszillators (11.14), mit $k = 0{,}1$, $\alpha = 1$, $\beta = 0{,}04$, $A = 1$.

Änderung der Frequenz der treibenden Kraft plötzliche Sprünge in der Amplitude und damit verbunden weist das System eine Hysterese auf (Abbildung 11.16, vergleiche auch Abschnitt 10.4). Die ganzen Ergebnisse lassen sich sehr hübsch mit dem Programm NVARY nachvollziehen.

Übungen

Aufgabe 11.1

Untersuchen Sie die Van-der-Pol-Gleichung mit Hilfe des Programmes NXT. Vollziehen Sie die Selbsterregung von Oszillationen in Abbildung 11.4 und 11.6 nach. Überprüfen Sie die Unabhängigkeit von den Anfangsbedingungen. Untersuchen Sie dann, wie die Periode der Oszillation von ε abhängt, wenn ε groß ist.

(Zwar läßt sich (11.2) nicht exakt lösen, mit sogenannten asymptotischen Methoden, die außerhalb des Rahmens dieses Buches liegen, kann man aber eine Näherungslösung für große ε erlangen. Die Periode der Oszillation ergibt sich zu $(3 - 2\ln 2)\varepsilon \approx 1{,}614\varepsilon$.)

Aufgabe 11.2

Als ein Beispiel für Gleichungen der Form (11.4) und einen Grenzzyklus untersuchen wir das System

$$\dot{x} = y + \varepsilon x(1 - x^2 - y^2),$$
$$\dot{y} = -x + \varepsilon y(1 - x^2 - y^2),$$

wobei ε eine positive Konstante ist. Zeigen Sie, daß das System einen Grenzzyklus besitzt, indem Sie zu den Polarkoordinaten r, θ mit $x = r\cos\theta$ und $y = r\sin\theta$ übergehen. Überprüfen Sie das Ergebnis mit mehreren numerischen Integrationen in der x-y-Ebene, die Sie mit dem Programm 2PHASE ausführen.

Aufgabe 11.3

Zwei notwendige Bedingungen für Chaos sind erstens, daß das System nicht-linear ist, und zweitens, daß sein Phasenraum mindestens dreidimensional ist (siehe Abschnitt 11.3).

Kann in einem eindimensionalen, nicht-autonomen System

$$\dot{x} = f(x,t)$$

Chaos auftreten?

Es ist wichtig zu bemerken, daß die beiden oben genannten Bedingungen zwar notwendig, aber nicht hinreichend für Chaos sind. Das sieht man zum Beispiel an den Eulerschen Gleichungen (10.25), die die Drehung eines starren Körpers beschreiben:

$$A\dot{x} = (B - C)yz,$$
$$B\dot{y} = (C - A)zx,$$
$$C\dot{z} = (A - B)xy, \qquad\qquad (11.15)$$

A, B und C seien Konstanten. Dieses autonome System ist offensichtlich nicht-linear und dreidimensional. Zeigen Sie aber, daß sich aus diesen Gleichungen ein erstes Integral herleiten läßt, das heißt, daß folgende Beziehung

$$F(x,y,z) = \text{Konstante}$$

erfüllt wird. Erklären Sie, warum daraus direkt folgt, daß das System kein chaotisches Verhalten zeigen kann.

Aufgabe 11.4

Nehmen Sie das Programm NSENSIT auf Seite 235, um für die Lorenz-Gleichungen für $r = 28$ die Sensitivität gegenüber den Anfangsbedingungen nachzuweisen. Verwenden Sie dann NVARY, um die Folgen von Periodenverdopplungen bei den Rössler-Gleichungen in Abbildung 11.13 nachzuprüfen. Was passiert, wenn c allmählich weiter erhöht wird, zum Beispiel bis $c = 6$?

Aufgabe 11.5

Nehmen Sie das Programm NXT, um damit für den getriebenen kubischen Oszillator,

$$\ddot{x} + k\dot{x} + x^3 = A\cos\Omega t,$$

das chaotische Verhalten und die Sensitivität gegenüber den Anfangsbedingungen nachzuvollziehen, wie sie in Abbildung 11.1 gezeigt sind.

Unter Verwendung von NXTWAIT auf Seite 238 zeigen Sie dann, daß das System für die Parameterwerte $k = 0,08$, $\Omega = 1$ und $A = 0,2$ fünf mögliche Grenzzyklen besitzt. (Versuchen Sie es für die Anfangswerte von x mit 1, $0,2$, $-0,9$, $-0,7$ und 0 sowie $\dot{x} = 0$ für $t = 0$.)

Aufgabe 11.6

Der Weg ins Chaos über Periodenverdopplung kann sehr schön an der iterativen Gleichung

$$x_{n+1} = \lambda x_n (1 - x_n) \tag{11.16}$$

gesehen werden, die ihre Wurzeln in einem vereinfachten Populationsmodell hat (vergleiche (3.15)).

Schreiben Sie ein Programm, daß, ausgehend von einem Startwert x_0 zwischen 0 und 1, die Werte für $x_1, x_2, x_3, \ldots$ berechnet. Zeigen Sie, daß

(a) $x_n \to 0$, wenn $0 < \lambda < 1$,

(b) $x_n \to 1 - 1/\lambda$, wenn $1 < \lambda < 3$,

(c) x_n schließlich zwischen zwei Werten hin- und herspringt, wenn $3 < \lambda < 3,449$,

(d) x_n schließlich zwischen vier Werten hin- und herspringt, wenn λ noch ein wenig erhöht wird,

(e) die Periodenverdopplung sich fortsetzt (in der Tat unendlich), wenn λ sich dem Wert $3,570$ nähert, und daß darüber ein Bereich von λ liegt, in dem x_n in Abhängigkeit von n ein chaotisches Verhalten zeigt (Abbildung 11.17).

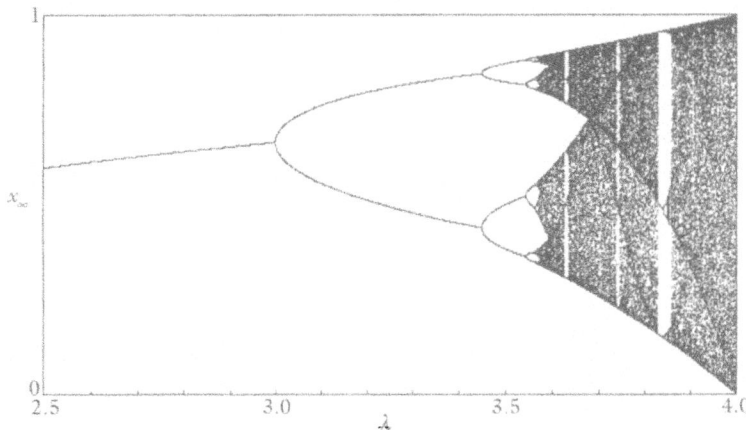

Abbildung 11.17: Eine 'Kaskade' von Periodenverdopplungen, die ins Chaos von (11.16) führen. Die Abbildung zeigt die Werte von x_n, auf die sich die Gleichung bei sehr großen n eingependelt hat.

12 Das verkehrte Pendel

12.1 Einführung

Das Pendel ist eines der ältesten Forschungsgegenstände der Wissenschaft, dennoch hält es noch immer Überraschungen parat.

Einer seiner erstaunlichsten Eigenschaften entdeckte der Mathematikdozent Andrew Stephenson an der Manchester University im Jahre 1908. Er zeigte, daß es möglich ist, ein starres Pendel in seiner umgedrehten Position zu stabilisieren, wenn sein Aufhängungspunkt mit hoher Frequenz auf- und abbewegt wird (Abbildung 12.1).

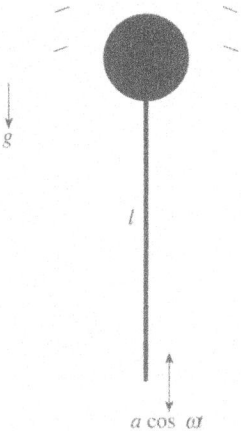

g

l

$a \cos \omega t$

Abbildung 12.1: Ein umgedrehtes Pendel, das durch eine oszillierende Aufhängung stabilisiert wird.

Wir nehmen der Einfachheit halber an, daß das Pendel aus einem leichten starren Stab der Länge l mit einer Punktmasse an einem Ende besteht. Wenn der Aufhängungspunkt mit einer Amplitude a vibriert, die klein ist im Vergleich zu l, so kann man zeigen, daß der umgedrehte Zustand stabil ist, wenn

$$\omega > \frac{\sqrt{2gl}}{a}, \tag{12.1}$$

wobei ω die Frequenz der Bewegung des Aufhängungspunktes bezeichnet.

In der Praxis folgen daraus recht hohe Werte für ω: zum Beispiel ist für $l = 10\,\mathrm{cm}$ und $a = 1\,\mathrm{cm}$ der Mindestwert von $\omega/2\,pi$ etwa 22 Hz. Dennoch kann man sich nur schwer vorstellen, wie der Balanceakt gelingen kann. Jeder weiß – wenigstens im Prinzip –, wie ein Stab auf der flachen Hand balanciert wird. Doch dabei wird der 'Aufhängungspunkt' seitlich verschoben, je nachdem in welche Richtung der Stab kippt. Bei unserem Balanceakt in Abbildung 12.1 gibt es jedoch keine derartige Rückkopplung, die Aufhängung bewegt sich nur in der Senkrechten und mit gleichmäßiger Frequenz.

Spätere Untersuchungen haben ergeben, daß der umgedrehte Zustand auch mit kleineren Frequenzen ω und dafür größeren Amplituden a stabilisiert werden kann, vorausgesetzt, daß sie im schattierten Bereich von Abbildung 12.2 liegen, das heißt zwischen den Kurven L und R. Erstere entspricht dem Stephensonschen Kriterium (12.1), wenn a/l klein ist.

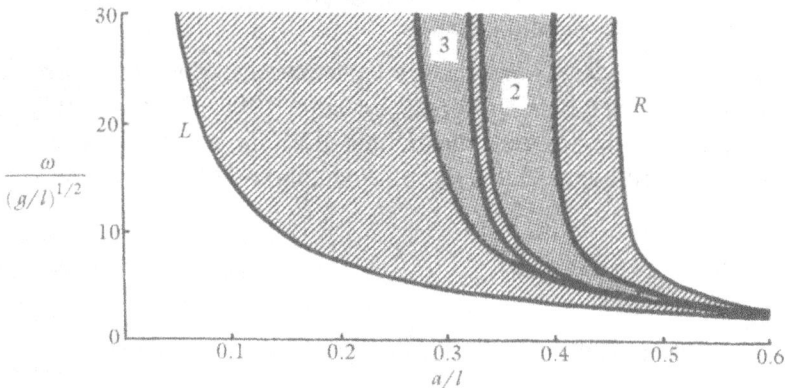

Abbildung 12.2: Bereich der Stabilität des umgedrehten getriebenen Pendels aus Abbildung 12.1. In das Modell wurde eine dämpfende Reibungskraft eingeführt mit $\bar{k} = 0,1$ (siehe Gleichung (12.13). In den Bereichen 2 und 3 vollführt das Pendel einen stabilen Tanz (siehe Abbildung 12.3).

Das ist jedoch noch nicht alles. Vor etwa ein bis zwei Jahren entdeckte ich, daß das Pendel in den Bereichen 2 und 3 in Abbildung 12.2 auf andere Weise das Umkippen verhindert. Im schraffierten Bereich gelten die Aussagen von Stephenson, mit der Zeit nähert sich hier das Pendel immer dichter der Senkrechten an. In den beiden anderen Bereichen vollführt jedoch das Pendel einen stabilen 'Tanz' um die Mittellinie herum, ohne jemals unter den Aufhängungspunkt zu sinken (Abbildung 12.3). Im Bereich 2 (Abbildung 12.3(a)) vollführt das Pendel zwei und im Bereich 3 (Abbildung 12.3(b)) drei 'Hüpfer' auf jeder Seite, bevor es die Seite wechselt. Diese Grenzzyklen werden aber nur dann anstelle von dem einfachen Zustand in Abbildung 12.1 erreicht, wenn das Pendel zur Zeit $t = 0$ genügend weit aus der Vertikalen gekippt war (Aufgabe 12.1).

In Abschnitt 12.5 werden wir eine weitere Eigenschaft des umgedrehten Pendels darstellen, die noch stärker der Intuition zuwiderläuft. Doch zuvor wollen wir allgemeinere Aspekte der Pendelbewegung behandeln, die in der modernen Forschung von Relevanz sind.

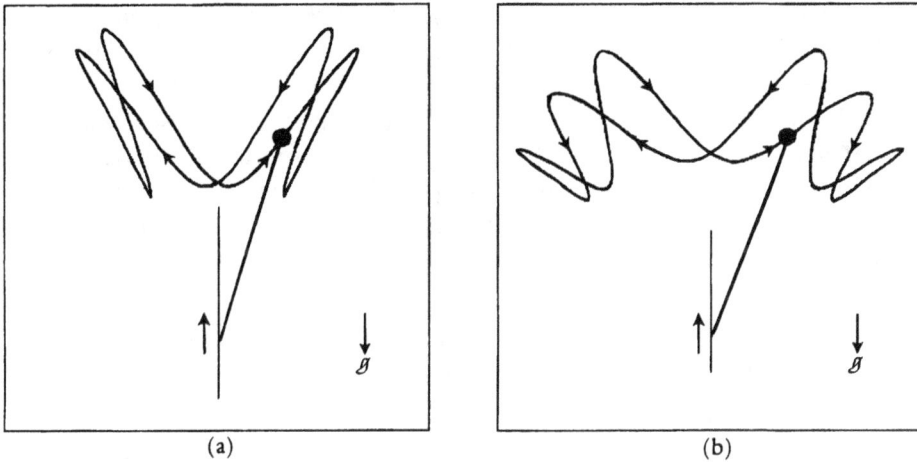

(a)   (b)

Abbildung 12.3: Stabile 'Tanz'-Bewegung eines getriebenen umgedrehten Pendels. (a) Eine periodische Bewegung mit der Frequenz $\frac{1}{4}\omega$ im Bereich 2 in Abbildung 12.2 mit $a/l = 0{,}45$ und $\omega = 5(g/l)^{1/2}$. Sie wird zum Beispiel für $\theta = \pi$ und $\mathrm{d}\theta/\mathrm{d}t = 1{,}3(g/l)^{1/2}$ bei $t = 0$ erreicht. (b) Eine periodische Bewegung mit der Frequenz $\frac{1}{6}\omega$ im Bereich 3 in Abbildung 12.2 mit $a/l = 0{,}33$ und $\omega = 10(g/l)^{1/2}$. Sie wird zum Beispiel für $\theta = \pi$ und $\mathrm{d}\theta/\mathrm{d}t = 2{,}6(g/l)^{1/2}$ bei $t = 0$ erreicht.

Wir drehen nun die Zeit zurück in das Jahr 1687, und wenden uns Pendelversuchen zu, die damals für die Entwicklung der Mechanik von Bedeutung waren.

12.2 Historische Pendelversuche

Stöße zweier Körper gehörten zu den ersten Problemen, die in den frühen Tagen der Mechanik erfolgreich angegangen wurden. Sie spielten eine bedeutende Rolle in der Entwicklung der Mechanik überhaupt. Tatsächlich hat Newton sein drittes Gesetz 'actio gleich reactio' im wesentlichen auf seinen Studien solcher Probleme gegründet.

Damals bestand das größte experimentelle Problem darin, die Geschwindigkeit der

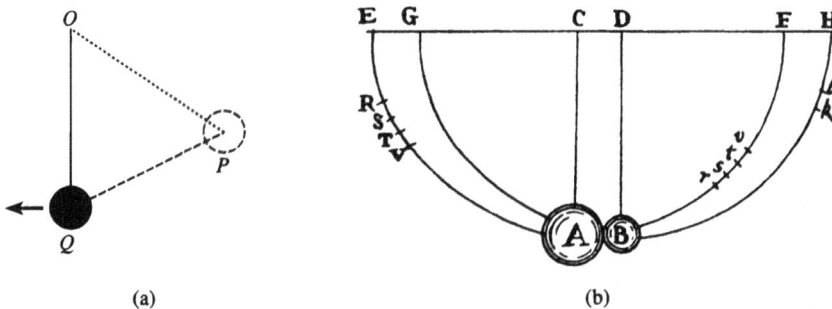

(a)   (b)

Abbildung 12.4: (a) Ein einfaches Pendel. (b) Skizze eines Stoßexperimentes aus Newtons *Prinzipia* (1687).

beiden Körper unmittelbar vor und nach der Kollision präzise zu messen. Das Pendel bot sich hier als Ausweg an. Auf raffinierte Weise wurde eine Beziehung ausgenutzt, die Newton einen 'Lehrsatz, wohlbekannt den Geometern', nannte. Wenn ein Pendel seitlich zu dem Punkt P gezogen und dann losgelassen wird, so hat es im tiefsten Punkt Q eine Geschwindigkeit, die proportional zu dem Abstand PQ ist (siehe Abbildung 12.4(a) und Aufgabe 12.2). Die Idee war nun, Stoßexperimente mit zwei Pendelgewichten durchzuführen, so daß sich das Problem der Geschwindigkeitsmessung auf das einfache Problem der Messung von Distanzen reduziert.

Dies ist nicht der einzige Fall, in dem Pendel die Forschung der Mechanik befruchteten. Im Protokoll des Treffens der Royal Society am 16. Mai 1666 finden wir:

Von Mr. Hooke wurde erwähnt, daß die Bewegung der Himmelskörper durch Pendel repräsentiert werden könne. Es wurde festgelegt, daß dies beim nächsten Treffen vorgeführt werden solle.

Diese 'Repräsentation' erwies sich schließlich als eine lose Analogie (Abbildung 12.5). Aber sie verhalf offensichtlich zu der Vorstellung, daß die Planeten durch eine Zentralkraft zur Sonne hin auf ihren Bahnen gehalten werden.

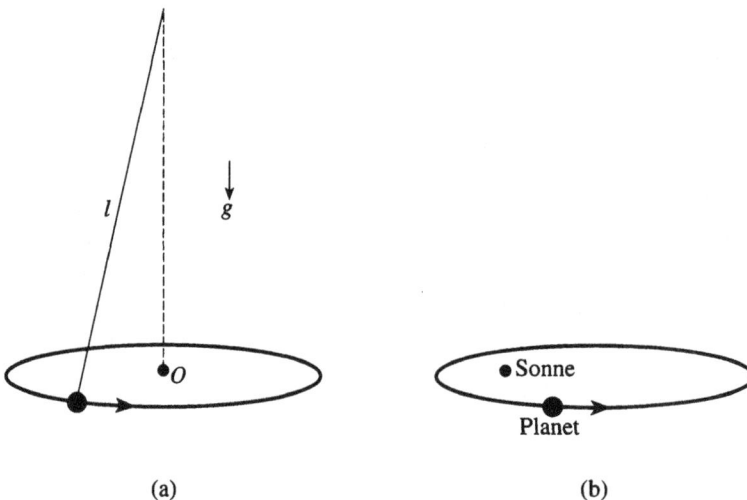

(a)   (b)

Abbildung 12.5: Robert Hookes lose Analogie zwischen (a) einer dreidimensionalen Pendelbewegung, die eine Ellipse um das Zentrum O beschreibt, wenn die Auslenkungen klein sind, und (b) den elliptischen Planetenbahnen, bei denen ein Brennpunkt in der Sonne liegt.

Im Kontext dieses Buches gehören Arbeiten aus den 1730er Jahren von Euler und Daniel Bernoulli mit zu den spannendsten Ausführungen über Pendel. Sie untersuchten das Doppelpendel, das aus zwei aneinandergehängten Pendeln besteht, die in einer senkrechten Ebene frei schwingen können (Abbildung 12.6). Jedes besteht aus einem leichten Stab der Länge l und dem Gewicht der Masse m_1 bzw. m_2.

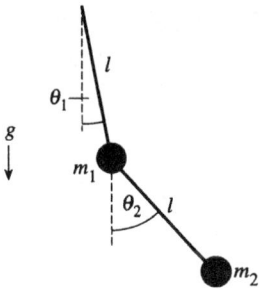

Abbildung 12.6: Ein Doppelpendel.

Die Bewegungsgleichungen für kleine Amplituden um die Senkrechte erweisen sich als

$$\frac{d^2\theta_1}{dt^2} + m\frac{d^2\theta_2}{dt^2} + \frac{g}{l}\theta_1 = 0,$$

$$\frac{d^2\theta_2}{dt^2} + \frac{d^2\theta_1}{dt^2} + \frac{g}{l}\theta_2 = 0, \qquad (12.2)$$

wobei

$$m = \frac{m_2}{m_1 + m_2}. \qquad (12.3)$$

Es ist dann eine relativ problemlose Aufgabe, den Ansatz $\theta_1 = A\cos\omega t$, $\theta_2 = B\cos\omega t$ in die Gleichungen einzusetzen und herauszufinden, daß das System zwei natürliche Schwingungsmoden aufweist. Die Eigenfrequenzen sind

$$\omega^2 = \frac{g/l}{1 \pm \sqrt{m}}, \qquad (12.4)$$

und für die dazugehörigen Pendelbewegungen gilt die Beziehung

$$\frac{\theta_2}{\theta_1} = \pm\frac{1}{\sqrt{m}} \qquad (12.5)$$

(vergleiche (5.24), (5.25)). In der langsamen Mode, die man erhält, wenn man das obere Vorzeichen in den Ausdrücken nimmt, schwingen die Pendel zu jeder Zeit in dieselbe Richtung. In der Mode mit der höheren Frequenz schwingen sie immer entgegengesetzt.

Wenn die beiden Massen gleich sind ($m = \frac{1}{2}$), ist die Frequenz der schnellen Mode etwa 2,5mal höher als die der langsamen Mode (siehe Abbildung 5.10). Ist jedoch m_2/m_1 groß, so ist m fast gleich 1 und die beiden Eigenfrequenzen liegen weit auseinander. In diesem Grenzfall ist bei der langsamen Mode θ_1 fast gleich θ_2 und die Pendel schwingen beinahe so wie ein einzelnes Pendel der Länge $2l$. Bei der schnellen

Mode sind θ_1 und θ_2 zwar gleich groß, aber entgegengesetzt. Das bedeutet, daß das obere Pendel hin- und herschwingt, während das untere mit der viel größeren Masse praktisch auf der Stelle bleibt.

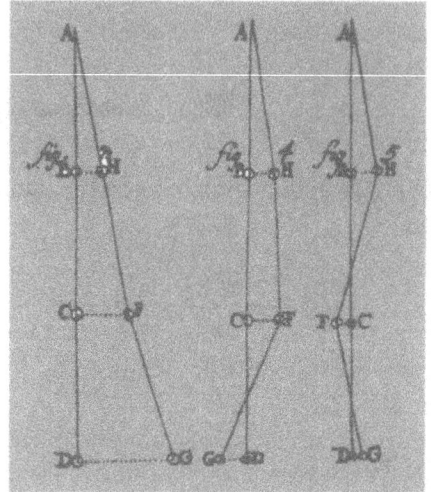

Abbildung 12.7: Daniel Bernoulli und eine Originalskizze von 1738, die die drei Moden eines Dreifachpendels zeigt.

In ähnlicher Weise hat für kleine Amplituden ein N-faches Pendel, bei dem ein Pendel an dem nächsten hängt, N verschiedene Eigenfrequenzen. Für den Fall $N = 3$ sind diese

$$\omega_1 = 0{,}64 \left(\frac{g}{l}\right)^{1/2}, \qquad \omega_2 = 1{,}51 \left(\frac{g}{l}\right)^{1/2}, \qquad \omega_3 = 2{,}51 \left(\frac{g}{l}\right)^{1/2}, \qquad (12.6)$$

wenn die Längen l und die Massen m bei allen Pendeln die gleichen sind (Abbildung 12.7).

12.3 Ein vibrierendes Pendel

Wir haben in Abschnitt 12.1 gesehen, daß selbst ein einfaches Pendel für Überraschungen gut ist, wenn sein Aufhängungspunkt schnell auf- und abbewegt wird.

Die Bewegungsgleichung für ein solches System sind bemerkenswert einfach. Entsprechend den Grundgesetzen der Mechanik brauchen wir lediglich die 'normale' Gleichung (5.2)

$$\frac{d^2\theta}{dt^2} + \frac{g}{l}\sin\theta = 0 \tag{12.7}$$

zu nehmen und die Erdbeschleunigung g durch $g - \mathrm{d}^2 h/\mathrm{d}t^2$ zu ersetzen, wobei $\mathrm{d}^2 h/\mathrm{d}t^2$ die Abwärtsbeschleunigung des Aufhängungspunktes bezeichnet. (Das ist der Grund, wieso wir im Fahrstuhl das Gefühl haben leichter zu werden, wenn er nach unten beschleunigt. Die 'effektive' Gravitation, die wir im Fahrstuhl erleben, ist dann nur noch $g - \mathrm{d}^2 h/\mathrm{d}t^2$.)

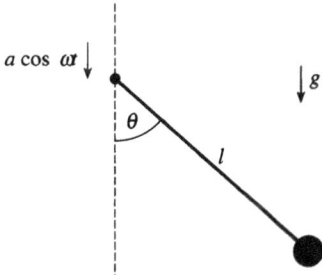

Abbildung 12.8: Einfaches Pendel mit einer senkrecht oszillierenden Aufhängung.

Die Schwingung des Aufhängungspunktes bringen wir durch

$$h = a\cos\omega t \tag{12.8}$$

in unsere Bewegungsgleichung, wobei h in Richtung der Schwerkraft zunimmt. Dann ist $\mathrm{d}^2 h/\mathrm{d}t^2 = -a\omega^2 \cos\omega t$, und die Bewegungsgleichung wird zu

$$\frac{\mathrm{d}^2\theta}{\mathrm{d}t^2} + k\frac{\mathrm{d}\theta}{\mathrm{d}t} + \left(\frac{g}{l} + \frac{a\omega^2}{l}\cos\omega t\right)\sin\theta = 0. \tag{12.9}$$

Eine einfache lineare Dämpfung mit der Konstante k simuliert in diesem Modell die Reibung.

Wenn wir zur dimensionslosen Zeit

$$\tilde{t} = t/(l/g)^{1/2} \tag{12.10}$$

übergehen, erhält man für (12.9)

$$\ddot{\theta} + \tilde{k}\dot{\theta} + (1 + \tilde{a}\tilde{\omega}^2\cos\tilde{\omega}\tilde{t})\sin\theta = 0, \tag{12.11}$$

wobei ein Punkt die Ableitung nach $\tilde{t}$ bezeichnet. Es gibt drei (dimensionslose) Parameter, nämlich

$$\tilde{a} = \frac{a}{l}, \qquad \tilde{\omega} = \frac{\omega}{(g/l)^{1/2}}, \qquad \tilde{k} = \frac{k}{(g/l)^{1/2}}. \tag{12.12}$$

Sie dienen als geeignetes Maß für die Amplitude, die Frequenz der Bewegung des Aufhängungspunktes und für die lineare Dämpfung des Pendels.

Wir können nun (12.11) wieder in ein System von autonomen Differentialgleichungen erster Ordnung umformen:

$$\dot{\theta} = y,$$
$$\dot{y} = -\tilde{k}y - (1 + \tilde{a}\tilde{\omega}^2 \cos\tilde{\omega}\tilde{t})\sin\theta,$$
$$\dot{\tilde{t}} = 1. \tag{12.13}$$

Das Programm VIBRAPEN auf der Seite 245 integriert diese Gleichungen und gibt das Ergebnis als einfache Animation aus.

Eine ungewöhnliche Instabilität

Beachten Sie zunächst, daß das Pendel in Abbildung 12.8 nicht unbedingt schwingt. Wenn $\theta = \dot{\theta} = 0$ bei $t = 0$, dann bleibt $\theta = 0$ für alle Zeiten.

Die reine Aufundabbewegung ist jedoch nicht in allen Fällen stabil. Nehmen wir an, $|\theta|$ sei klein, so daß wir (12.11) linearisieren können, indem wir $\sin\theta$ durch θ ersetzen. Vernachlässigt man die Dämpfung und definiert eine neue Variable durch $\tilde{t} = T/\tilde{\omega}$, so führt das zur Mathieuschen Gleichung

$$\frac{d^2\theta}{dT^2} + (\alpha + \beta\cos T)\theta = 0, \tag{12.14}$$

wobei $\alpha = 1/\tilde{\omega}^2$ und $\beta = \tilde{a}$ ist. Diese Gleichung wurde in vielen verschiedenen physikalischen Zusammenhängen untersucht, und man weiß, daß die Lösung für $\theta = 0$ instabil ist, wenn die Konstanten α, β im schattierten Bereich von Abbildung 12.9 liegen. Beachten Sie insbesondere, daß es für kleines β einen schmalen Bereich der Instabilität um $\alpha = \frac{1}{4}$, also $\tilde{\omega} = 2$, gibt.

Nehmen wir nun an, daß die Aufhängung in Abbildung 12.8 sich mit einer kleinen Amplitude auf- und abbewegt und zwar mit einer Frequenz, die zweimal größer als die Eigenfrequenz des Pendels ist ($\tilde{\omega} = 2$). Der Zustand $\theta = 0$ ist dann instabil, und anfänglich kleinste Störungen werden zu einer zunehmenden Pendelbewegung führen.

In der Praxis aber wird nicht vermeidbare Reibung die scharfen Spitzen der Instabilitätsbereiche in Abbildung 12.9 leicht abrunden. Dadurch tritt Instabilität nur auf, wenn $\tilde{a}$ einen kritischen Wert übersteigt, selbst wenn $\tilde{\omega}$ exakt 2 ist. Des weiteren verliert die Näherung $\sin\theta \approx \theta$ ihre Gültigkeit, wenn die Pendelbewegungen groß werden. Man muß dann (12.11) numerisch lösen, zum Beispiel mit VIBRAPEN. Man findet dann, daß für nicht zu großes $\tilde{a}$ die Bewegungen sich einem Grenzzyklus annähern, die ein Pendeln um die Senkrechte mit der Frequenz $\frac{1}{2}\omega$ ist (Aufgabe 12.3).

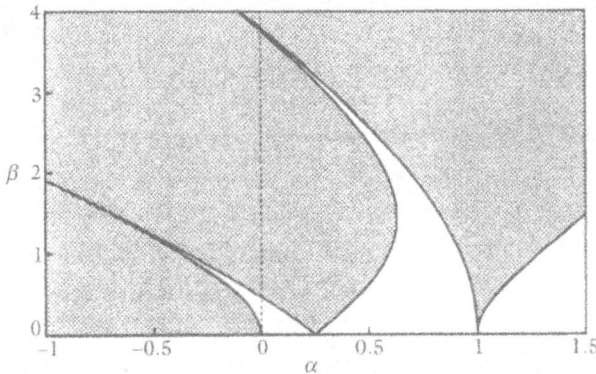

Abbildung 12.9: Die schattierten Bereiche kennzeichnen Instabilität des Zustandes $\theta = 0$ für die Mathieusche Gleichung (12.14).

12.4 Chaotische Pendel

Mit manchen Pendeln lassen sich so schön chaotische Bewegungen demonstrieren, daß sie sogar als Geschenkartikel zu haben sind.

Ein gutes Beispiel ist das 'Pendumonium'*, daß von Nicholas und Dainuri Rott entworfen wurde (Abbildung 12.10). Kopf, Schultern und Körper sind starr miteinander

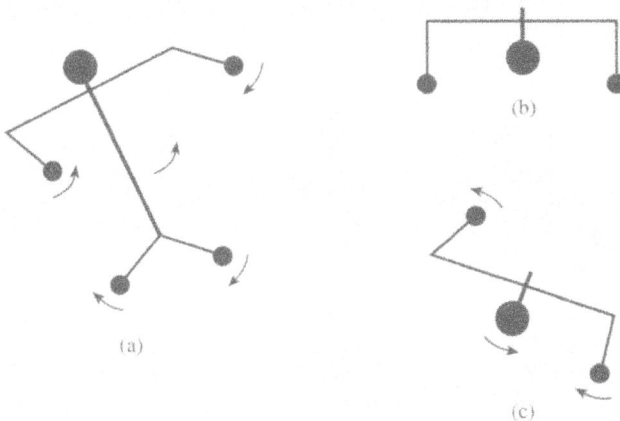

Abbildung 12.10: Ein chaotisches Spielzeug: das 'Pendumonium'.

verbunden und drehbar im Bereich des Halses aufgehängt. Mit den einzeln aufgehängten Armen und dem Beinpaar zusammen ist es ein Vierfachpendel. Beine und Körper lassen sich entfernen, so daß ein Dreifachpendel übrigbleibt. Dieses wird von drei nicht-linearen Differentialgleichungen in einem sechsdimensionalen Phasenraum beschrieben. Und in der Tat ist auch dieses System sehr schön in der Lage, chaotische

---

* Hergestellt von *Hands On Instruments*, PO Box 52044, Palo Alto, California 94303, USA.

Bewegungen zu zeigen, wenn man das Pendel zum Überschlag bringt. Insbesondere die Arme wirbeln dann auf verblüffende Weise hin und her.

Ein chaotisches Doppelpendel

Wir schauen uns noch einmal das klassische Doppelpendel aus Abbildung 12.6 an. Die Gleichungen (12.2) galten nur für Bewegungen mit kleinen Amplituden. Vernachlässigt man die Reibung, so erhält man ohne Näherung für die Bewegungsgleichungen

$$\frac{d^2\theta_1}{dt^2} + m\frac{d^2\theta_2}{dt^2}\cos(\theta_2 - \theta_1) - m\left(\frac{d\theta_2}{dt}\right)^2\sin(\theta_2 - \theta_1) + \frac{g}{l}\sin\theta_1 = 0$$

$$\frac{d^2\theta_2}{dt^2} + \frac{d^2\theta_1}{dt^2}\cos(\theta_2 - \theta_1) + \left(\frac{d\theta_1}{dt}\right)^2\sin(\theta_2 - \theta_1) + \frac{g}{l}\sin\theta_2 = 0 \qquad (12.15)$$

Als Test kann man wieder zu (12.2) gelangen, wenn man annimmt, daß θ_1 und θ_2 sowie ihre diversen Ableitungen klein sind, und dann die Gleichungen linearisiert.

Wir bringen nun Schwung in das System, indem wir seine Aufhängung wie in Abbildung 12.8 auf und ab bewegen. An Stelle von g müssen wir dann in den Gleichungen $g + a\omega^2\cos\omega t$ einsetzen. Im Gegensatz zu dem einfachen Pendel (12.13) sind nun fünf autonome Differentialgleichungen erster Ordnung zu lösen. Die numerisch Integration übernimmt das Programm PENDOUBL.

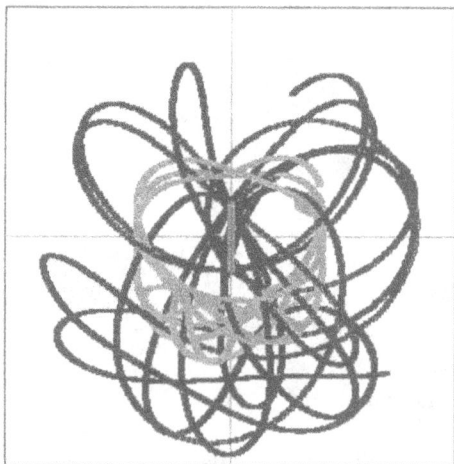

Abbildung 12.11: Typisch chaotische Bahnen der Gewichte eines Doppelpendels aus Abbildung 12.6, wenn die Aufhängung auf- und abbewegt wird.

Abbildung 12.11 zeigt ein Beispiel für eine chaotische Bewegung, wenn $m = 0{,}1$, das heißt, daß m_2 viel kleiner als m_1 ist. Es wurde ein Dämpfungsterm mit $\tilde{k} = 0{,}1$ in die Gleichungen eingefügt und für die Parameter $\tilde{\alpha} = 0{,}35$ und $\tilde{\omega} = 2$ gewählt (vergleiche (12.12)). Die Bewegungen des Systems sehen sehr chaotisch aus, der entscheidende

Test – wie in Kapitel 11 erläutert – besteht aber in der Sensitivität gegenüber den Anfangsbedingungen.

Die Sensitivität wird in Abbildung 12.12 deutlich. Eine Änderung der Anfangsbedingungen um nur 2% macht sich bereits nach sieben Abwärtsbewegungen der Aufhängung bemerkbar (Abbildung 12.12(a)). Nach weiteren drei Abwärtsbewegungen (Abbildung 12.12(b)) bewegt sich das leichtere Pendel sogar in entgegengesetzter Richtung.

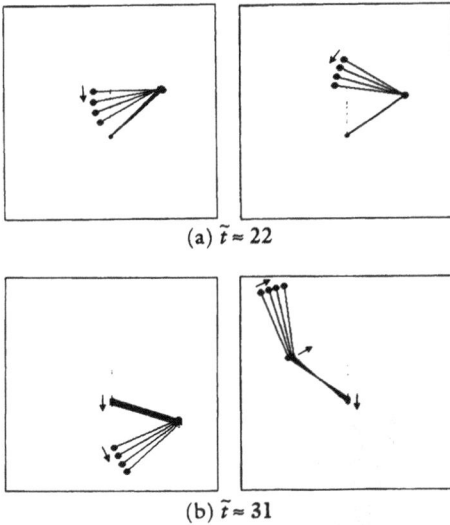

(a) $\tilde{t} \approx 22$

(b) $\tilde{t} \approx 31$

Abbildung 12.12: Die Sensitivität gegenüber den Anfangsbedingungen bei einem Doppelpendel, bei dem die Aufhängung auf- und abbewegt wird. Die Parameter sind $\bar{\alpha} = 0,35$, $\tilde{\omega} = 2$ und $\bar{k} = 0,1$. Für $t = 0$ waren die Anfangsbedingungen auf den Abbildungen der linken Seite $\theta_1 = \theta_2 = 1$, $\dot{\theta}_1 = \dot{\theta}_2 = 0$ und auf der rechten Seite $\theta_1 = \theta_2 = 1,005$, $\dot{\theta}_1 = \dot{\theta}_2 = 0$.

Wenn wir PENDOUBL mit den zwei Sätzen von Anfangswerten aus Abbildung 12.12 laufen lassen, so erhalten wir einen gewissen Einblick in den Grund für die Divergenz. Für $0 < \tilde{t} < 12$ dreht sich das leichtere Pendel dreimal gegen den Uhrzeigersinn um seine Aufhängung. Danach hat es eine relativ ruhige Periode bis etwa $\tilde{t} = 21$. Im Intervall $21 < \tilde{t} < 25$ dreht es sich erneut zweimal gegen den Uhrzeigersinn. Es schafft gerade einen dritten Überschlag, wenn anfangs $\theta_1 = \theta_2 = 1$ war. Bei den Anfangswerten $\theta_1 = \theta_2 = 1,005$ verfehlt es jedoch den Überschlag und fällt wieder zurück. Es überrascht nicht, daß sich die beiden Bewegungen danach recht unterschiedlich entwickeln.

12.5 Nicht ganz der Indische Seiltrick

Wir begannen das Kapitel mit dem umgedrehten Pendel von Abbildung 12.1, das durch Aufundabbewegung stabilisiert wird. Es ist eine weithin bekannte Kuriosität der klassischen Mechanik. Es scheint aber nicht allgemein bekannt zu sein, daß der gleiche 'Trick' auch mit einer beliebigen endlichen Anzahl verbundener Pendel durchgeführt werden kann, wo ein Pendel das nächste balanciert.

Dies ist eine der Konsequenzen aus dem nun folgenden Theorem, daß ich vor ein paar Jahren bewiesen habe.

Theorem zum umgedrehten Pendel (1993)

Wir nehmen an, daß N Pendel aneinander aufgereiht wurden und daß sie unter der Schwerkraft g nach unten hängen. Mit ω_{min} bezeichnen wir die kleinste und mit ω_{max} die größte Eigenfrequenz des Systems. Weiterhin sei ω_{max}^2 sehr viel größer als ω_{min}^2 (was gewöhnlich der Fall ist, wenn $N \geq 2$).

Dann kann das ganze System in seinem umgedrehten Zustand stabilisiert werden, indem der Aufhängungspunkt mit einer Amplitude a und einer Frequenz ω auf- und abbewegt wird, für die gilt

$$a < \frac{0{,}450g}{\omega_{max}^2} \quad \text{und} \quad a\omega > \frac{\sqrt{2}g}{\omega_{min}}. \tag{12.16}$$

Der Bereich der Stabilität in der a-ω-Ebene hat demnach eine Form, wie sie in Abbildung 12.13 skizziert ist. Die gerade Linie BC entspricht dabei der linken Bedingung, während die Kurve AB der rechten Bedingung von (12.16) entspricht.

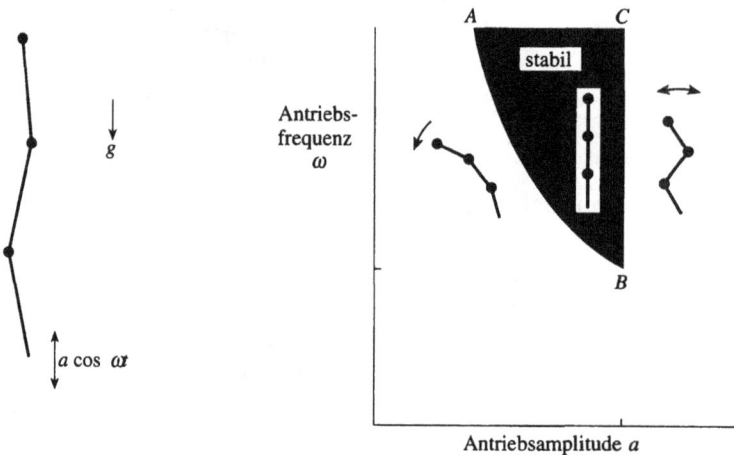

Abbildung 12.13: Theorem zum umgedrehten Pendel.

Die Skizze deutet an, was mit dem Pendel passiert, wenn wir den stabilen Bereich verlassen. Wird die Frequenz zu klein, sinkt das Pendel langsam auf einer Seite herunter. Wird dagegen die Amplitude zu groß, fängt das Pendel an, immer stärker nach links und rechts auszuschlagen.

Ohne das Theorem hier beweisen zu wollen, sei doch soviel gesagt, daß es Verwendung von der Mathieuschen Gleichung (12.14) macht und im Besonderen von dem kleinen Bereich der Stabilität für negative α in Abbildung 12.9. In der Tat korrespondiert der mysteriöse Faktor 0,450 in der linken Bedingung von (12.16) mit der Stelle, wo die obere Grenze des Stabilitätsbereiches die β-Achse erreicht.

Es ist bemerkenswert, daß die zwei Zahlen ω_{min} und ω_{max} das einzige ist, was wir von dem N-fachen Pendel wissen müssen, um die Bedingungen (12.16) bestimmen zu können. Das Theorem stützt also seine Aussagen zur Stabilität des umgedrehten, auf- und abbewegten Zustandes auf zwei einfache Schwingungseigenschaften des nach unten hängenden Pendels mit ruhender Aufhängung (Abbildung 12.14).

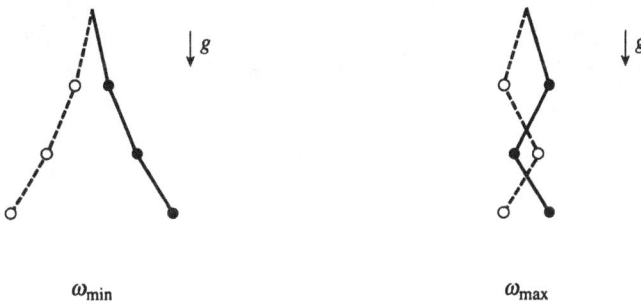

ω_{min} $\qquad\qquad\qquad\qquad\qquad\qquad$ ω_{max}

Abbildung 12.14: Ein nach unten hängendes Dreifachpendel mit ruhender Aufhängung: Die typischen Moden für ω_{min} und ω_{max}.

Der Zahlenwert von ω_{min} und ω_{max} hängen natürlich von der Anzahl der Pendel und ihren verschiedenen Größen, Formen und Massenverteilungen ab. Für das Dreifachpendel aus Abbildung 12.7 erhält man zum Beispiel entsprechend (12.6): $\omega_{min} = 0{,}64(g/l)^{1/2}$ und $\omega_{max} = 2{,}51(g/l)^{1/2}$.

Besteht das System aus vielen Pendeln, so ist ω_{max} typischerweise sehr groß. Die Amplitude der Aufhängung muß dann um die linke Bedingung von (12.16) zu erfüllen, sehr klein sein. Das setzt wiederum eine sehr hohe Frequenz ω voraus, um der rechten Bedingung von (12.16) zu genügen. Dadurch wird es sehr schwer, eine lange Kette im umgedrehten Zustand zu stabilisieren, was man wohl erwartet hat.

Doch haben die ungewöhnlichen Vorhersagen des Theorems auch in der Praxis bestand? Einer meiner Kollegen, Tom Mullin, führte einige bemerkenswerte Experimente durch, um das zu beweisen.

Abbildung 12.15 zeigt ein Beispiel mit drei verbundenen Stäben, jeweils 19 cm lang, von denen der unterste an einen Antrieb montiert wurde (Abbildung 12.15(a)). Bewegt sich der Antrieb mit einer Amplitude von a von etwa 1 cm und mit einer Frequenz von $f = \omega/2\pi \approx 40\,\text{Hz}$, so bleibt tatsächlich das Pendel in seinem umgedrehten Zustand stabil stehen (Abbildung 12.15(b)).

Die Stäbe sind mit zwei reibungsarmen Gelenken verbunden, von denen jedes zweimal mehr als ein Stab wiegt. Als Folge ist bei diesem speziellen System $\omega_{min} \approx$

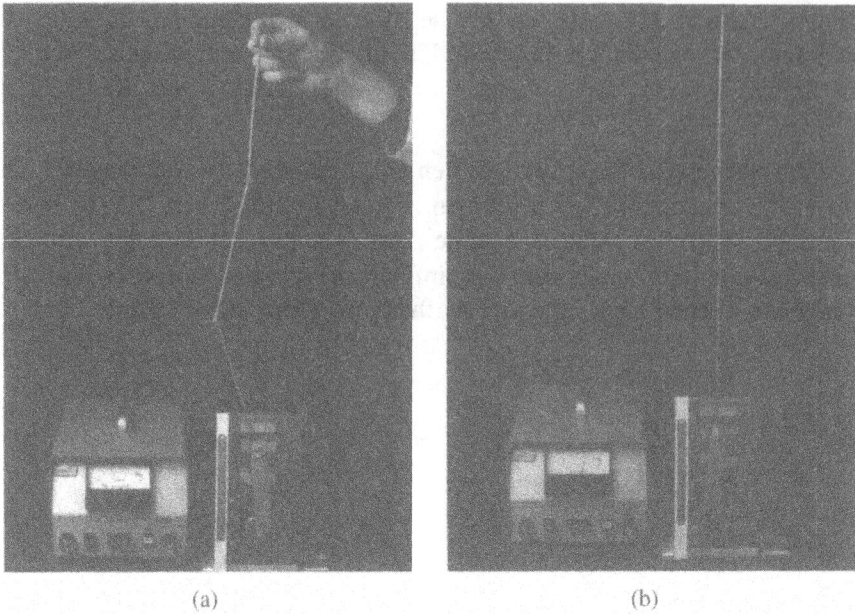

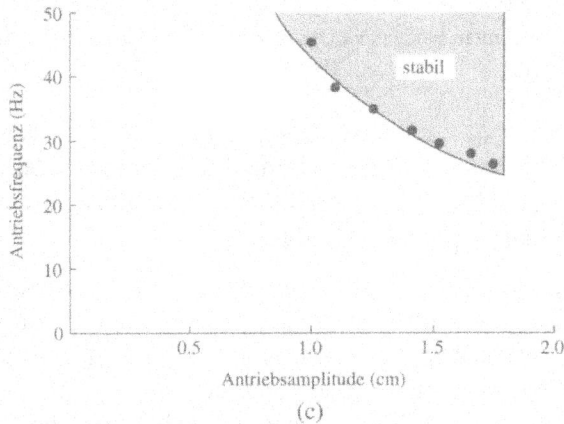

Abbildung 12.15: Ein umgedrehtes Dreifachpendel: (a) mit ausgeschaltetem Antrieb, (b) stabilisiert durch eine senkrechte Schwingung des Aufhängungspunktes. (c) Vergleich von Theorie und Experiment.

$0{,}729(g/l)^{1/2}$ und $\omega_{\max} \approx 2{,}174(g/l)^{1/2}$. Das Theorem (12.16) sagt dann folgende Stabilitätskriterien vorher:

$$\frac{a}{l} < 0{,}095 \qquad \text{und} \qquad \frac{a}{l}\frac{\omega}{(g/l)^{1/2}} > 1{,}94, \tag{12.17}$$

was den Bereich der Stabilität in Abbildung 12.15(c) bestimmt. Experimente mit verschiedenen Antriebsamplituden a wurden durchgeführt, um die Vorhersage zu überprüfen. Dazu wurde der Zustand zunächst stabilisiert und dann die Antriebsfrequenz

$f = \omega/2\pi$ allmählich verringert, bis das System kollabierte (in der Skizze mit • ge-kennzeichnet). Die Vorhersagen des Theorems sind also in guter Übereinstimmung mit dem Experiment.

Besonders überrascht waren wir von der Stabilität des umgedrehten Zustandes des Dreifachpendels. Das Theorem basiert auf der linearen Stabilitätsanalyse, seine Vor-hersage beschränkt sich also auf eine nur infinitesimal kleine Störung. Im Versuch zeigte sich jedoch, daß man den Turm aus Pendeln bis ungefähr 45° sanft zur Seite stoßen konnte, und er sich danach langsam wieder aufrappelte, wenn er beim Stoß nicht zu stark eingeknickt wurde (Abbildung 12.16).

Abbildung 12.16: Ein auf dem Kopf ste-hendes Dreifachpendel, das sich nach einer kräftigen Störung allmählich wieder aufrichtet. ($a \approx 1{,}4\,\text{cm}$ und $f \approx 35\,\text{Hz}$)

Vielleicht hatte sogar der eine oder andere Leser die Gelegenheit gehabt, die Versuche im Fernsehen zu sehen. Im Oktober 1995 wurde in der Wissenschaftsserie des BBC *Tomorrow's World* das Experiment vorgeführt. Damals wurde eine lose Analogie zu dem berühmten, aber auf Täuschung beruhenden Indischen Seiltrick hergestellt. Dabei wird ein Stück Seil in die Luft geworfen, wo es aufrecht, der Schwerkraft trotzend stehenbleibt (Abbildung 12.17). In der Sendung zeigten wir in der Tat, wie wir den Trick teilweise nachmachen konnten.

Unser 'Seil' war jedoch ein Stück PVC-ummanteltes Stromkabel. Wir dachten zu-nächst, daß Stabilisierung durch Aufundabbewegung nicht möglich ist. Wir sahen das

Abbildung 12.17: 'Karachi' und sein Sohn 'Khydar'. Sie behaupteten, 1935 den Indischen Seiltrick vollführt zu haben. Aber weder sie noch andere konnten das jemals nachweisen.

Kabel als eine unendliche Anzahl unendlich kurzer Pendel an. Dann wäre ω_{max} unendlich und die linke Bedingung von (12.16) ließe sich nicht erfüllen. Dieses Argument beruht natürlich auf der Annahme, daß das Kabel perfekt flexibel ist. Unser Stück hatte

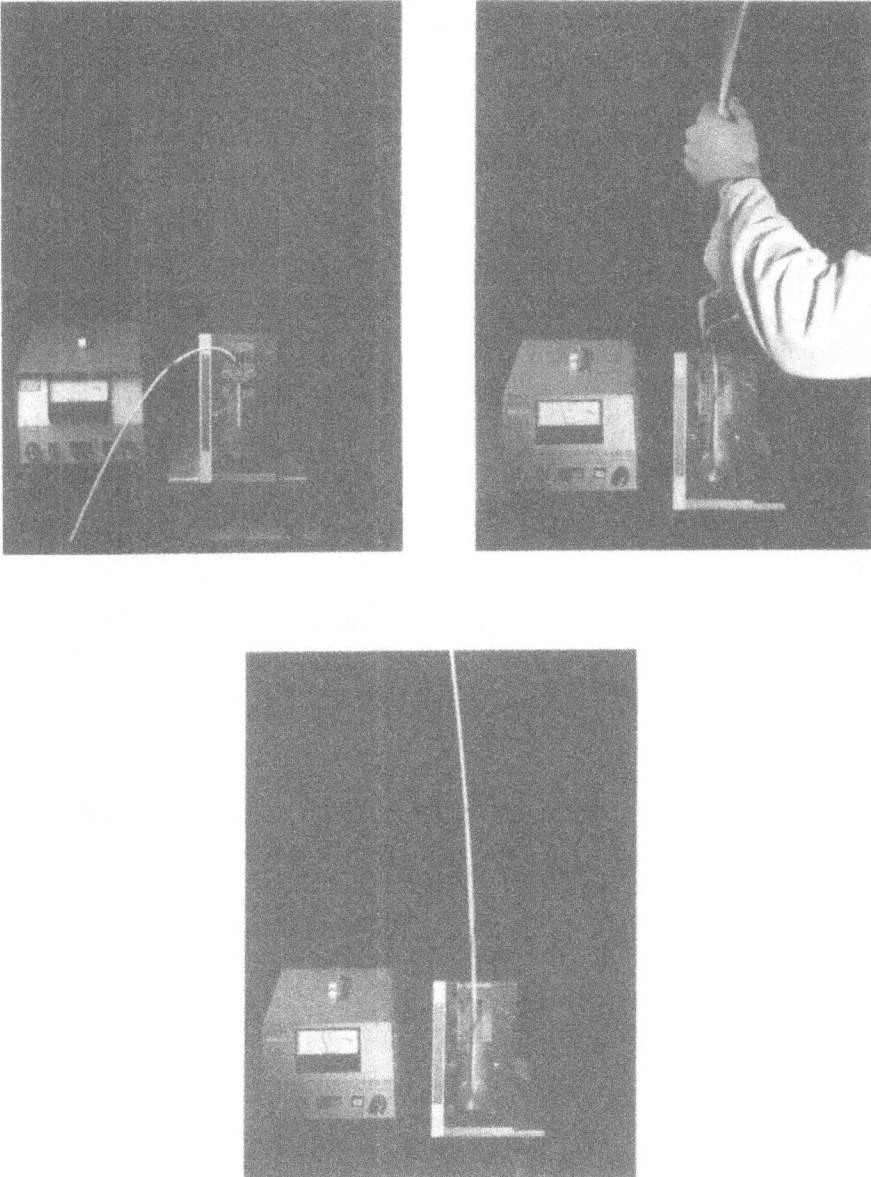

Abbildung 12.18: Ein Stück biegsames Stromkabel wird an seinem untersten Ende an einen Antrieb befestigt. Die schnelle Aufundabbewegung des Antriebs stabilisiert das Kabel in aufrechtem Zustand. Wird der Antrieb ausgeschaltet, fällt das Kabel zur Seite in einen in (a) gezeigten Zustand.

aber wie jedes Stück Kabel eine gewisse Steifigkeit, so daß das Theorem einfach nicht darauf anwendbar ist.

Die Abbildungen 12.18 zeigen unsere Version des Indischen Seiltricks. Die Antriebsfrequenz ist deutlich geringer als bei dem umgedrehten Dreifachpendel, und dennoch essentiell. Das Kabel ist lang genug, daß es ohne Antrieb sich nicht in dem instabilen Gleichgewicht des senkrechten Zustandes halten kann (Abbildung 12.18(a)).

Abschließend sollte bemerkt werden, daß wir nur in Anspruch nehmen, einen Teil des Zaubertricks – auf unsere ganz spezielle Weise – durchgeführt zu haben. Eigentlich endet die Vorführung in einem großartigen Finale, in dem ein kleiner Junge das Seil besteigt und am oberen Ende verschwindet. Wir haben noch keine Idee, wie wir das ausprobieren könnten.

Übungen

Aufgabe 12.1

Nehmen Sie das Programm VIBRAPEN auf Seite 245 und die Abbildung 12.2, um die Stabilisierung des umgedrehten Pendels nachzuprüfen. Belegen Sie damit auch die 'Tanz'-Bewegung, die in Abbildung 12.3 dargestellt wurde.

Aufgabe 12.2

Beweisen Sie die Beziehung, die Newton als einen 'Lehrsatz, wohlbekannt den Geometern' bezeichnete und die er im Zusammenhang mit seinen Pendel-Stoß-Experimenten (vergleiche Abbildung 12.4) gebrauchte.

Aufgabe 12.3

Mit Hilfe von VIBRAPEN zeigen Sie die Instabilität des herabhängenden Zustandes des Pendels aus Abbildung 12.8, wenn $\tilde{a} = 0,1$, $\tilde{\omega} = 2$ und $\tilde{k} = 0,1$ ist. Vergleichen Sie damit die Ergebnisse für $\tilde{\omega} = 1,7$ und $\tilde{\omega} = 2,3$.

Untersuchen Sie dann mit Hilfe von PENDOUBL die gleiche Instabilität für das Doppelpendel aus Abbildung 12.6 mit zum Beispiel $m = 0,5$ und $\tilde{a} = a/l = 0,1$. Kann eine der beiden Eigenschwingungen (12.4) angeregt werden, wenn sich die Aufhängung mit dem Doppelten der entsprechenden Eigenfrequenz auf- und abbewegt?

Aufgabe 12.4

Untersuchen Sie mit PENDOUBL das Doppelpendel aus Abbildung 12.6, wenn sich die Aufhängung wie in Abbildung 12.8 auf- und abbewegt. Die Parameter seien $m = 0,1$, $\tilde{\omega} = 2$ und $\tilde{k} = 0,1$.

Zeigen Sie, daß für $\tilde{a} = 0{,}1$ das System entweder den senkrecht herabhängenden Zustand anstrebt oder eine regelmäßige Schwingung vollführt, bei der sich die beiden Pendel stets in entgegengesetzter Richtung bewegen.

Zeigen Sie für $\tilde{a} = 0{,}25$, daß der herabhängende Zustand instabil ist und daß das System entweder in die oben beschriebene regelmäßige Pendelbewegung verfällt oder beide Pendel gemeinsam um den Aufhängungspunkt rotieren.

Schließlich nehmen Sie $\tilde{a} = 0{,}35$ und zeigen die Existenz von chaotischen Rotationsbewegungen. Überprüfen Sie insbesondere die Sensitivität gegenüber den Anfangsbedingungen, die in Abbildung 12.12 behauptet wird.

Aufgabe 12.5

Untersuchen Sie mit PENDOUBL den umgedrehten Zustand eines Doppelpendels, für $m = 0{,}5$ und $\tilde{k} = 0{,}2$.

Bestätigen Sie zunächst, daß der Zustand bei $\tilde{a} = 0{,}1$ und $\tilde{\omega} = 25$ gegenüber kleinen Störungen stabil ist. Zeigen Sie, daß dies mit dem allgemeinen Theorem aus Abschnitt 12.5 in Übereinstimmung ist. Untersuchen Sie dann, bis zu welchem Maß das System gegenüber Störungen stabil ist. Nehmen Sie als Anfangsbedingungen für $t = 0$ die Werte $\theta_1 = \theta_2 = 2{,}5$ und $\theta_1 = 3{,}3$, $\theta_2 = 2{,}9$ und in beiden Fällen $\dot{\theta}_1 = \dot{\theta}_2 = 0$.

Lassen Sie $\tilde{\omega} = 25$, und zeigen Sie, daß sowohl für ein zu kleines wie auch für ein zu großes $\tilde{a}$ der umgedrehte Zustand instabil ist. Zeigen Sie, daß das System in einen stabilen 'Tanz' verfällt, der es daran hindert nach unten zu fallen und der mit denen in Abbildung 12.3(a) verwandt ist, wenn zum Beispiel $\tilde{a} = 0{,}11$ ist.

Weiterführende Literatur

1 Einleitung

Zur Geschichte der Mathematik empfehle ich:

[1] Hollingdale, S. (1989). *Makers of mathematics*. Penguin.
[2] Stillwell, J. (1989). *Mathematics and its history*. Springer-Verlag.
[3] Kline, M. (1972). *Mathematical thought from ancient to modern times*. Oxford University Press.
[4] Grattan-Guinness, J. (Hrsg.) (1994). *Companion encyclopaedia of the history and philosophy of the mathematical sciences*. Routledge.

Die Geschichte der Mechanik findet man in Teil 8 des von Grattan-Guinness herausgegebenen Buches.

2 Ein Kurzer Überblick über die Infinitesimalrechnung

Eine der besten Einführungen in die Infinitesimalrechnung ist Kapitel 8 von

[5] Courant, R. und Robbins, H. (1996). *What is mathematics?* (2. Aufl.). Oxford University Press.

Zwei semi-populärwissenschaftliche Bücher sind

[6] Beckmann, P. (1993). *A history of* π. Barnes and Noble, New York.
[7] Maor, E. (1994). *e, the story of a number*. Princeton University Press.

Weiterführende Bücher zur Infinitesimalrechnung sind

[8] Finney, R. L. und Thomas, G. B. (1994). *Calculus*, (2. Aufl.). Addison Wesley.
[9] Salas, S. L. und Hille, E. (1995). *Calculus*, (7. Aufl.). Wiley.

Ein interessantes Buch mit einem stark historischen Schwerpunkt ist

[10] Hairer, E. und Wanner, G. (1996). *Analysis by its history*. Springer-Verlag.

3 Gewöhnliche Differentialgleichungen

Ein Standardwerk zur Angewandten Mathematik ist

[11] Kreyszig, E. (1993). *Advanced engineering mathematics*, (7. Aufl.). Wiley. (Teil A dieses Werkes befaßt sich mit gewöhnlichen Differentialgleichungen).

Speziell zum Thema Differentialgleichungen sind zu empfehlen

[12] Simmons, G. F. (1991). *Differential equations, with applications and historical notes*, (2. Aufl.). McGraw-Hill.

[13] Boyce, W. E. und Di Prima, R. C. (1997). *Elementary differential equations* (6. Aufl.). Wiley.

[14] Farlow, S. J. (1994). *An introduction to differential equations and their applications*. McGraw-Hill.

[15] Birkhoff, G. und Rota, G. C. (1989). *Ordinary differential equations* (4. Aufl.). Wiley.

Einen mehr geometrischen Ansatz bietet

[16] Hubbard, J. H. und West, B. H. (1991). *Differential equations: a dynamical systems approach*. Springer-Verlag.

4 Numerische Verfahren

Eine knappe Einführung in diese Methoden sowohl für gewöhnliche wie partielle Differentialgleichungen findet man im Kapitel 20 in Kreyszig [11].

Tiefergehend behandelt werden die Methoden in

[17] Faires, J. D. und Burden, R. L. (1993). *Numerical methods*. PWS-Kent.

[18] Gerald, C. F. und Wheatley, P. O. (1994). *Applied numerical analysis*, (5. Aufl.). Addison Wesley.

Auf einem noch höheren Niveau und mit einer interessanten historischen Komponente ist

[19] Hairer, E., Nørsett, S. P. und Wanner, G. (1993). *Solving ordinary differential equations I*. Springer-Verlag.

Ein Beweis für die Gültigkeit der Runge-Kutta-Methode findet sich in [15]. Im Prinzip verläuft er so ähnlich wie in Aufgabe 4.6, jedoch auf einem viel höheren Niveau und wesentliche Teile der Algebra werden nicht explizit ausgeführt.

Wir wollten dem Leser die Befriedigung selbstgeschriebener Programme nicht vorenthalten – zumal sie auch sehr flexibel an neu Wünsche angepaßt werden können. Aber es ist natürlich auch möglich, mit kommerziellen Programmen die numerische Integration der Differentialgleichungen ausführen zu lassen. PC-kompatible Software ist

[20] Koçak, H. (1989). *Differential and difference equations through computer experiments*, (2. Aufl.). Springer-Verlag.

[21] Korsch, H. J. und Jodl, H. J. (1994). *Chaos: a program collection for the PC*. Springer-Verlag.

Und für Macintoshes:

[22] Hubbard, J. H. und West, B. H. (1993). *MacMath: a dynamical systems software package for the Macintosh.* Springer-Verlag.

Die Programmpakete MATHEMATICA und MAPLE enthalten Routinen zur numerischen Lösung von Differentialgleichungen, näheres dazu finden Sie in

[23] Coombes, K. R., Hunt, B. R., Lipsman, R. L., Osborn, J. E. und Stuck, G. J. (1995). *Differential equations with Mathematica.* Wiley.
[24] Kreyszig, E. und Normington, E. J. (1994). *Maple computer manual for Advanced Engineering Mathematics* (7. Aufl.). Wiley.

5 Klassische Schwingungen

Eine allgemeine Einführung in die Mechanik geben

[25] Smith, P. und Smith, R. C. (1990). *Mechanics*, (2. Aufl.). Wiley.
[26] Marion, J. B. und Thornton, S. (1995). *Classical dynamics of particles and systems*, (4. Aufl.). Saunders College Publishing.
[27] Lunn, M. (1991). *A first course in mechanics.* Oxford University Press.

Speziell zum Thema Oszillationen siehe auch

[28] French, A. P. (1971). *Vibrations and waves.* Chapman and Hall.
[29] Pippard, A. B. (1989). The physics of vibration. Cambridge University Press.

Ein Herleitung der zitierten Formel, die das in Abbildung 5.13 gezeigte System beschreibt, findet man in einem Artikel von M. J. Moloney in *American Journal of Physics*, Vol. 46, S. 1245 – 1246 (1978).

6 Planetenbewegung

Einen semi-populärwissenschaftlichen historischen Blickwinkel bieten

[30] Cohen, I. B. (1985). *The birth of a new physics.* Penguin.
[31] Peterson, I. (1993). *Newton's clock; chaos in the Solar System.* Freeman.

Die Lehrbücher [25] – [27] enthalten gute Einführungen in das Thema. Ein etwas höheres Niveau findet sich in

[32] Landau, L. D. und Lifshitz, E. M. (1976). *Mechanics*, (3. Aufl.). Pergamon.
[33] Meirovitch, L. (1970). *Methods of analytical dynamics.* McGraw-Hill.

Das zweite Buch enthält eine Einführung in das Dreikörperproblem, siehe dazu aber auch

[34] Roy, A. E. (1978). *Orbital motion.* Adam Hilger.
[35] Szebehely, V. (1967). *Theory of orbits.* Academic Press.
[36] Boccaletti, D. und Pucacco, G. (1996). *Theory of orbits.* Springer-Verlag.

Schließlich enthält das folgende Buch/Software-Paket Computersimulationen von Planetenbahnen

[37] Hawkins, B. und Jones, R. S. (1995). *Classical mechanics simulations*. Wiley.

7 Wellen und Diffusion

Möchte man tiefer in die Materie der partiellen Differentialgleichungen einsteigen, so bedarf man einiger Kenntnisse der Infinitesimalrechnung mehrerer Veränderlicher, wie sie zum Beispiel in [8] oder [9] vermittelt werden.

Eine gute Einführung in die partiellen Differentialgleichungen läßt sich im entsprechenden Kapitel von Kreyszig [11] finden. Für eine Vertiefung der Kenntnisse siehe

[38] Strauss, W. A. (1992). *Partial differential equations*. Wiley.

Für geeignete numerische Methoden siehe Kapitel 20 von Kreyszig [11], die entsprechenden Kapitel von [17] und [18], und

[39] Morton, K. W. und Mayers, D. F. (1994). *Numerical solution of partial differential equations*. Cambridge University Press.

Anwendungen von Differentialgleichungen in der Biologie finden sich in

[40] Murray, J. D. (1989). *Mathematical biology*. Springer-Verlag.
[41] Jones, D. S. und Sleeman, B. D. (1983). *Differential equations and mathematical biology*. George Allen & Unwin.

8 Die bestmögliche Welt?

Einen semi-populärwissenschaftlichen Zugang zu Minimum-Prinzipien in der Natur bieten

[42] Hildebrandt, S. und Tromba, A. (1996). *The parsimonious universe: shape and form in the natural world*. Copernicus.
[43] Isenberg, C. (1992). *The science of soap films and soap bubbles*. Dover.

Zur Variationsrechnung und seine Anwendungen lesen Sie in den entsprechenden Kapiteln von [12] oder [26], oder Kapitel 2 von

[44] Hildebrand, F. B. (1992). *Methods of applied mathematics*. Dover.

Zur Lagrange-Gleichung wird man in [26], [27], [32], [33] und in

[45] Woodhouse, N. M. J. (1987). *Introduction to analytical dynamics*. Oxford University Press.

fündig.

9 Hydrodynamik

Zu diesem Thema empfehle ich natürlich

[46] Acheson, D. J. (1990). *Elementary fluid dynamics*. Oxford University Press.

Schauen Sie aber auch in

[47] Tritton, D. J. (1988). *Physical fluid dynamics*. Oxford University Press.

Eine anregende Sammlung an Photographien findet sich in

[48] van Dyke, M. (1982). *An album of fluid motion*. Parabolic Press.

Einen fast nicht-mathematischen Zugang zur Aerodynamik von Flugzeugen bietet

[49] Sutton, Sir Graham (1965). *Mastery of the air*. Hodder and Stoughton.

10 Instabilität und Katastrophe

Auf populärwissenschaftlichem Niveau befindet sich

[50] Stewart, I. und Golubitsky, M. (1992). *Fearful symmetry*. Penguin.

Ein höheres Niveau bietet

[51] Pippard, A. B. (1985). *Response and stability: an introduction to the physical theory*. Cambridge University Press.
[52] Thompson, J. M. T. (1982). *Instabilities and catastrophes in science and engineering*. Wiley.
[53] Saunders, P. T. (1980). *An introduction to catastrophe theory*. Cambridge University Press.

11 Nicht-lineare Oszillation und Chaos

Populärwissenschaftliches Niveau bietet

[54] Gleick, J. (1993). *Chaos*. Abacus.
[55] Stewart, I. (1990). *Does God play dice?* Penguin.
[56] Hall, N. (Hrsg.) (1991). *The New Scientist guide to chaos*. Penguin.

Etwas anspruchsvoller sind

[57] Lorenz, E. N. (1993). *The essence of chaos*. UCL Press.
[58] Ruelle, D. (1993). *Chance and chaos*. Penguin.

Einige gute allgemeine Texte zu nicht-linearen Systemen sind

[59] Strogatz, S. H. (1994). *Non-linear dynamics and chaos*. Addison Wesley.
[60] Jordan, D. W. und Smith, P. (1987). *Non-linear ordinary differential equations*, (2. Aufl.). Oxford University Press.
[61] Drazin, P. G. (1992). *Nonlinear systems*. Cambridge University Press.

[62] Grimshaw, R. (1990). *Nonlinear ordinary differential equations.* Blackwell Scientific.

[63] Bender, C. M. und Orszag, S. A. (1978). *Advanced mathematical methods for scientists and engineers.* McGraw-Hill.

Folgende Literatur beschäftigt sich speziell mit chaotischer Mechanik

[64] Baker, G. L. und Gollub, J. P. (1996). *Chaotic dynamics: an introduction,* (2. Aufl.). Cambridge University Press.

[65] Moon, F. C. (1992). *Chaotic and fractal dynamics: an introduction for applied scientists and engineers.* Wiley-Interscience.

[66] Mullin, T. (Hrsg.) (1993). *The nature of chaos.* Oxford University Press.

[67] Peitgen, H.-O., Jürgens, H. und Saupe, D. (1992). *Chaos and fractals, new frontiers of science.* Springer-Verlag.

[68] Thompson, J. M. T. und Stewart, H. B. (1986). *Nonlinear dynamics and chaos.* Wiley.

12 Das verkehrte Pendel

Stephensons Originalbeitrag zum umgedrehten Pendel erschien in *Memoirs and Proceedings of the Manchester Literary and Philosophical Society,* Vol. 52 (8), S. 1 – 10 (1908).

Chaotische Bewegungen einfacher Pendel, die auf verschiedene Weise angetrieben werden, finden sich in [64] – [66]. Insbesondere die Darstellungen von Baker und Gollub beziehen sich meist auf ein chaotisches Pendel. Korsch und Jodl [21] haben ein interessantes Kapitel zu einem chaotischen Doppelpendel, das weder angetrieben noch gedämpft ist.

Kapitel 12 enthält Teile meiner eigenen Forschungsarbeit. Das Theorem zum umgedrehten Pendel in Abschnitt 12.5 wurde zum ersten Mal in *Proceedings of the Royal Society* A, Vol. 443, S. 239 – 245 (1993) veröffentlicht. Über die 'Tanz'-Bewegungen in Abbildung 12.2 und 12.3 wurde in der Gleichen Zeitschrift, Vol. 448, S. 89 – 95 (1995), berichtet. Die Experimente über umgedrehte Mehrfachpendel wurden von Tom Mullin und mir in *Nature,* Vol. 366, S. 215 – 216 (1993) veröffentlicht.

In dieser Veröffentlichung hatten wir eine rätselhafte Diskrepanz zwischen Theorie und Experiment erwähnt, die mittlerweile geklärt ist. Die theoretische Obergrenze von ε/l, die im dritten Satz am Ende des Artikels zitiert wird, ist falsch und muß für das Doppelpendel durch 0,18 und für das Dreifachpendel durch 0,095 ersetzt werden. Der Fehler beruhte auf einer inkorrekten Einbeziehung der Massen der Gelenke, die die Stäbe verbinden. Ich möchte hier die Gelegenheit wahrnehmen, Dr. P. Jaeckel dafür zu danken, die Ursache für den Fehler gefunden zu haben.

Der Apparat selbst wurde von Keith Long konstruiert, der auf den Abbildungen 12.15(a) und 12.18(b) (teilweise) zu sehen ist.

Als die Experimente durchgeführt wurden, war Tom Mullin bei Clarendon Laboratory, Oxford, zur Zeit befindet er sich jedoch bei dem Department of Physics and Astronomy at the University of Manchester.

A Grundlagen der Programmierung in QBasic

A.1 Einführung

Dieses Kapitel soll Ihnen helfen, die Computerprogramme, die wir verwenden, einzugeben und mit einem Minimum an praktischen Schwierigkeiten laufen zu lassen. Sie brauchen keine Vorkenntnisse in der Computerprogrammierung.

Wir wählten die Programmiersprache QBasic von Microsoft aus,

(a) weil sie den Anforderungen in unserem Fall genügt und dennoch relativ leicht zu erlernen ist, besonders für Anfänger,

(b) weil sie über eigene Graphikbefehle verfügt, so daß wir ohne weitere Software die Ergebnisse graphisch oder sogar als Animation ausgeben können,

(c) weil sie seit einigen Jahren mit dem Microsoft Betriebsystem ausgeliefert wird und deswegen sehr weit verbreitet ist.

Alles was Sie also brauchen, ist der Zugang zu einem IBM-kompatiblen PC, auf dem das Betriebsystem MS-DOS oder WINDOWS 95 installiert ist. Selbst an die Leistungsfähigkeit des Computers werden nur geringe Ansprüche gestellt. Schon ein 386er-Prozessor, insbesondere wenn er einen mathematischen Koprozessor hat, reicht für fast alle Beispiele aus.*

Ich hoffe, daß die folgende Einführung für jeden hilfreich ist, auch wenn sie für den absoluten Neuling auf diesem Gebiet geschrieben wurde. Insbesondere lade ich ganz herzlich diejenigen zum Experimentieren mit dem Computer ein, die – wie ich noch bis vor wenigen Jahren – eine Abneigung gegen numerische Mathematik haben.

---

* Die Ausführungsgeschwindigkeit der Programme läßt sich steigern, wenn man einen Basic-Compiler verwendet. Es bieten sich zum Beispiel Microsoft Quick Basic 4.5 oder Visual Basic für DOS an. Der Compiler übersetzt die Programme vor der Ausführung in Maschinensprache, wodurch die Ausführungsgeschwindigkeit auf gut das Fünffache gesteigert wird.

A.2 Wie man loslegt

Als ersten Schritt starten Sie QBasic – vorausgesetzt, es befindet sich auf Ihrem Computer. Stellen sie sich darauf ein, wenn nötig sich dabei helfen zu lassen, aber in erster Linie geht es lediglich um das Anschalten des Computers.

Wenn das MS-DOS auf dem Bildschirm

```
c:\>
```

ausgibt, ist es bereit zur Eingabe eines Befehls. Tippen Sie dann einfach qbasic und drücken Sie dann RETURN (oder ENTER).

Vielleicht startet der Computer auch gleich in einer WINDOWS-Version. Am einfachsten schließen Sie dann Windows und lassen den Computer im MS-DOS-Modus laufen (lassen Sie sich, wenn nötig, dabei helfen).

Ist das Hauptbetriebssystem des Computers WINDOWS 95, kann es gut sein, daß bei der Installation des Computers QBasic nicht installiert wurde. In der vollständigen Version von WINDOWS 95 ist QBasic aber enthalten. Auf der CD-ROM finden Sie es, indem Sie mit der Maus zunächst auf 'other' und dann auf 'oldmsdos' doppelklicken.

Auf den einen oder anderen Weg werden Sie schließlich die Meldung 'Willkommen in MS-DOS-QBasic' erhalten. Wenn Sie dann wie geraten auf die ESC-Taste drücken, sieht der Bildschirm wie auf Abbildung A.1 gezeigt aus.

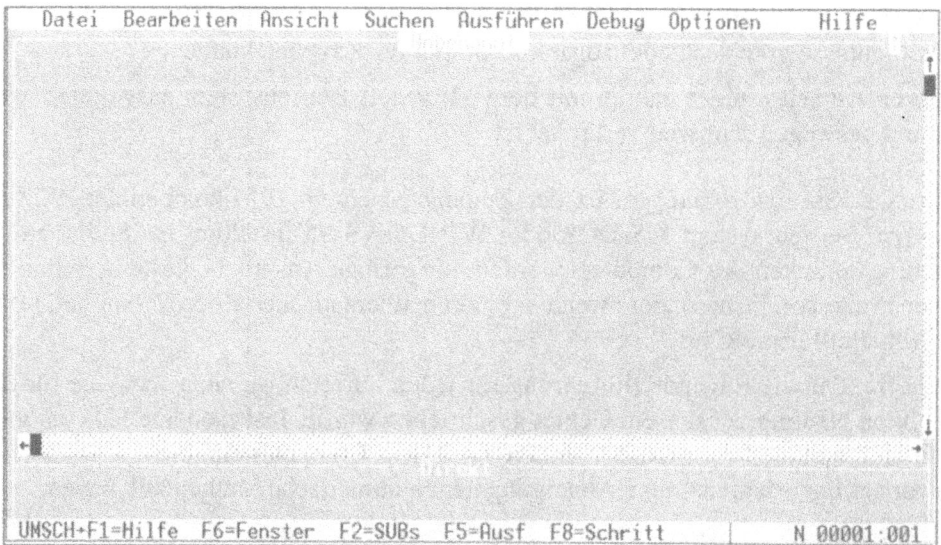

Abbildung A.1: Der Bildschirm von QBasic.

Nun können Sie mit dem Programmieren beginnen, und werden mit etwas Glück niemanden mehr um Hilfe fragen müssen.

Zum Einstieg geben Sie

```
CLS
a = 3
b = 4
x = a + b
PRINT x
```

ein und drücken nach jeder Zeile RETURN (oder ENTER). Der Befehl CLS bewirkt, daß der Bildschirm gelöscht wird, und PRINT gibt den Wert der Variablen auf dem Bildschirm aus.

Zum Editieren, Korrigieren oder Verändern gehen Sie mit den Cursor-Tasten ↑←↓→ an die gewünschte Stelle auf dem Bildschirm. Mit der DELETE-Taste läßt sich das Zeichen an der Cursor-Position löschen.

Um das Programm zu starten, drücken Sie zunächst ALT-F und dann S. Mit ALT-F meinen wir das gleichzeitige Drücken der ALT- und der F-Taste.

Es wird jetzt die Zahl 7 auf dem Bildschirm erscheinen. Mit einer beliebigen Taste kehren Sie zu dem Programm zurück. Wir werden nun das Programm verändern, und so einige nützliche Eigenschaften und Befehle von QBasic lernen.

Als erstes werden wir durch einen Doppelpunkt getrennt die zweite und dritte Zeile zusammenfassen.

```
a = 3 : b = 4
```

Der INPUT Befehl ermöglicht es, einer Variablen einen neuen Wert zuweisen zu können, ohne das Programm verändern zu müssen. Wenn wir also die obige Zeile durch

```
INPUT "Zwei Zahlen"; a,b
```

ersetzten und das Programm laufen lassen, so erhalten wir die Meldung

```
Zwei Zahlen?
```

Wenn wir nun zwei durch ein Komma getrennte Zahlen eingeben und RETURN drücken, erscheint auf dem Bildschirm die Summe x der Zahlen.

Der LOCATE Befehl ermöglicht es uns, sowohl die Ein- wie auch die Ausgabe auf dem Bildschirm zu positionieren. Der Bildschirm wird dazu in Zeilen (meist 25 oder 30) und Spalten (meist 80) aufgeteilt. Oben links ist die Position 1,1. Das Programm

```
CLS
LOCATE 6,6 : INPUT "Zwei Zahlen "; a,b
x = a + b
LOCATE 20,50 : PRINT "Ihre Summe ist"; x
```

bewirkt also, daß Eingabe und Ausgabe an unterschiedlichen Stellen auf dem Bildschirm stattfinden.

Nun sichern Sie das Programm, das sich zur Zeit auf dem Bildschirm befindet. Legen Sie eine Diskette in das Diskettenlaufwerk ein, und drücken Sie ALT-D gefolgt von U (für 'Speichern unter'). Geben Sie dann a : sum ein und drücken RETURN. Damit wird das Programm unter dem Namen SUM . BAS auf der Diskette gespeichert. Sie können das Programm auch auf der Festplatte speichern, indem Sie statt dessen c : sum eingeben.

Schließen Sie nun QBasic, indem Sie ALT-D gefolgt von B (für beenden) drücken. Das Bringt Sie zu dem Ausgangspunkt zurück, zum Beispiel der Eingabeaufforderung von MS-DOS.

Starten wir nun wie oben das QBasic erneut, um das Programmieren fortzusetzen.

Geben Sie ALT-D gefolgt von F (für öffnen) ein. Sie werden nun nach dem Dateinamen gefragt. Geben Sie a : gefolgt von RETURN ein, und es erscheint das Verzeichnis der Diskette. Wenn Sie nun sum tippen und dann RETURN drücken, wird das Programm wieder geöffnet. Statt dessen drücken Sie aber ESC und geben dieses neue Programm ein:

```
CLS
t = 1
t = t + 0.1
PRINT t
```

In der dritten Zeile ist uns kein Fehler unterlaufen: Das Gleichheitszeichen hat hier nicht die normale mathematische Bedeutung. Es weist der Variablen auf der linken Seite den Wert zu, der zuvor für die rechte Seite ausgerechnet wurde. Aus diesem Grund darf auf der linken Seite auch nur eine einzelne Variable stehen. QBasic kann mit

```
a + b = x
```

nichts anfangen und wird sich entsprechend darüber beklagen.

Ein Programm beenden zu können ist fast so wichtig, wie es starten zu können, im folgenden dazu einige Bemerkungen.

Wenn Sie keine Vorsorge getroffen haben, an einer bestimmten Stelle das Programm abbrechen zu können, so können Sie während das Programm läuft STRG (oder CTRL) und gleichzeitig PAUSE drücken, um es abzubrechen.

Drücken Sie PAUSE alleine, so wird das Programm angehalten und man kann sich in Ruhe den Bildschirm betrachten. Drücken einer beliebigen Taste veranlaßt das Programm, seine Arbeit fortzusetzen.

Die ESC-Taste ist oft hilfreich, um einen Vorgang abzubrechen und zur Ausgangssituation wieder zurückzukehren. Denken Sie an weiter oben, wo wir zunächst das

Programm SUM laden wollten, dann aber doch ein neues Programm geschrieben haben.

Unter dem Menü HILFE finden Sie oft nützliche Ratschläge, wie Sie ein Problem lösen oder ein Befehl verwenden können.

Es passiert (selten), daß der Computer in einen Zustand gerät, in dem er keine Eingaben mehr annimmt. Dann hilft nur noch das gleichzeitige Drücken von CTRL, ALT und DELETE. Sollte auch das nicht mehr funktionieren, muß der Computer aus- und wieder eingeschaltet werden. In beiden Fällen gehen nicht gesicherte Programme verloren.

A.3 Variablen, Operationen und Funktionen

Standardmäßig speichert der Computer sowohl Variablen wie x, a6 oder SPEED und Konstanten wie 6.9143 mit einfacher Genauigkeit ab. Einfache Genauigkeit bedeutet, daß der Computer von der Zahl maximal sieben Dezimalstellen speichert. (von denen wegen Rundungsfehler nur sechs Stellen korrekt sind).

Die Anweisung DEFDBL für Variablen bzw. das Zeichen # hinter jeder Konstante, die im Programm zur Berechnung gebraucht wird, läßt den Computer mit viel höherer Genauigkeit rechnen. Beispiel:

```
DEFDBL a, x
a = 0.3#
x = a + 0.4#
PRINT x
```

Ganz allgemein bedeutet DEFDBL q, daß jede Variabel, die mit q beginnt, mit doppelter Genauigkeit behandelt wird. Dieser Befehl alleine reicht aber nicht aus. Löschen Sie aus dem obigen Programm ein oder beide #-Zeichen, und starten Sie das Programm erneut – und Sie werden andere Ergebnisse erhalten.

Eine Ganzzahl, sagen wir x, speichert man am besten als Ganzzahl und nicht als Zahl mit einfacher Genauigkeit. Das läßt sich definieren durch

```
DEFINT x
```

Eine ganzzahlige Konstante wird durch ein angehängtes % ebenfalls exakt gespeichert.

Die vier Grundrechenarten und Potenzen werden in QBasic wie folgt dargestellt:

$a+b$	`a + b`
$a-b$	`a - b`
$a \cdot b$	`a * b`
a/b	`a/b`
a^b	`a^b`

Innerhalb eines Ausdrucks werden die Operationen in folgender Reihenfolge abgearbeitet: Potenzierung (a^b), Multiplikation und Division, Addition und Subtraktion – außer die Reihenfolge wird durch Klammersetzung verändert. Zum Beispiel wird

```
x = a^2 + b/c + d
```

interpretiert als

$$x = a^2 + \frac{b}{c} + d.$$

Wenn wir aber eigentlich

$$x = \frac{a^2 + b}{c + d}$$

haben wollen, so müssen wir entsprechend Klammern setzen:

```
x = (a^2 + b)/(c + d).
```

Einige Standardfunktionen sind in QBasic enthalten, wie zum Beispiel

```
SQR(x),
```

was die Wurzel einer positiven Zahl x ausrechnet. (QBasic kann nicht direkt mit komplexen Zahlen umgehen.) Weitere Funktionen sind

```
SIN(x),       COS(x),       TAN(x),
```

wobei Winkel in Bogenmaß anzugeben sind. Die Funktionen

```
EXP(x),       LOG(x)
```

bezeichnen e^x bzw. $\log x$.

Das Argument einer Funktion muß nicht eine einzelne Zahl oder Variable sein. So liefert zum Beispiel

```
x = (-B + SQR(B^2 - 4 * A * C))/(2 * A)
```

eine Wurzel von $ax^2 + bx + c = 0$, vorausgesetzt natürlich, daß den Variablen a, b, c vorher im Programm Zahlenwerte zugewiesen wurden und daß $b^2 > 4ac$ ist.

Eine weitere wichtige Gruppe von Funktionen sind

```
ABS(x)       der Betrag von x, |x|.
SGN(x)       1, wenn x > 0; 0, wenn x = 0; −1, wenn x < 0.
INT(x)       größte Ganzzahl, die kleiner oder gleich x ist.
```

Mit der Funktion INT(x) läßt sich zum Beispiel eine Zahl auf zwei Dezimalstellen runden, damit sie besser auf dem Bildschirm ausgegeben werden kann:

```
X = INT(100 * X + .5)/100
```

Die Funktion CSNG(x) konvertiert eine Zahlt x mit doppelter Genauigkeit in eine mit einfacher Genauigkeit.

Sehr praktisch ist auch die Möglichkeit, mit DEF FN Funktionen definieren zu können. Mit

```
DEF FNF(x) = 1/(x^2 + 1)
```

wird die Funktion $f(x) = 1/(x^2 + 1)$ definiert, die danach im Programm mit FNF(x) genau wie eine Standardfunktion, etwa SIN(x), aufgerufen werden kann. Die benutzerdefinierten Funktionen können auch von mehr als einer Variablen abhängen:

```
DEF FNR(X,Y) = SQR(X^2 + Y^2)
```

definiert $r(x,y) = \sqrt{(x^2 + y^2)}$.

A.4 Programmschleifen

Mit einer Programmschleife können Teile des Programms beliebig oft wiederholt werden. Eine solche Schleife bildet das Herzstück aller unserer Programme in Anhang B.

(a) DO...LOOP

Hier ein Beispiel:

```
CLS
t = 0 : h = 0.05
DO
  x = t^2
  PRINT t,x
  t = t + h
LOOP UNTIL t > 1
```

Die Einrückung in manchen Zeilen ignoriert der Computer, für uns dient sie aber dazu, die Programmstruktur übersichtlicher zu gestalten. Das Programm berechnet $x = t^2$ für Werte von t zwischen 0 und 1 mit einer Schrittweite von $h = 0{,}05$. Die DO...LOOP-Anweisung bewirkt dabei, daß die Berechnung so oft ausgeführt wird bis die Abbruchbedingung hinter UNTIL erfüllt ist. (Die Ergebnisse zeigen deutlich die Rundungsfehler der Rechnung mit einfacher Genauigkeit.)

Bestünde die letzte Programmzeile lediglich aus der Anweisung LOOP, so würde das Programm immer weiter laufen. Natürlich könnte man es noch, wie am Ende von Abschnitt A.2 erklärt, mit der Tastenkombination CTRL-PAUSE abbrechen.

Eine 'sanftere' Methode, das Programm nach Wunsch abzubrechen, besteht darin, die
letzte Zeile durch

```
LOOP UNTIL INKEY$ = "q"
```

zu ersetzten. Drückt man dann während das Programm läuft die Taste Q, so wird das
Programm beendet.

DO...LOOP-Anweisungen können ineinander verschachtelt werden. Bei jedem
Durchlauf der äußeren Schleife wird die innere Schleife so lange wiederholt, bis ihre
Abbruchbedingung erreicht ist. Von solchen ineinandergeschachtelten Schleifen wer-
den wir in Anhang B ausgiebig Gebrauch machen.

(b) FOR...NEXT

Dieser Schleifentyp bricht nicht bei Erreichen einer bestimmten Bedingung ab, sondern wiederholt die eingeschlossenen Befehle in einer vorgegebene Anzahl. Das
Beispiel

```
CLS
s = 0
FOR N = 1 TO 100
  s = s + 1/N^2
  PRINT N,s
NEXT
```

addiert die ersten 100 Glieder der berühmten Reihe

$$\sum_{n=1}^{\infty} \frac{1}{n^2} = \frac{\pi^2}{6}.$$

(c) IF...THEN

Die Programmstruktur IF...THEN...END IF bietet insbesondere in Kombination
mit Schleifen zusätzliche Flexibilität innerhalb eines Programmes. Ein einfaches
Beispiel ist:

```
CLS
ymin = 100
FOR x = 1 TO 10 STEP 0.001
  y = x + 2/x
   IF y<ymin THEN
    ymin = y : xvalue = x
   END IF
NEXT
PRINT xvalue, ymin
```

Es sucht (sehr ineffizient) den kleinsten Wert von $y = x + x/2$ im Intervall $1 < x < 10$ und gibt `ymin` und den dazugehörigen Wert von x, `xvalue` aus.

A.5 Graphik

Unser erster Schritt bei der Verwendung von Graphik unter QBasic ist das Löschen des Bildschirms und das Einschalten eines hochauflösenden Graphikmodus:

```
CLS : SCREEN 9
```

Der Bildschirm setzt sich dann aus 640×350 Bildpunkten, sogenannten Pixels zusammen.* Sie lassen sich entsprechend des Koordinatensystems in Abbildung A.2 ansteuern. Um ein Fenster zu definieren, das heißt um anzugeben, welcher Teil des

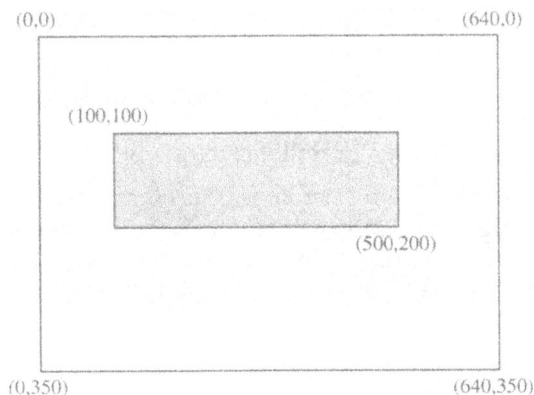

(0,0)   (640,0)

(100,100)

(500,200)

(0,350)   (640,350)

Abbildung A.2: Bildschirmkoordinaten und der Befehl `VIEW` (ein Beispiel).

Bildschirms für die Graphik verwendet werden soll, tippen wir beispielsweise folgende Zeile ein:

```
VIEW (100,100) - (500,200),0,4
```

Das erste Paar Bildschirmkoordinaten definiert die obere linke Ecke des Fensters, das zweite die rechte untere Ecke. Die darauf folgende 0 bestimmt als Hintergrundfarbe Schwarz, während die 4 bewirkt, daß der Rand in Rot erscheint. Die Farben sind wie folgt kodiert:

0	Schwarz	4	Rot	8	Grau	12	Hellrot
1	Blau	5	Magenta	9	Hellblau	13	Pink
2	Grün	6	Braun	10	Hellgrün	14	Gelb
3	Cyan	7	Hellgrau	11	Hellcyan	15	Weiß

---

* Wir verwenden durchgängig den Bildschirmmodus SCREEN 9, viele Computer bieten aber auch eine bessere Auflösung. SCREEN 12 hat 640×480 Pixels. Verschiedene Zahlenwerte in den Befehlen VIEW und LOCATE müssen dann an die Änderung angepaßt werden (siehe Anhang B).

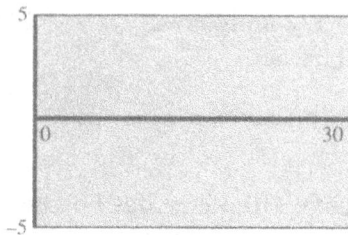

Abbildung A.3: Mathematische Koordinaten und der Befehl WINDOW.

Als nächster Schritt muß ein mathematisches Koordinatensystem für das Ausgabefenster definiert werden. Für das Beispiel in Abbildung A.3 gibt man ein:

```
WINDOW (0, -5) - (30,5)
```

Das erste Paar sind die gewünschten Koordinaten für die linke untere Ecke, das zweite für die rechte obere. Die Zeilen

```
LINE (0,-5) - (0,5), 9
LINE (0,0) - (30,0), 9
```

zeichnen die Achsen ein. Die 9 bewirkt, daß die Achsen in Hellblau dargestellt werden.

Als letztes muß man noch wissen, wie man einen Punkt auf dem Bildschirm ausgibt. Dies geschieht mit dem Befehl PSET gefolgt von den gewünschten Koordinaten (in Klammern und durch Komma getrennt) und der Farbe. Wenn wir an die oberen fünf Programmzeilen das untenstehende Programm anhängen, erhalten wir eine Sinuskurve in Gelb:

```
h = 0.01
t = 0
DO
x = 3 * SIN(t)
PSET (t, x), 14
t = t + h
LOOP UNTIL t>30
```

Zwei andere einfache Graphikbefehle, CIRCLE und PAINT, sind gelegentlich zu gebrauchen. Übernehmen Sie, um die Befehle auszuprobieren, die Zeilen mit CLS, VIEW und WINDOW, und fügen Sie die Zeile

```
CIRCLE (15,0), 3,14
```

an. Wird das Programm gestartet, zeichnet es einen gelben Kreis mit dem Radius 3 um den Punkt (15,0) herum. Die zusätzliche Zeile

```
PAINT (15,0), 14
```

bewirkt, daß vom Punkt (15,0) ausgehend die Fläche bis zu einer geschlossenen, gelben Umrandung mit Gelb ausgefüllt wird. In unserem Fall entsteht also eine gelbe Kreisfläche.

B Zehn Programme zur Erkundung der Mechanik

Einführung

Im folgenden werden wir zehn QBasic Programme vorstellen. Sie sind leicht zu verstehen und doch so leistungsfähig, daß mit ihnen interessante Fragestellungen der Mechanik untersucht werden können. Vorteil der selbstgeschriebenen Programme gegenüber der ausgefeilten kommerziellen Software ist, daß man nachvollziehen kann, was der Computer tatsächlich tut, und man eine Befriedigung aus der Lösung der Probleme zieht.

Die Programme kann man Zeile für Zeile abtippen oder von meiner Web-site frei herunterladen (**http://www.jesus.ox.ac.uk/~dacheson**).

Die ersten sechs Programme eignen sich allgemein zur Lösung von Systemen gewöhnlicher Differentialgleichungen Die nächsten drei sind Anpassungen der ersten Programme an spezielle Probleme aus der Mechanik. Das letzte Programm integriert eine partielle Differentialgleichung, nämlich die Diffusionsgleichung (7.12). Die Bemerkungen zu den Programmen setzen voraus, daß man mit dem Stoff aus Anhang A und den kurzen Programmen aus Kapitel 4 vertraut ist.

Format des Graphik-Fensters

Manche der vorgestellten Programme benötigen ein quadratisches Ausgabefenster für die Graphik auf dem Bildschirm. Dies gilt zum Beispiel für das Programm PENDANIM, PENDOUBL und THREEBP sowie für NPHASE, wenn es etwa zur Berechnung der Planetenbahnen verwendet wird (Abbildung 6.11). Der Befehl VIEW (180,17)-(595,330) soll dafür sorgen – was er auf meinem Computer auch tut. Wahrscheinlich müssen Sie die Parameter für Ihren Computer jedoch geringfügig anpassen. Wenn Sie VIEW (a,b)-(c,d) verwenden, so wird das Format des Ausgabefensters durch die Größe $(d-b)/(c-a)$ bestimmt.

Bildschirmauflösung

Alle Programme verwenden den Graphikmodus SCREEN 9, auf den meisten Computern wird aber auch der etwas höher auflösende Modus SCREEN 12 laufen. Bei Befehlen wie LOCATE (13,1) sollte dann die erste Koordinate um 2 bis 3 erhöht werden. Ebenfalls muß der Befehl VIEW angepaßt werden. Anstelle von (180,17)-(595,330) bei SCREEN 9 sollte man bei SCREEN 12 die Koordinaten (160,20)-(590,450) versuchen. Entsprechend könnte (20,30)-(575,240) durch (20,35)-(575,323) ersetzt werden. Die angegebenen Zahlen sind jedoch nur Anhaltswerte, probieren Sie selbst das Optimum aus.

Zu große Zahlenwerte

Die meisten Programme 'bemerken' nicht, wenn die Zahlenwerte der Variablen zu groß werden. Mancher Programmablauf endet deswegen unsanft mit einer Fehlermeldung. Dies läßt sich verhindern, wenn man die Werte innerhalb der relevanten DO...LOOP-Schleife überprüft. Programm 1XT bietet dafür ein Beispiel.

In den folgenden zehn Programmen weisen grau unterlegte Stellen auf Programmteile, an denen während des normalen Gebrauchs am häufigsten Veränderungen vorgenommen werden müssen.

Programm 1XT

```
REM ****** Initialisieren der Graphikausgabe ******

CLS : SCREEN 9: PAINT (1, 1), 9
xm = 3: tm = 5
VIEW (180, 17) - (595, 330), 0, 13
WINDOW (0, -xm) - (tm, xm)
LINE (0, 0) - (tm, 0), 11: LINE (0, -xm) - (0, xm), 11
LOCATE 12, 76: PRINT tm: LOCATE 1, 21: PRINT xm

REM ****** Funktion f(x, t) ******

DEF fnf (x, t) = (1 + t) * x + 1 - 3 * t + t^2


EM ****** Richtungsfeld ******

p = 25
 FOR x = xm TO -xm STEP -2 * xm / p
   FOR t = 0 TO tm STEP tm / p
     x1 = fnf(x, t) / xm: t1 = 2 / tm
     s = p * SQR(x1^2 + t1^2)
     x2 = fnf(x, t) / s: t2 = 1 / s
```

```
      LINE (t, x) - (t + t2, x + x2), 9
      CIRCLE (t + t2, x + x2), .003 * tm, 9
    NEXT t
  NEXT x

REM ****** Integration ******

DO
 t = 0: LOCATE 13, 1: INPUT "x0"; x
 h = .01
    DO
      GOSUB Runge
      t = t + h
      PSET (t, x), 14
    LOOP UNTIL ABS(t - tm) < h / 2 OR ABS(x) > xm
 LOCATE 19, 1: PRINT "t="; t
 LOCATE 20, 1: PRINT "x="; x
LOOP

REM ****** Unterprogramme ******

Euler:

    c1 = h * fnf(x, t)
    x = x + c1
    RETURN

ImpEuler:

    c1 = h * fnf(x, t)
    c2 = h * fnf(x + c1, t + h)
    x = x + (c1 + c2) / 2
    RETURN

Runge:

    c1 = h * fnf(x, t)
    c2 = h * fnf(x + c1 / 2, t + h / 2)
    c3 = h * fnf(x + c2 / 2, t + h / 2)
    c4 = h * fnf(x + c3, t + h)
    x = x + (c1 + 2 * c2 + 2 * c3 + c4) / 6
    RETURN
```

Das Programm integriert Anfangswertprobleme vom Typ (4.2)

$$\frac{\mathrm{d}x}{\mathrm{d}t} = f(x,t), \qquad x = x_0 \quad \text{bei} \quad t = 0.$$

Läßt man das Programm laufen, so wird

(a) ein Richtungsfeld gezeichnet,

(b) ein Anfangswert x_0 abgefragt und die dazugehörige Lösung durch eine der drei behandelten Standardverfahren berechnet und eingezeichnet, und

(c) an den Anfang der Abfrage von x_0 und der Ausgabe der Lösung gesprungen, so daß man mehrere Kurven miteinander vergleichen kann.

Alles was hinter dem Befehl REM (für 'remark'=Anmerkung) steht sowie alle Einrückungen und Leerzeilen werden beim Ablauf des Programms ignoriert. Sie dienen lediglich der besseren Lesbarkeit.

Der Befehl PAINT in der ersten Zeile dient nur der Ästhetik. Er definiert als Hintergrundfarbe auf dem Bildschirm ein angenehmes Blau (9). Im Teil 'Initialisieren der Graphikausgabe' wird mit VIEW ein Fenster auf dem Bildschirm geöffnet, mit WIN-DOW werden die eigenen Koordinaten t,x in diesem Fenster festgelegt. Dann werden die Achsen gezeichnet und beschriftet.

Als nächstes wird die Funktion $f(x,t)$ definiert. In unserem Beispiel ist es die Funktion entsprechend (4.1).

Danach wird das Richtungsfeld gezeichnet. Die Anzahl der Punkte, an denen die Richtung angezeigt wird, bestimmt der Parameter p, während s die Länge der 'Pfeile' festlegt. Beide lassen sich natürlich den eigenen Vorstellungen anpassen. Anstelle von aufwendigen Pfeilspitzen werden einfach nur mit dem Befehl CIRCLE winzige Kreise gezogen. Der Graphikmodus kann diese nicht mehr richtig auflösen, weshalb sie eine gewisse Ähnlichkeit mit Spitzen bekommen.

Wie bei allen ist das Herzstück des Programms ein einzelner Integrationsschritt, der mittels Programmschleifen wiederholt ausgeführt wird. Hier befinden sich zwei DO...LOOP-Schleifen ineinander verschachtelt. Die innere Schleife unterscheidet sich von denen aus Kapitel 4 dadurch, daß der eigentliche Integrationsschritt in ein Unterprogramm verlegt wurde, das mit GOSUB aufgerufen wird. Im konkreten Beispiel springt das Programm zu dem Unterprogramm RUNGE. Sobald es dort auf den Befehl RETURN trifft, springt es zurück in das Hauptprogramm, und zwar an die Stelle unmittelbar hinter dem GOSUB-Befehl. Einen anderen Integrationsalgorithmus wählt man aus, indem man den Namen des Unterprogramms hinter GOSUB in EULER oder ImpEULER ändert.

Die innere Schleife endet, wenn t den vorgewählten Schlußpunkt tm erreicht oder der Betrag von x zu groß wird, um den Punkt (t,x) im Grafikfenster darzustellen. Lassen

wir die zusätzliche Abbruchbedingung OR ABS (x) >xm weg und geben als Anfangswert x0=-1 ein, so bricht das Programm mit der Fehlermeldung 'Überlauf' ab.

Ist die innere Schleife abgearbeitet, so wird t auf null zurückgesetzt und zur Abfrage
des Anfangswertes x0 zurückgesprungen.

Programm 2 PHASE

```
REM ****** Initialisieren der Graphikausgabe ******

CLS : SCREEN 9: PAINT (1, 1), 9
xm = 4: ym = 4: tm = 25
VIEW (180, 17) - (595, 330), 0, 13
WINDOW (-xm, -ym) - (xm, ym)
LINE (-xm, 0) - (xm, 0), 11: LINE (0, -ym) - (0, ym), 11
LOCATE 13, 76: PRINT xm: LOCATE 1, 48: PRINT ym


REM ****** Funktionen f(x,y) und g(x,y) ******


DEF fnf (x, y) = y
DEF fng (x, y) = -SIN(x)


REM ****** Richtungsfeld ******

p = 25
   FOR y = ym TO -ym STEP -2 * ym / p
      FOR x = -xm TO xm STEP 2 * xm / p
         x1 = fnf(x, y) / xm: y1 = fng(x, y) / ym
         s = p * SQR(x1^2 + y1^2)
         x2 = fnf(x, y) / s: y2 = fng(x, y) / s
         LINE (x, y) - (x + x2, y + y2), 9
         CIRCLE (x + x2, y + y2), .003 * xm, 9
      NEXT x
   NEXT y


REM ****** Integration ******

 DO
    t = 0: LOCATE 13, 1: INPUT "x0,y0"; x, y
    h = .01
 DO
       GOSUB ImpEuler
       t = t + h
       PSET (x, y), 14
    LOOP UNTIL INKEY$ = "q"
 LOOP
```

```
REM ****** Unterprogramme ******

Euler:

    c1 = h * fnf(x, y)
    d1 = h * fng(x, y)
    x = x + c1
    y = y + d1
    RETURN

ImpEuler:

    c1 = h * fnf(x, y)
     d1 = h * fng(x, y)
    c2 = h * fnf(x + c1, y + d1)
     d2 = h * fng(x + c1, y + d1)
    x = x + (c1 + c2) / 2
     y = y + (d1 + d2) / 2
    RETURN
```

Dieses Programm ist 1XT von Struktur und Anwendungsgebiet her recht ähnlich. Es integriert allerdings autonome System zweiter Ordnung.

$$\frac{dx}{dt} = f(x,y),$$
$$\frac{dy}{dt} = g(x,y),$$

wobei $x = x_0$, $y = y_0$ für $t = 0$ ist.

Das Richtungsfeld und die einzelnen Bahnen in der Phasenebene (x-y-Ebene) werden gezeichnet. Die Abbruchbedingung der inneren Schleife ist INKEY\$="q", was bewirkt das eine Lösung solange weiter integriert wird, bis man die Taste Q drückt. Dann kann man neue Anfangswerte eingeben und die verschiedenen Lösungen miteinander vergleichen.

Im konkreten Beispiel ist $f(x,y) = y$ und $g(x,y) = -\sin x$. Es ist das System $\dot{x} = y$, $\dot{y} = -\sin x$ oder anders geschrieben $\ddot{x} + \sin x = 0$, das (dimensionslos) das einfache Pendel beschreibt. x steht hier für den Winkel, der in (5.43) und (5.46) mit θ bezeichnet wurde.

Programm 2XTPHASE

```
REM ****** Initialisieren der Graphikausgabe ******

 CLS : SCREEN 9: PAINT (1, 1), 9
   xm = 2: ym = 2: tm = 50
 VIEW (20, 30) - (575, 240), 0, 9
 WINDOW (0, -xm) - (2 * tm, xm)
   LINE (.8 * tm, -xm) - (.8 * tm, xm), 9
   LINE (tm, -xm) - (tm, xm), 9
   PAINT (.9 * tm, 0), 9
  LINE (0, 0) - (.8 * tm, 0), 11
  LINE (0, -xm) - (0, xm), 11
  LINE (tm, 0) - (2 * tm, 0), 11
  LINE (1.5 * tm, -xm) - (1.5 * tm, xm), 11
LOCATE 10, 32: PRINT tm: LOCATE 2, 1: PRINT xm
LOCATE 10, 74: PRINT xm: LOCATE 2, 53: PRINT ym
  COLOR 10: LOCATE 19, 17: PRINT "xt"
  LOCATE 19, 53: PRINT "Phase": COLOR 15

REM ****** Integration ******

 w = 1: k = .1
 DEF fnf (x, y, t) = y
 DEF fng (x, y, t) = -k * y - w^2 * x

   t = 0: LOCATE 20, 1: INPUT "x0,y0"; x, y
   h = .01

DO
  GOSUB ImpEuler
  t = t + h
  PSET (.8 * t, x), 13
   IF x > -xm THEN
     PSET ((1.5 + .5 * x / xm) * tm, y * xm / ym), 14
   END IF
LOOP UNTIL ABS(t - tm) < h / 2
   LOCATE 22, 1: PRINT "t="; t
   LOCATE 22, 20: PRINT "x="; x
   LOCATE 23, 20: PRINT "y="; y
END
```

```
REM ****** Unterprogramme ******

Euler:

    c1 = h * fnf(x, y, t)
    d1 = h * fng(x, y, t)
    x = x + c1
    y = y + d1
    RETURN

ImpEuler:

    c1 = h * fnf(x, y, t)
    d1 = h * fng(x, y, t)
    c2 = h * fnf(x + c1, y + d1, t + h)
    d2 = h * fng(x + c1, y + d1, t + h)
    x = x + (c1 + c2) / 2
    y = y + (d1 + d2) / 2
    RETURN
```

Das Programm löst autonome und nicht-autonome Systeme zweiter Ordnung:

$$\frac{dx}{dt} = f(x,y,t),$$

$$\frac{dy}{dt} = g(x,y,t),$$

wobei $x = x_0$ und $y = y_0$ bei $t = 0$ ist.

Das Programm zeichnet gleichzeitig den Fortgang der Lösung als Funktion $x(t)$ und als Bahn in der x-y-Ebene. Das verwendete Ausgabefenster wird durch einen senkrechten blauen Balken (zwei blaue Linien, deren Zwischenraum mit Blau gefüllt wurde) in zwei Fenster unterteilt. Da auch die beiden Koordinatensysteme durch eine einzelne WINDOWS-Anweisung definiert werden, sehen die Koordinaten der PSET-Anweisung für die Ausgabe in der Phasenebene etwas merkwürdig aus.

Ist das System nicht-autonom, das heißt $f(x,y,t)$ oder $g(x,y,t)$ hängen explizit von der Zeit ab, dann zeigt die x-y-Ebene nur die Projektion der Bahn im dreidimensionalen Phasenraum (siehe Abschnitt 3.6).

Das konkrete Programm löst das autonome System $\dot{x} = y$, $\dot{y} = -ky - \omega^2 x$ mit den Parametern $\omega = 1$, $k = 0{,}1$. Dies ist äquivalent zu $\ddot{x} + k\dot{x} + \omega^2 x = 0$, der Gleichung für den gedämpften linearen Oszillator (vergleiche (5.14)).

Programm NPHASE

```
DEFDBL A-H, K-M, O-Z: DEFINT I-J, N
n = 3: OPTION BASE 1
DIM x(n), xc(n), f(n), c1(n), c2(n), c3(n), c4(n)

REM ****** Initialisieren der Graphikausgabe ******

 CLS : SCREEN 9: PAINT (1, 1), 9
  xm = 30: ym = 60: tm = 15#
 VIEW (180, 17) - (595, 330), 0, 14
 WINDOW (-xm, -ym) - (xm, ym)
 LINE (-xm, 0) - (xm, 0), 11
 LINE (0, -ym) - (0, ym), 11
  LOCATE 13, 76: PRINT xm: LOCATE 1, 48: PRINT ym
  LOCATE 15, 1: PRINT "xi"
  LOCATE 23, 2: PRINT "Zeit"

REM ****** Integration ******

 LOCATE 13, 2: INPUT "r"; r

 t = 0#: xc(1) = 5#: xc(2) = 5#: xc(3) = 5#
 h = .003#


DO
   GOSUB Runge
   t = t + h
   PSET (xc(1), xc(3)), 14
   LOCATE 23, 6: PRINT CSNG(t)
 LOOP UNTIL ABS(t - tm) < h / 2
   LOCATE 16, 1
    FOR i = 1 TO n: PRINT CSNG(xc(i)): NEXT
 END

REM ****** Unterprogramme ******


Gleichungen:

 f(1) = 10# * (x(2) - x(1))
 f(2) = -x(1) * x(3) + r * x(1) - x(2)
 f(3) = x(1) * x(2) - 8# * x(3) / 3#
RETURN
```

Runge:

```
  FOR i = 1 TO n: x(i) = xc(i): NEXT
   GOSUB Gleichungen
  FOR i = 1 TO n: c1(i) = h * f(i): NEXT

  FOR i = 1 TO n: x(i) = xc(i) + c1(i) / 2#: NEXT
   GOSUB Gleichungen
  FOR i = 1 TO n: c2(i) = h * f(i): NEXT

  FOR i = 1 TO n: x(i) = xc(i) + c2(i) / 2#: NEXT
   GOSUB Gleichungen
  FOR i = 1 TO n: c3(i) = h * f(i): NEXT

  FOR i = 1 TO n: x(i) = xc(i) + c3(i): NEXT
   GOSUB Gleichungen
  FOR i = 1 TO n: c4(i) = h * f(i): NEXT

FOR i = 1 TO n
 xc(i) = xc(i) + (c1(i) + 2# * c2(i) + 2# * c3(i) + c4(i)) / 6#
NEXT

RETURN
```

Dieses Programm ist die Grundlage für viele weitere Programme im Buch. Es integriert ein System n-ter Ordnung

$$\dot{x}_1 = f_1(x_1, x_2, \ldots, x_n)$$
$$\vdots$$
$$\dot{x}_n = f_n(x_1, x_2, \ldots, x_n)$$

Das System ist zwar autonom, was aber keine Einschränkung darstellt. Es läßt sich nämlich stets ein nicht-autonomes System $(n-1)$-Ordnung in ein autonomes System n-ter Ordnung umwandeln, indem eine weitere 'abhängige' Variable $x_n = t$ und eine weitere Gleichung $\dot{x}_n = 1$ hinzugefügt wird (siehe Abschnitt 3.6).

Die Integration erfolgt nach Runge-Kutta und die Lösung wird als zweidimensionale Projektion des n-dimensionalen Phasenraumes ausgegeben.

Die Ordnung des Systems, n, wird zu Beginn der zweiten Zeile festgelegt. Die rechte Seite der Gleichungen, die Funktionen $f_1, f_2, \ldots, f_n$, sind im Unterprogramm 'Gleichungen' zusammengefaßt (die letzten grau-unterlegten Stellen im Programm). Hier steht x(i) für x_i und entsprechend so weiter. Die Felder wie zum Beispiel x(1),x(2),...,x(n) werden in der zweiten und dritten Zeile mit dem Befehl OPTION BASE 1, DIM definiert.

Da die Variablennamen x(1), ... für die Funktionsaufrufe verwendet werden, brauchen wir einen weiteren Satz an Variablen, die das Integrationsergebnis repräsentieren, die also bei jedem Durchgang einen neuen Wert zugewiesen bekommen, der dann auf dem Bildschirm ausgegeben wird. Wir bezeichnen diese als xc(1), ... (siehe zum Beispiel die Anfangsbedingungen oder den PSET-Befehl, jeweils grau-unterlegt).

Ein neuer Integrationsschritt für die Variablen xc(1)...xc(n) fängt mit dem Aufruf des Unterprogramms Runge an. Dieses wiederum ruft viermal das Unterprogramm Gleichungen auf, um die Werte für c1(i), c2(i), c3(i) und c4(i), i=1...n zu berechnen. Aus diesen ergeben sich dann wie gehabt die neuen Werte für xc(i), i=1...n, (vergleiche (4.36) und beachte, daß das zu integrierende System autonom ist).

Alle Berechnungen werden mit doppelter Genauigkeit ausgeführt (DEFDBL in der ersten Zeile und das #-Zeichen hinter jeder Konstante, die für die Berechnung gebraucht wird). Vor der Ausgabe auf den Bildschirm werden die Werte von xc(i) jedoch mit dem Befehl CSNG auf einfache Genauigkeit gerundet.

Wie immer bietet sich als einfachstes Testverfahren an, die Integration mit einer halbierten Schrittweite *h* erneut durchzuführen. Erst wenn sich an den Ergebnissen praktisch nichts mehr ändert, kann man einigermaßen sicher sein, daß die Integration über das gegebene Zeitintervall richtige Werte lieferte.

Das konkrete Programm integriert die Lorenz-Gleichung (11.7). Für den Wert r=28 erhält man zum Beispiel den charakteristischen 'Schmetterling' von Abbildung 11.10.

Beispiel: Planetenbahnen

Mit Hilfe des Programms NPHASE läßt sich das System vierter Ordnung (6.38) mit den Anfangsbedingungen (6.37) integrieren.

Dazu werden die grau-unterlegten Stellen im Programm NPHASE abgeändert zu

```
n = 4
xm = 5.5 : ym = 5.5 : tm = 40#
INPUT "v"; v
xc(1) = 1# : xc(2) = 0# : xc(3) = 0# : xc(4) = v
h = 0.02#
PSET (xc(1),xc(2)), 12
f(1) = x(3)
f(2) = x(4)
f(3) = -x(1)/(x(1)^2# + x(2)^2#)^1.5#
f(4) = -x(2)/(x(1)^2# + x(2)^2#)^1.5#
```

Damit lassen sich die Ergebnisse aus Abbildung 6.11 überprüfen.

Um die Gesamtenergie (6.40), die konstant bleiben muß, überwachen zu können, erweitert man die Initialisierung der Graphikausgabe um die Zeile

```
LOCATE 20,1 : PRINT "Energie"
```

und fügt nach der PSET-Anweisung die Zeilen

```
kin = .5# * (xc(3)^2# + xc(4)^2#)
pot = -(xc(1)^2# + xc(2)^2#)^- .5#
energy = kin + pot
LOCATE 21,1 : PRINT energy
```

hinzu.

Wenn wir v=1.3 eingeben, bleibt die Energie praktisch konstant. Für v=0.6 kann man aber schon deutliche Änderungen feststellen, besonders, wenn der 'Planet' sich dem 'Zentralgestirn' im Ursprung nähert und sich dort, entsprechend (6.12), ziemlich schnell bewegt. Noch deutlicher wird das Verhalten, wenn man xm und ym gleich 1 setzt. Für v=0.3 ergibt die Integration in der Nähe des Ursprungs völlig abwegige Werte. Erst eine drastische Reduzierung der Schrittweite auf beispielsweise h=0.002 führt zu korrekten Ergebnissen.

Das Problem läßt sich jedoch besser mit einer variablen Schrittweite lösen. Folgender Ansatz ist in unserem Fall recht brauchbar: Die Zeile mit h=0.02# wird durch

```
hscale = 0.02#
```

ersetzt. Direkt hinter dem Befehl DO wird die Zeile

```
h = hscale * (xc(1)^2# + xc(2)^2#)
```

eingefügt. Die Schrittweite nimmt dann proportional zu r^2 bei Annäherung an den Ursprung ab. Für v=0.3 erhält man die erwartete stark elliptische Bahn bei einer sehr guten Energieerhaltung. Noch für Werte von hscale um 0.1# werden recht akzeptable Werte erzielt.

Abschließend könnte man noch bemerken, daß die Verbesserung von NPHASE ohne Rücksicht auf Effizienz geschah. Die Größe xc(1)^2#+xc(2)^2# wird nach jedem Zeitschritt h aktualisiert, was viel häufiger als nötig ist.

Beispiel: der getriebene kubische Oszillator

Als zweites Beispiel nehmen wir die nicht-autonome Gleichung (11.1) und formen sie um in

$$\dot{x} = y,$$
$$\dot{y} = -ky - x^3 + A \cos \Omega t,$$
$$\dot{t} = 1,$$

was ein autonomes System ist. Wir bestätigen dann die Ergebnisse aus Abbildung 11.2 mit Hilfe von NPHASE. Dazu werden die grau-unterlegten Stellen abgeändert zu

```
n = 3
xm = 4 : ym = 8 : tm = 50#
LOCATE 13, 2 : INPUT "a"; a
k = .05# : w = 1#
xc(1) = 3# : xc(2) = 4# : xc(3) = 0#
h = .01#
PSET (xc(1), xc(2)), 14
f(1) = x(2)
f(2) = -k * x(2) - x(1)^3# + a * cos(w * x(3))
f(3) = 1#
```

so daß $x(1) = x$, $x(2) = y$ und $x(3) = t$ ist.

Die Bahn, die wir auf dem Bildschirm oder in Abbildung 11.2 sehen ist natürlich nur die zweidimensionale Projektion der in Wirklichkeit dreidimensionalen Bahn im Phasenraum.

Eine Variation: NPHASEXT

Diese einfache Variation von NPHASE gibt gleichzeitig zu der Bahn im Phasenraum auch die Kurve in der *t-x*-Ebene aus.

Zu der Urfassung von NPHASE wird bei der Initialisierung der Graphik nach der Zeile mit den LINE-Befehlen

```
LINE (-xm, -.85 * ym) - (xm, -.85 * ym), 13
```

und nach dem Befehl PSET

```
tinset = (2 * t/tm - 1) * xm
xinset = (.15 * xc(1)/xm - .85) * ym
PSET (tinset, xinset), 10
```

eingefügt.

Eine weitere Variation: NSENSIT

In dieser einfachen Variation von NPHASE werden die Lösungen zu vier verschiedenen Anfangsbedingungen berechnet und simultan die Entwicklung der Bahnen im Phasenraum dargestellt.

Die vier *n*-Vektoren, die jeweils den Zustand des Systems beschreiben, werden mit xcc(1,i), xcc(2,i), xcc(3,i) und xcc(4,i) bezeichnet (i=1...n). Das Programm verwendet also zweidimensionale Felder.

Hinter die DIM-Anweisung kommt der Zusatz

```
DIM xcc(4, n)
```

Die Anfangsbedingungen

```
xc(1) = 5# : xc(2) = 5# : xc(3) = 5#
```

werden durch

```
xcc(1, 1) = 5.000# : xcc(1, 2) = 5# : xcc(1, 3) = 5#
xcc(2, 1) = 5.005# : xcc(2, 2) = 5# : xcc(2, 3) = 5#
xcc(3, 1) = 5.010# : xcc(3, 2) = 5# : xcc(3, 3) = 5#
xcc(4, 1) = 5.015# : xcc(4, 2) = 5# : xcc(4, 3) = 5#
```

ersetzt. Schließlich löschen Sie die Zeile mit der PSET-Anweisung und anstelle des Befehls GOSUB Runge schreiben Sie

```
FOR j = 1 TO 4
 FOR i = 1 TO n : xc(i) = xcc(j, i) : NEXT
   GOSUB Runge
 FOR i = 1 TO n : xcc(j, i) = xc(i) : NEXT
   PSET (xcc(j, 1), xcc(j, 3)), 10 + j
NEXT
```

Wenn wir diese Version laufen lassen und für r 28 eingeben, so erhalten wir eine dramatische Demonstration, wie empfindlich die Lorenz-Gleichungen (vergleiche (11.9)) gegenüber den Anfangsbedingungen sind. Die Werte xc(i), die als Zahlen zum Schluß ausgegeben werden, sind die letzten Werte für den n-Vektor xcc(i), i=1...n.

Manchmal ist es sinnvoll, nur den momentanen Punkt im Phasenraum darzustellen und nicht die ganze Bahn. Dazu wird zum Beispiel hinter dem Befehl INPUT

```
radius = xm/100
```

und direkt hinter die DO-Anweisung

```
CLS
```

eingegeben. Schließlich wird die Zeile mit PSET durch

```
CIRCLE (xcc(j, 1), xcc(j, 3)), radius, 10 + j
```

ersetzt.

Programm NXT

```
DEFDBL A-H, K-M, O-Z: DEFINT I-J, N
n = 3: OPTION BASE 1
DIM x(n), xc(n), f(n), c1(n), c2(n), c3(n), c4(n)

REM ****** Initialisieren der Graphikausgabe ******

 CLS : SCREEN 9: PAINT (1, 1), 9
   xm = 4: tm = 50#
 VIEW (20, 30) - (575, 240), 0, 13
 WINDOW (0, -xm) - (tm, xm)
 LINE (0, 0) - (tm, 0), 11: LINE (0, -xm) - (0, xm), 11
     FOR d = .1 TO 1 STEP .1
     LINE (d * tm, 0) - (d * tm, xm / 40), 11
     NEXT
   LOCATE 2, 1: PRINT xm: LOCATE 10, 74: PRINT tm
   LOCATE 19, 43: PRINT "xi"
   LOCATE 22, 2: PRINT "Zeit"

REM ****** Integration ******

DO
   k = .05#: w = 1#: a = 7.5#
 LOCATE 19, 1
   INPUT "x1,x2,h,Farbe"; xc(1), xc(2), h, Farbe

 t = 0#: xc(3) = 0#

   DO
     GOSUB Runge
     t = t + h
     PSET (t, xc(1)), Farbe
   LOOP UNTIL ABS(t - tm) < h / 2 OR INKEY$ = "q"
   LOCATE 22, 6: PRINT t
     FOR i = 1 TO n
       LOCATE 18 + i, 46: PRINT ; xc(i)
     NEXT

LOOP
```

```
REM ****** Unterprogramme ******

Gleichungen:

    f(1) = x(2)
    f(2) = -k * x(2) - x(1)^3# + a * COS(w * x(3))
    f(3) = 1#

    RETURN

Runge: (wie bei NPHASE)
```

Dieses Programm integriert dieselbe Art von Systemen wie NPHASE, gibt aber das Ergebnis als Funktion einer Variablen in Abhängigkeit von der Zeit *t* aus.

Zu Beginn des Programms werden wir nach den Anfangsbedingungen, der Schrittweite *h* und der Farbe für die Kurve (eine ganze Zahl zwischen 1 und 15) gefragt. Sobald die Kurve gezeichnet ist, springt das Programm wegen der äußeren DO...LOOP-Schleife an den Anfang zurück, ohne die alte Kurve zu löschen. So lassen sich die verschiedenen Ergebnisse für unterschiedlicher Schrittweiten und Anfangsbedingungen am Bildschirm direkt miteinander vergleichen.

Das konkrete Programm integriert die Gleichung (11.1) für den getriebenen kubischen Oszillator. Dazu wurde sie in ein autonomes System dritter Ordnung umgewandelt. Mit Hilfe des Programms läßt sich Abbildung 11.1 reproduzieren.

Eine Variation: NXTWAIT

Manchmal ist es wünschenswert, wenn das System Zeit hat sich zu 'beruhigen', bevor wir uns den weiteren Fortgang als Funktion der Zeit anschauen. Kleine Veränderungen an NXT ermöglichen das. In der Initialisierung der Graphik ersetzen Sie die zweite Zeile zum Beispiel durch

```
xm = 4 : twait = 50# : tm = 50#
```

Die PSET-Anweisung wird durch

```
IF t > twait THEN
PSET (t - twait, xc(1)), Farbe
END IF
```

und die Abbruchbedingung der Schleife durch

```
LOOP UNTIL ABS(t - twait - tm) < h/2 OR INKEY$ = "q"
```

ersetzt. Das Programm zeichnet dann xc(1) gegen t für das Intervall twait < t < twait + tm auf.

Programm NVARY

```
DEFDBL A-H, K-M, O-Z: DEFINT I-J, N
n = 3 :: OPTION BASE 1
DIM x(n), xc(n), f(n), c1(n), c2(n), c3(n), c4(n)
DIM xcold(n)

REM ****** Initialisieren der Graphikausgabe ******

CLS : SCREEN 9: PAINT (1, 1), 1
xm = 8: ym = 8
VIEW (180, 17) - (595, 330), 0, 14
WINDOW (-xm, -ym) - (xm, ym)
LINE (-xm, 0) - (xm, 0), 11
LINE (0, -ym) - (0, ym), 11
 LOCATE 13, 76: PRINT xm: LOCATE 1, 48: PRINT ym
 LOCATE 15, 1: PRINT "xi"
 LOCATE 23, 2: PRINT "Zeit"

REM ****** Integration ******

LOCATE 13, 2: INPUT "w"; w

k = .1#: b = .04#
xc(1) = 0#: xc(2) = 0#: xc(3) = 0#
h = .1#

DO
  FOR i = 1 TO n: xcold(i) = xc(i): NEXT
    CLS
    LINE (-xm, 0) - (xm, 0), 11
    LINE (0, -ym) - (0, ym), 11
    t = 0#

  DO
    GOSUB Runge
    t = t + h
    PSET (xc(1), xc(2)), 14
    LOCATE 23, 6: PRINT INT(t)
  LOOP UNTIL INKEY$ = "q"
   LOCATE 16, 1
    FOR i = 1 TO n: PRINT "               ": NEXT
   LOCATE 16, 1
    FOR i = 1 TO n: PRINT CSNG(xc(i)): NEXT

  LOCATE 13, 2: INPUT "new w"; w
```

```
   IF w = 0# THEN
     FOR i = 1 TO n: xc(i) = xcold(i): NEXT
     LOCATE 13, 2: INPUT "new w"; w
   END IF
LOOP

REM ****** Unterprogramme ******

Gleichungen:

f(1) = x(2)
f(2) = -k * x(2) / w + (-x(1) - b * x(1)^3#
        + COS(x(3))) / w^2#          (in einer Zeile)
f(3) = 1#
RETURN
```

Runge: (wie bei NPHASE)

Das Programm ist eng verwandt mit NPHASE. Aber es ermöglicht die Änderung eines Parameters der Differentialgleichung während des Programmlaufs.

Das konkrete Programm ist für den Duffing-Oszillator (11.14) mit den Parametern aus Abbildung 11.16 geschrieben worden. Die treibende Frequenz Ω – im Programm mit w bezeichnet – läßt sich während des Laufs verändern. Da eine kleine Änderung von Ω eine ungewollt große Änderung von $\cos\Omega t$ verursachen kann, wenn t groß ist, haben wir für das Programm die Zeit mit $t' = \Omega t$ skaliert, so daß (11.14) zu

$$\frac{d^2x}{dt'^2} + \frac{k}{\Omega}\frac{dx}{dt'} = \frac{-\alpha x - \beta x^3 + A\cos t'}{\Omega^2}$$

wird. Um zu sehen wie das Programm funktioniert, ist es wahrscheinlich das einfachste, dieses spezielle Beispiel zu verwenden.

Starten Sie das Programm, und geben Sie für w 1 ein. Wenn sich eine periodische Oszillation eingestellt hat, was auf dem Bildschirm einer geschlossenen Bahn entspricht, drücken Sie q, um zu unterbrechen. Sie werden dann erneut nach einem Wert für w gefragt. Geben Sie 1.1 ein. Danach wird die Integration fortgesetzt, wobei die letzten Werte für xc(i) (i=1...n) als Anfangswerte genommen werden. Drücken Sie wieder q, wenn sich eine neue, leicht verschiedene periodische Oszillation eingestellt hat.

Wenn wir auf diese Weise w in Schritten von 0,1 erhöhen, werden sich jeweils nur kleine Veränderungen ergeben, bis wir den Wert 1,6 eingegeben haben. Dann springt das System zu Oszillationen mit viel kleineren Amplituden. Genau um solche Sprünge oder 'katastrophenartige' Veränderungen in einem System aufzuspüren, war das Programm NVARY gedacht.

Im nachhinein würde man sich natürlich wünschen, man hätte sich in kleineren Schritten der Sprungstelle angenähert. Auch dafür wurde vorgesorgt. Wenn man mit q unterbricht und bei der Abfrage nichts oder eine 0 eingibt, wird das System in den Zustand zurückgesetzt, den es hatte, bevor die letzte Veränderung von w stattfand. Danach wird w erneut abgefragt. Würden wir nun 1,5 eingeben erhielten wir wieder die Oszillation vor dem Sprung. Wir können also die Annäherung an die Sprungstelle in kleineren Schritten fortsetzen. Auf diese Weise werden wir herausfinden, daß sich der Sprung ungefähr bei $w \approx 1{,}52$ ereignet. Verringern wir wieder w, so wird das System etwa bei $w = 1{,}25$ zu großen Amplituden zurückspringen (Abbildung 11.16).

Ganz allgemein läßt sich mit NVARY relativ einfach der Parameterraum untersuchen. Wenn wir unsere Untersuchungen unterbrechen und später wieder fortsetzen wollen, so brauchen wir uns nur die Werte der Parameter und den Zustand des Systems xc(i), i=1...n, zu notieren. Wollen wir dann an der uns interessierenden Stelle mit der Untersuchung fortfahren, so müssen wir lediglich die Anfangsbedingungen gleich den Werten von xc(i) setzen.

Programm PENDANIM

```
DEFDBL A-H, K-M, O-Z: DEFINT I-J, N
n = 2: OPTION BASE 1
DIM x(n), xc(n), f(n), c1(n), c2(n), c3(n), c4(n)

REM ****** Initialisieren der Graphikausgabe ******

 CLS : SCREEN 9
 PAINT (1, 1), 9
 VIEW (180, 17) - (595, 330), 0, 14
 WINDOW (-2, -2) - (2, 2)
  LOCATE 22, 1: PRINT "Zeit"

REM ****** Integration ******

DO
    k = 1#
    t = 0#
    LOCATE 14, 1: INPUT "Winkel"; xc(1)
    LOCATE 15, 1: INPUT "WinGesch"; xc(2)
    h = .05#: animsteps = 4

    DO
        CLS
        b1 = SIN(xc(1)): b2 = -COS(xc(1))
        LINE (0, 0) - (b1, b2), 4
        CIRCLE (b1, b2), .05, 9: PAINT (b1, b2), 9
```

```
        FOR j = 1 TO animsteps
           GOSUB Runge
           t = t + h
        NEXT
      LOCATE 22, 6: PRINT CSNG(t)
   LOOP UNTIL INKEY$ = "q"

LOOP

REM ****** Unterprogramme ******

Gleichungen:

f(1) = x(2)
f(2) = -k * x(2) - SIN(x(1))
RETURN

Runge:   (wie bei NPHASE)
```

PENDANIM ist eine weitere Variation von NPHASE, hier angewandt auf das gedämpfte einfache Pendel $\ddot{\theta} + \tilde{k}\dot{\theta} + \sin\theta = 0$ (siehe Aufgabe 5.5). Wir haben dazu die Differentialgleichung nach

$$\dot{\theta} = y$$
$$\dot{y} = -\tilde{k}y - \sin\theta$$

umgeformt und $x(1) = \theta$ und $x(2) = y$ gesetzt. Neu an diesem Programm ist, daß es die Bewegung des Pendels als Animation ausgibt.

Unsere Methode ist einfach, aber recht grob. Bei jedem Durchgang der inneren DO...LOOP-Schleife wird der Bildschirm gelöscht (CLS). Dann wird eine Linie vom Ursprung zu der momentanen Position des Pendelgewichtes gezogen und das Pendelgewicht mit einem ausgefüllten Kreis dargestellt (CIRCLE und PAINT). Das Bild mit dieser Pendelposition verbleibt für eine kleine Anzahl (animsteps) von Rechenschritten auf dem Bildschirm, um dann wieder gelöscht und durch ein neues ersetzt zu werden, wenn die DO...LOOP-Schleife erneut durchlaufen wird. Wenn die Animation zu stark 'ruckelt', kann man den Wert von animsteps anpassen.

Zu Beginn fragt das Programm nach den Anfangsbedingungen. Mit den Bezeichnungen aus Abschnitt 5.5 und Aufgabe 5.5 ist das in diesem Fall θ_0 ('Winkel') und $\tilde{\Omega}$ ('WinGesch'). Drücken wir q, so wird die Integration unterbrochen und nach neuen Anfangswerten gefragt.

Mit wenigen einfachen Änderungen kann PENDANIM einige der wichtigen Ergebnisse von Kapitel 10 illustrieren.

Zu Aufgabe 10.1: Instabilität

Vor die anderen INPUT-Anweisungen wird

```
LOCATE 13, 1 : INPUT "S"; S
```

eingefügt. Im Anschluß an die Zeilen, in denen das Pendel gezeichnet wird, kommt folgende zusätzliche Zeile

```
LINE (0, 1) - (b1, b2), 2
```

Schließlich wird noch das Unterprogramm Gleichungen entsprechend Aufgabe 10.1 angepaßt (in eine Programmzeile schreiben)

```
f(2) = -k * x(2) - sin(x(1))
       + S * (2# * cos(x(1)/2#) - 1#) * sin(x(1)/2#)
```

Das System aus Abbildung 10.5 kann recht gut untersucht werden, wenn man k=0.1# setzt und folgende Werte für S, Winkel und WinGesch eingibt:
(0, 1.5, 0), (1.9, 1.5, 0), (2.1, 1.5, 0), (2.1, 1.8, 0),
(5, 0.0001, 0), (25, 1E-20, 0).
Der Winkel im letzten Satz von Werten ist 10^{-20}.

Zu Aufgabe 10.3: Mehrfache Gleichgewichtszustände und Katastrophe

Zunächst wird das Unterprogramm Gleichungen entsprechend dem gedämpften Äquivalent zu (10.22) angepaßt

```
f(2) = -k * x(2) + x(1) - x(1)^3#/6# - (x(1) - eps)/m
```

Die Hauptänderungen bestehen nun darin, daß man nach Drücken der Taste q einen neuen Wert für den Parameter eps eingeben kann, ohne daß man dabei zu den Anfangsbedingungen bei $t = 0$ zurückspringt. Deswegen wird diese Abfrage aus der äußeren DO...LOOP-Schleife herausgenommen und die erste DO-Anweisung samt den nächsten sechs Zeilen wird durch folgendes Programmstück ersetzt:

```
t = 0#
xc(1) = -.1# : xc(2) = 0#
DO
 k = .1# : m = 1.2#
   IF m > 1 THEN
     critval = SQR(8 * (m - 1)^3/(9 * m))
     LOCATE 5, 1 : PRINT CSNG (critval)
   END IF
 LOCATE 14, 1 : INPUT "eps"; eps
 c = .3 * cos(eps) : s = .3 * sin(eps)
 h = .05# : animsteps = 4
```

Der Teil in der `IF...END IF`-Anweisung gibt als Anhaltspunkt den kritischen Wert für ε aus, wie er in Aufgabe 10.3 gegeben wurde.

Schließlich wird in dem Teil der inneren `DO...LOOP`-Schleife, der für die Animation sorgt, die Zuweisung `b2 = -cos(xc(1))` durch

```
b2 = cos(xc(1))
```

ersetzt, da θ (d.h. `xc(1)`) nun von der nach oben gerichteten senkrechten Position aus gemessen wird. Um noch Grundplatte und Feder entsprechend Abbildung 10.11 anzudeuten, werden hinter dem `PAINT`-Befehl noch folgende Zeilen eingefügt:

```
LINE (0, 0) - (s, c), 1
LINE (-c, s) - (c, -s), 1
```

Nehmen Sie den vorgegebenen Wert für `M` von `1.2`. Fangen Sie mit `eps=0` an, und erhöhen Sie den Wert in Schritten von 0,02. Wenn der Stab plötzlich nach rechts umschlägt, verringern Sie `eps` schrittweise wieder.

Experimentieren Sie mit verschiedenen Werten von `M` und mit unterschiedlichen Dämpfungen `k`. Ist allerdings `M` groß, so kann der Winkel θ zu groß werden, so daß (10.22) keine gute Näherung mehr für (10.19) ist.

Sie können auch ε fest vorgeben, zum Beispiel mit `eps = 0.1#`, und den Wert für `M` immer wieder durch eine `INPUT`-Anweisung abfragen lassen. Fangen Sie dann beispielsweise mit einem Wert von 2,5 für `M` an, und reduzieren Sie den Wert in Schritten von 0,2. Es wird sich ein Sprung ereignen. Erhöhen Sie wieder schrittweise, so wird sich das System bis $M = 2,5$ allmählich wieder der Ausgangslage angenähert haben. Überprüfen Sie, daß die Ergebnisse konsistent mit Abbildung 10.13 sind.

Zu Aufgabe 10.4: Hysterese eines Bewegungszustandes

Ändern Sie das Unterprogramm `Gleichungen` von `PENDANIM`, so daß

```
f(2) = -k * x(2) - sin(x(1)) + Drehmoment
```

wobei `Drehmoment` für das dimensionslose Drehmoment $\tilde{\Gamma}$ steht. Ersetzen Sie dann die ersten sechs Zeilen des Teils `Integration` durch

```
t = 0#
xc(1) = 0# : xc(2) = 0#
DO
k = .3#
LOCATE 14, 1 : INPUT "Drehmoment"; Drehmoment
h = .05# : animsteps = 4
```

so daß das neue Programm ähnlich funktioniert wie das für Aufgabe 10.3.

Starten Sie das Programm und geben Sie für Drehmoment den Wert 0.1 ein. Wenn das Pendel in seiner neuen Gleichgewichtslage zur Ruhe gekommen ist, drücken Sie q, um einen neuen Wert für das Drehmoment einzugeben. Nehmen Sie diesmal 0.3. Erhöhen Sie so schrittweise das Drehmoment. Bei dem Wert 1.1 wird das Pendel gleichförmig um seine Aufhängung rotieren. Verringern Sie darauf nach und nach das Drehmoment. Bei einer Dämpfung k = 0.3# hört die Rotation erst auf, wenn das Drehmoment kleiner als 0.37 wird. Ist die Dämpfung größer, so ist die Hysterese nicht ganz so stark ausgeprägt. Bei k = 0.8# existieren die beiden Lösungen (Gleichgewichtslage und Rotation) nur noch für 0.86 < Drehmoment < 1. Die Form der Rotationsbewegung ist besonders kurz vor ihrem Abbruch interessant, wenn wir also das Drehmoment fast bis 0.86 verringert haben. Das Pendel verbringt dann einen großen Teil seiner Umlaufzeit fast bewegungslos damit, den oberen Totpunkt zu durchlaufen.

Eine Variation: VIBRAPEN

Bei dieser Variation von PENDANIM wird der Aufhängungspunkt des Pendels mit vorgegebener Frequenz und Amplitude auf- und abbewegt. Das System gehorcht der Gleichung (12.9), beziehungsweise der dimensionslosen Entsprechung (12.11). Die Gleichung läßt sich in ein System erster Ordnung umformen (12.13). Die Variablen a, w und k im Programm bezeichnen die dimensionslosen Parameter des Models $\tilde{a}$, $\tilde{\omega}$ und $\tilde{k}$, wie sie durch (12.12) definiert werden.

Nehmen Sie das ursprüngliche Programm PENDANIM. Ändern Sie zunächst

```
n = 3
```

und im Unterprogramm Gleichungen die Funktionen

```
f(1) = x(2)
f(2) = -k * x(2) - (1# + c * cos(w * x(3))) * sin(x(1))
f(3) = 1#
```

Die Zeile mit t = 0# wird zu

```
t = 0# : xc(3) = 0#
```

Vor die Zeilen mit INPUT werden die zwei folgenden Zeilen eingefügt:

```
LOCATE 13,1 : INPUT "a,w"; a,w
c = a * w^2#
```

Versuchsweise setzen Sie nun

```
h = .02# : animsteps = 2
```

Es sollte eine einigermaßen glatt laufende, angenehme Animation dadurch entstehen, was jedoch sowohl von der Schrittweite h als auch von der Rechengeschwindigkeit Ihres Computers abhängt.

Schließlich ersetzen Sie

```
b1 = sin(xc(1)) : b2 = -cos(xc(1))
LINE (0, 0) - (b1, b2), 4
```

durch

```
LINE (0, -a) - (0, a), 8
piv = -a * cos(w * xc(3))
CIRCLE (0, piv), .02, 12 : PAINT (0, piv), 12
b1 = sin(xc(1)) : b2 = -cos(xc(1)) + piv
LINE (0, piv) - (b1, b2), 4
```

Eine spannende Anwendung des obigen Programms ist das umgedrehte Pendel aus Aufgabe 12.1. Um die 'tanzenden' Oszillationen zu untersuchen und zu überprüfen, ob sich beim System eine periodische Bewegung einstellt, kann es hilfreich sein, den Befehl CLS in der inneren DO...LOOP-Schleife durch die folgenden drei Zeilen zu ersetzen:

```
IF t < 70 THEN
CLS
END IF
```

Programm PENDOUBL

```
DEFDBL A-H, K-M, O-Z: DEFINT I-J, N
n = 5: OPTION BASE 1
DIM x(n), xc(n), f(n), c1(n), c2(n), c3(n), c4(n)

REM ****** Initialisieren der Graphikausgabe ******

 CLS : SCREEN 9
 PAINT (1, 1), 9
 VIEW (180, 17) - (595, 330), 0, 14
 WINDOW (-2.4, -2.4) - (2.4, 2.4)
  LOCATE 21, 2: PRINT "Zeit"

REM ****** Integration *******

DO
 k = .1#: m = .1#
  LOCATE 12, 2: INPUT "a,w"; a, w
```

```
t = 0#:  xc(2) = 0#:  xc(4) = 0#:  xc(5) = 0#
LOCATE 14, 2:  INPUT "Win1,Win2"; xc(1), xc(3)
h = .05#

  DO
    CLS
      LINE (0, -a) - (0, a), 8
      ph = -a * COS(w * x(5))
      CIRCLE (0, ph), .025, 12: PAINT (0, ph), 12
    X1 = SIN(xc(1)): X2 = -COS(xc(1)) + ph
    X3 = SIN(xc(1)) + SIN(xc(3))
    X4 = -COS(xc(1)) - COS(xc(3)) + ph
      LINE (0, ph) - (X1, X2), 12
        CIRCLE (X1, X2), .05, 9: PAINT (X1, X2), 9
      LINE (X1, X2) - (X3, X4), 12
        CIRCLE (X3, X4), .05, 9: PAINT (X3, X4), 9

      GOSUB Runge
      t = t + h
    LOCATE 21, 6: PRINT CSNG(t)
  LOOP UNTIL INKEY$ = "q"
LOOP

REM ****** Unterprogramme ******

Gleichungen:

Q = x(3) - x(1): c = COS(Q): s = SIN(Q): P = c * s
D = 1# - m * c^2#
g = (1# + a * w^2# * COS(w * x(5)))
g1 = g * SIN(x(1))
g3 = g * SIN(x(3))
x22 = x(2)^2#: x42 = x(4)^2#

f(1) = x(2)
f(2) = -k * x(2) + (m * (x42 * s + x22 * P
       + g3 * c) - g1) / D   (in einer Zeile)
f(3) = x(4)
f(4) = -k * x(4) + (-x22 * s - m * x42 * P
       - g3 + g1 * c) / D    (in einer Zeile)
f(5) = 1#
RETURN
```

Runge: (wie bei NPHASE)

Das Programm liefert eine Animation eines Doppelpendels, dessen Aufhängungspunkt sich mit vorgegebener Frequenz und Amplitude auf- und abbewegt (Abschnitt 12.4 und 12.5). Es ist also das Gegenstück von VIBRAPEN für ein Doppelpendel.

Die zugrundeliegenden Gleichungen erhält man, indem in (12.15) g durch $g + a\omega^2$ ersetzt wird. Die Gleichungen werden dann mit $\tilde{t} = (g/l)^{1/2}t$ skaliert, und als gekoppelte Gleichungen für $\ddot{\theta}_1$ und $\ddot{\theta}_2$ behandelt (der Punkt bedeutet hierbei Ableitung nach $\tilde{t}$). Im nächsten Schritt wird (recht grobe) ein Dämpfungsterm eingeführt. Dazu wird $\ddot{\omega}_1$ durch $\ddot{\omega}_1 + \tilde{k}\dot{\omega}_1$ und $\ddot{\omega}_2$ durch $\ddot{\omega}_2 + \tilde{k}\dot{\omega}_2$ ersetzt (vergleiche (12.11)). Schließlich werden die Gleichungen in ein autonomes System fünfter Ordnung umgeformt. Die Variablen im Programm haben folgende Bedeutung: $x(1) = \theta_1$, $x(2) = \dot{\theta}_1$, $x(3) = \theta_2$, $x(4) = \dot{\theta}_2$ und $x(5) = \tilde{t}$.

Die Parameter sind wie in (12.12) definiert, wobei jedes Pendel die Länge l hat. Ein weiterer Parameter ist $m = m_2/(m_1 + m_2)$ (siehe (12.3)). Im konkreten Programm sind $\tilde{k} = 0,1$ und $m = 0,1$. Die dimensionslosen Größen von Amplitude und Frequenz des Antriebs werden während des Programmlaufs abgefragt. Die Anfangswerte der Winkelgeschwindigkeiten $\dot{\theta}_1$ und $\dot{\theta}_2$ werden zu Beginn auf null gesetzt und die Anfangswinkel (gemessen in Bogenmaß bezüglich der abwärts gerichteten Senkrechten) abgefragt (vergleiche Abbildung 12.6).

Wenn wir das System mit hoher Frequenz $\tilde{\omega}$ antreiben, um zum Beispiel den umgedrehten Zustand zu stabilisieren, kann es für ein korrektes Ergebnis nötig werden, die Schrittweite h recht klein zu machen. Für unseren Standardtest, Halbierung der Schrittweite h, modifiziert man am besten das Programm so, daß es eine definierte Zeit tm lang läuft und dann die Winkel xc(1) und xc(3) ausgibt. So kann das Ergebnis besser kontrolliert werden als nur über den Vergleich der Animationen.

Programm THREEBP

```
DEFDBL A-H, K-M, O-Z: DEFINT I-J, N
n = 12: OPTION BASE 1
DIM x(n), xc(n), f(n), c1(n), c2(n), c3(n), c4(n)

REM ****** Initialisieren der Graphikausgabe ******

  CLS : SCREEN 9
  PAINT (1, 1), 9
  xm = .75: ym = xm
  VIEW (180, 17) - (595, 330), 0, 13
  WINDOW (-xm, -ym) - (xm, ym)
  LINE (-xm, 0) - (xm, 0), 8: LINE (0, -ym) - (0, ym), 8
  LOCATE 13, 76: PRINT xm
```

```
REM ****** Integration ******

m1 = .5#: m2 = .5#: m3 = .5#
LOCATE 13, 1: INPUT "x3,y3"; x3, y3

t = 0#

    REM ** Anfangswert x-Koordinate **
    xc(1) = -.5#: xc(2) = .5#: xc(3) = x3
    REM ** Anfangswert y-Koordinate **
    xc(4) = 0#: xc(5) = 0#: xc(6) = y3
    REM ** Anfangswert x-Geschwindigkeit **
    xc(7) = 0#: xc(8) = 0#: xc(9) = 0#
    REM ** Anfangswert y-Geschwindigkeit **
    xc(10) = -.3#: xc(11) = .3#: xc(12) = -.3#

h = .003#

DO
  GOSUB Runge
  PSET (xc(1), xc(4)), 12
  PSET (xc(2), xc(5)), 9
  PSET (xc(3), xc(6)), 15
  t = t + h

  REM ** Wird die Energie erhalten? **
  kin1 = .5# * m1 * (xc(7)^2# + xc(10)^2#)
  kin2 = .5# * m2 * (xc(8)^2# + xc(11)^2#)
  kin3 = .5# * m3 * (xc(9)^2# + xc(12)^2#)
  pot = -(m1 * m2 / r12 + m2 * m3 / r23 + m3 * m1 / r31)
  energy = kin1 + kin2 + kin3 + pot
  LOCATE 21, 1: PRINT "Energie"
  LOCATE 22, 1: PRINT energy

  LOCATE 17, 7: PRINT "                    "
  LOCATE 17, 1: PRINT "Zeit ="; CSNG(t)

 LOOP UNTIL INKEY$ = "q"

END     .

REM ****** Unterprogramme ******

Gleichungen:

d21 = x(2) - x(1): d32 = x(3) - x(2): d13 = x(1) - x(3)
```

```
d54 = x(5) - x(4): d65 = x(6) - x(5): d46 = x(4) - x(6)

r12 = (d21^2# + d54^2#)^.5#
r23 = (d32^2# + d65^2#)^.5#
r31 = (d13^2# + d46^2#)^.5#

p12 = r12^3#: p23 = r23^3#: p31 = r31^3#

f(1) = x(7): f(2) = x(8): f(3) = x(9)
f(4) = x(10): f(5) = x(11): f(6) = x(12)

f(7)  = m2 * d21 / p12 - m3 * d13 / p31
f(8)  = m3 * d32 / p23 - m1 * d21 / p12
f(9)  = m1 * d13 / p31 - m2 * d32 / p23
f(10) = m2 * d54 / p12 - m3 * d46 / p31
f(11) = m3 * d65 / p23 - m1 * d54 / p12
f(12) = m1 * d46 / p31 - m2 * d65 / p23

RETURN
```

Runge: (wie bei NPHASE)

Dieses Programm ist eine unkomplizierte Anwendung von NPHASE auf ein System aus zwölf Gleichungen erster Ordnung, die dem Dreikörperproblem (6.49) entspricht. Die Variablen, mit denen das Unterprogramm Gleichungen aufgerufen wird, sind in nachfolgender Tabelle aufgelistet.

dimensionslose Koordinaten			Variablen im Unterprogramm 'Gleichungen'		
$\tilde{x}_1$	$\tilde{x}_2$	$\tilde{x}_3$	x(1)	x(2)	x(3)
$\tilde{y}_1$	$\tilde{y}_2$	$\tilde{y}_3$	x(4)	x(5)	x(6)
$\dot{\tilde{x}}_1$	$\dot{\tilde{x}}_2$	$\dot{\tilde{x}}_3$	x(7)	x(8)	x(9)
$\dot{\tilde{y}}_1$	$\dot{\tilde{y}}_2$	$\dot{\tilde{y}}_3$	x(10)	x(11)	x(12)

Wie auch bei den anderen Programmen, enthalten die Variablen xc(1) ... das Ergebnis der Integration und werden auf dem Bildschirm ausgegeben. Die Konstanten m1, m2 und m3 bezeichnen die dimensionslosen Massen $\tilde{m}_1$, $\tilde{m}_2$ und $\tilde{m}_3$.

Das abgedruckte Programm hat eine konstante Schrittweite h. Es läßt sich aber auch leicht eine variable Schrittweite (6.50) implementieren. Dazu wird zum Beispiel die Anweisung h=.003# durch

```
hscale = .1#
```

ersetzt. Am Ende der inneren DO. . . LOOP-Schleife wird die Zeile

```
h = hscale/(r12^-2# + r23^-2# + r31^-2#)
```

eingefügt.

Massen und Anfangsbedingungen entsprechen dem Beispiel aus Abbildung 6.15. Um die Beispiele aus dem Text nachzuvollziehen, setzen Sie m3 = .00005# und die Anfangswerte xc(10) = -0.5# und xc(11) = 0.5#. Starten Sie das Programm, und geben Sie für x3 und für y3 jeweils 50 ein, so daß sich zu Beginn m_3 weit weg von m_1 und m_2 befindet. Die Massen m_1 und m_2 umkreisen dann den Ursprung mit dem Radius 0,5. Setzt man xc(10) und xc(11) zurück auf ihre ursprünglichen Werte von -.3# und .3# und gibt für die dritte Masse die gleichen Anfangsbedingungen wie zuvor ein, so erhält man elliptische Bahnen wie in Abbildung 6.15(a).

Setzen Sie nun m3 = .5# und bei der Abfrage x3 = -0.1 und y3 = 0.75. Mit der festen Schrittweite h = .003 läßt sich die Abfolge von Abbildung 6.15 reproduzieren, aber nicht viel länger. Bereits für $\tilde{t} \approx 4,8$ hat sich die Gesamtenergie merklich geändert, und schon eine kurze Zeit später ($\tilde{t} \approx 5,7$) bei einer dichten Begegnung von m_1 und m_2 entwickelt sich das System völlig falsch weiter. Selbst mit Schrittweiten von 0,001 oder sogar 0,0003 wird das Problem nicht gelöst. Erst bei Verwendung einer variablen Schrittweite mit hscale = .1 oder 0.05 läßt sich die Integration sinnvoll längere Zeit betreiben.

Im Fall von Abbildung 6.16 erzielt wieder die feste Schrittweite h = .003 gute Ergebnisse bis zu einer dichten Begegnung von m_1 und m_2 bei $\tilde{t} = 23,56$. Danach liefert die Integration völlig falsche Werte. Das gleiche passiert, wenn bei variabler Schrittweite hscale zu groß gewählt wird (0,2 oder größer). Offensichtlich richtige Ergebnisse erreicht man jedoch mit hscale = .1, 0.05 oder 0.025 trotz dichten Begegnungen.*

Ein möglicher Test der Integration liefert das Vorgehen bei NXT, wodurch man mehrere 'Lösungen' gleichzeitig auf dem Bildschirm betrachten kann. Löschen Sie dazu die Zeile

```
hscale = .1#
```

Ändern Sie die Farbwahl in den PSET-Anweisungen von 12, 9 und 15 in k1, k2 und k3. Fügen Sie hinter die INPUT-Anweisung die Zeilen

```
LOCATE 14, 1 : INPUT "hscale"; hscale
LOCATE 15, 1 : INPUT "k1,k2,k3"; k1,k2,k3
```

und betten Sie den ganzen Teil Integration in eine äußere DO. . . LOOP-Schleife.

---

* Die Rechenzeit für die letztgenannte Integration ist recht hoch. Bei einem 486 DX2 66 mit dem QBasic-Interpreter dauert sie etwa eine halbe Stunde, und selbst mit einem Pentium noch einige Minuten.

Programm HEAT

```
REM ****** Initialisieren der Graphikausgabe ******

 CLS : SCREEN 9: PAINT (1, 1), 1
 xm = 1: ym = .5: tm = .2
VIEW (20, 30) - (575, 240), 0, 11
WINDOW (0, 0) - (xm, ym)
  LOCATE 18, 74: PRINT xm
  LOCATE 2, 2: PRINT ym
  LOCATE 23, 1: PRINT "y (Mitte)="
  LOCATE 23, 30: PRINT "t="

REM ****** Definition des Gitternetzes ******
 LOCATE 19, 1: INPUT "m"; m
   DIM y(m), ynew(m)
   h = xm / m
   LOCATE 19, 10: PRINT "h"; h
   LOCATE 20, 1: PRINT "kcrit="; .5 * h^2
 LOCATE 21, 1: INPUT "k < kcrit"; k

REM ****** Anfangsbedingungen ******
 DEF fnf (x) = .5 * EXP(-100 * (x - .5)^2)

   FOR i = 1 TO m - 1
     y(i) = fnf(i * h)
   NEXT
     y(0) = 0: y(m) = 0

REM ****** Integration ******

   t = 0

DO
   CLS
     LINE (0, 0) - (h, y(1)), 9
   FOR i = 1 TO m - 1
     LINE (i * h, y(i)) - ((i + 1) * h, y(i + 1)), 9
     diff2 = y(i + 1) - 2 * y(i) + y(i - 1)
     ynew(i) = y(i) + k * (diff2 / h^2)
   NEXT
     ynew(0) = 0: ynew(m) = 0

   FOR i = 0 TO m
     y(i) = ynew(i)
   NEXT
```

```
t = t + k

   LOCATE 23, 11: PRINT INT(y(m / 2) * 1000) / 1000
   LOCATE 23, 32: PRINT INT(t * 1000) / 1000

LOOP UNTIL ABS(t - tm) < k / 2 OR INKEY$ = "q"
```

Das Programm integriert die dimensionslose Wärmediffusionsgleichung (7.16) unter den Randbedingungen (7.17) und den Anfangsbedingungen (7.18). Die abhängige Variable wird anstatt mit T mit y bezeichnet.

Das Programm nimmt die Werte von y an den Gitterpunkten einer horizontalen Reihe aus Abbildung 7.8 (y(i), i=0...m), um damit die Werte für die nächste Reihe (ynew(i), i=1...m-1) zu berechnen. Es bedient sich der Rechenregel (7.23), die im Programm in zwei Zeilen aufgespalten ist. Für den nächsten Zeitschritt werden dann die 'neuen' Werte ynew(i) zu den 'alten' Werten y(i). Bei jedem Zeitschritt werden die Wert von y(i) mit dem Befehl LINE in das Koordinatensystem gezeichnet. Das hat gegenüber der Ausgabe mit PSET den Vorteil, daß man eine durchgezogene Kurve und nicht einzelne Punkte erhält.

Im abgedruckten Programm hat $y = f(\tilde{x})$ zu Beginn eine 'heiße Stelle' um $\tilde{x} = 0{,}5$ herum. Nach dem wir den Wert für m – zum Beispiel 50 – eingegeben haben, gibt der Computer den maximalen Zeitschritt kcrit aus, für die die numerische Integration stabil bleibt (vergleiche (7.24)). Danach wird die Schrittweite k für die Zeit abgefragt. Nach Eingabe von beispielsweise 0.0001, sehen wir, wie die Wärme zunächst schnell und dann immer langsamer zur Seite diffundiert (vergleiche Abbildung 7.7).

Gibt man für k einen Wert ein, der etwas größer als kcrit ist, so führt das zu einer interessanten und dramatischen Instabilität der numerischen Berechnung. Nach meinen Erfahrungen kann dabei allerdings der Computer abstürzen. Seien Sie also bereit, q oder CTRL-BREAK zu drücken, wenn die Oszillationen zu groß werden.

C Lösungen zu den Übungen

Für Aufgaben, die numerische Integration beinhalten, sollten auch die geeigneten Stellen aus Anhang A und B gelesen werden.

2 Ein kurzer Überblick über die Infinitesimalrechnung

Zu Aufgabe 2.1 $\dfrac{dy}{dx} = 3x^2 - a, \qquad \dfrac{d^2y}{dx^2} = 6x$

Für $a < 0$ gibt es keine Extrema. Ist $a > 0$ gibt es zwei, eines bei $x = -(a/3)^{1/2}$ und eines bei $x = +(a/3)^{1/2}$. Das erste ist ein lokales Maximum, da $d^2y/dx^2 < 0$ ist und deswegen die Steigung der Kurve an dieser Stelle x abnimmt. Das zweite ist ein lokales Minimum.

Für $a = 0$ gibt es zwar eine waagrechte Tangente bei $x = 0$, diese Stelle ist aber kein Extremum.

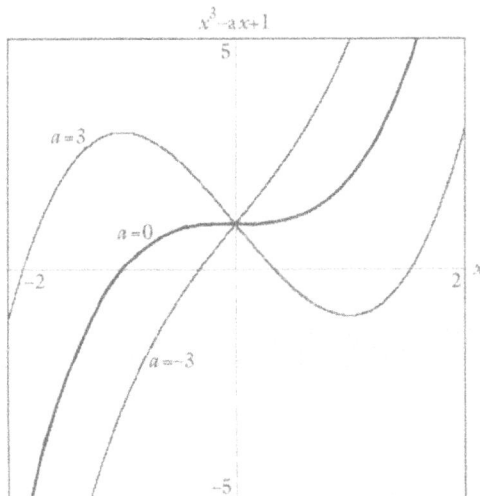

Abbildung C.1: Zu Aufgabe 2.1.

Zu Aufgabe 2.2 Nach der Quotientenregel (2.7) folgt, daß

$$\frac{d}{dx}\left\{\frac{\exp(x+y)}{\exp(x)}\right\} = \frac{1}{[\exp(x)]^2}\left\{\exp(x)\frac{d}{dx}\exp(x+y) - \exp(x+y)\frac{d}{dx}\exp(x)\right\}.$$

Mit der Substitution $u = x + y$ und unter Verwendung der Kettenregel (2.9) sieht man, daß

$$\begin{aligned}\frac{d}{dx}(\exp u) &= \frac{d}{du}(\exp u)\cdot\frac{du}{dx}\\ &= \exp(u),\end{aligned}$$

wegen (2.20) und der Tatsache, daß y konstant gehalten wird. Der Term in den geschweiften Klammern wird deswegen zu

$$\exp(x)\exp(x+y) - \exp(x+y)\exp(x)$$

wiederum unter Verwendung von (2.20). Es ist also

$$\frac{d}{dx}\left\{\frac{\exp(x+y)}{\exp(x)}\right\} = 0,$$

und somit ist $\exp(x+y)/\exp(x)$ eine Konstante. Mit (2.21) findet man dann, daß die Konstante gleich $\exp(y)$ ist, was zu beweisen war.

Zu Aufgabe 2.3 Unter Verwendung allgemein bekannter Eigenschaften der Funktion $\log x$, die sich auch aus (2.30) herleiten lassen, folgt daß

$$\begin{aligned}\frac{1}{x} &= \lim_{n\to\infty} n\left[\log\left(x+\frac{1}{n}\right) - \log x\right]\\ &= \lim_{n\to\infty} n\log\left(1+\frac{1}{nx}\right)\\ &= \lim_{n\to\infty} \log\left(1+\frac{1}{nx}\right)^n\end{aligned}$$

Es ist also

$$\lim_{n\to\infty}\left(1+\frac{1}{nx}\right)^n = e^{1/x}.$$

Setzt man $x = 1/\alpha$, so folgt die gesuchte Beziehung.

Zu Aufgabe 2.4 Die Ableitung von e^{-x} ist wegen (2.27) gleich $-e^{-x}$. Deswegen ist

$$\frac{d}{dx}\cosh x = \frac{1}{2}(e^x - e^{-x}) = \sinh x,$$

und das andere Ergebnis erhält man entsprechend.

$$\cosh^2 x - \sinh^2 x = \frac{1}{4}(e^{2x} + 2 + e^{-2x}) - \frac{1}{4}(e^{2x} - 2 + +e^{-2x}) = 1.$$

Zu Aufgabe 2.5 Mit Hilfe der Eulerschen Formel und den Additionstheoremen der trigonometrischen Funktionen erhält man

$$
\begin{aligned}
e^{i\theta_1} e^{i\theta_2} &= (\cos\theta_1 + i\sin\theta_1)(\cos\theta_2 + i\sin\theta_2) \\
&= [\cos\theta_1 \cos\theta_2 - \sin\theta_1 \sin\theta_2 + i\{\sin\theta_1 \cos\theta_2 + \cos\theta_1 \sin\theta_2\}] \\
&= \cos(\theta_1 + \theta_2) + i\sin(\theta_1 + \theta_2) \\
&= e^{i(\theta_1 + \theta_2)}.
\end{aligned}
$$

3 Gewöhnliche Differentialgleichungen

Zu Aufgabe 3.1 Der integrierende Faktor ist $e^{\int 2t\,dt} = e^{t^2}$. Also ist

$$\frac{d}{dt}(x e^{t^2}) = t e^{t^2},$$

$$x e^{t^2} = \frac{1}{2} e^{t^2} + c,$$

$$x = \frac{1}{2} + c e^{-t^2}.$$

Mit der Anfangsbedingung $x = 0$ bei $t = 0$ ist $c = \frac{1}{2}$ und

$$x = \frac{1}{2}(1 + e^{-t^2}).$$

Zu Aufgabe 3.2 Die Gleichung ist separabel, man erhält also

$$\int \frac{dx}{x^2} = \int \frac{dt}{1+t}$$

$$-\frac{1}{x} = \log(1+t) + c.$$

Mit $x = 1$ bei $t = 0$ ist $c = -1$ und

$$x = \frac{1}{1 - \log(1+t)}.$$

Die Lösung 'explodiert', wenn $\log(1+t) = 1$, das heißt $t = e - 1$.

Zu Aufgabe 3.3

(a) Setzt man (3.24) in die linke Seite von (3.23) ein, erhält man

$$a(A\ddot{x}_1 + B\ddot{x}_2) + b(A\dot{x}_1 + B\dot{x}_2) + c(Ax_1 + Bx_2) =$$
$$A(a\ddot{x}_1 + b\dot{x}_1 + cx_1) + B(a\ddot{x}_2 + b\dot{x}_2 + cx_2) = 0$$

Beachten Sie, daß die Linearkombination aus zwei Lösungen keine neue Lösung ergeben hätte, wenn in (3.23) anstatt cx zum Beispiel cx^3 gestanden hätte, wenn die Gleichung also nicht-linear wäre.

(b) Mit (3.29) und (3.30) ist die allgemeine Lösung

$$x = Ae^t + Be^{-t}.$$

Dann ist $\dot{x} = Ae^t - Be^{-t}$. Und mit den Anfangsbedingungen erhält man $A + B = 1$, $A - B = 0$, also $A = B = \frac{1}{2}$. Es ist also

$$x = \frac{1}{2}(e^t + e^{-t}).$$

Zu Aufgabe 3.4 Wir haben $a\ddot{x}_1 + b\dot{x}_1 + cx_1 = 0$. Schreiben wir $x = x_1 u$, so erhalten wir

$$\dot{x} = \dot{x}_1 u + x_1 \dot{u}$$
$$\ddot{x} = \ddot{x}_1 u + 2\dot{x}_1 \dot{u} + x_1 \ddot{u}$$

und damit

$$(a\ddot{x}_1 + b\dot{x}_1 + cx_1)u + (2a\dot{x}_1 + bx_1)\dot{u} + ax_1\ddot{u} = 0.$$

Die erste Klammer verschwindet, und mit $z = \dot{u}$ bleibt nur noch

$$ax_1\dot{z} + (2a\dot{x}_1 + bx_1)z = 0$$

übrig, was eine Gleichung erster Ordnung für z ist.

Im Falle

$$\ddot{x} - 2\dot{x} + x = 0$$

liefert der Ansatz $x = e^{mt}$ mit $(m-1)^2 = 0$ (vergleiche (3.31)) nur eine Lösung $x_1 = e^t$. Da $a = 1$, $b = -2$ und $c = 1$ ergibt die obige Methode

$$e^t \dot{z} + (2e^t - 2e^t)z = 0.$$

Daraus folgt, daß $\dot{z} = 0$ und somit z eine Konstante ist, die wir mit B bezeichnen. Nun ist aber $\dot{u} = z = B$, und somit $u = Bt + A$. Die allgemeine Lösung ist in diesem Fall also

$$x = (A + Bt)e^t,$$

und mit den Anfangsbedingungen findet man

$$x = (1 - t)e^t.$$

Zu Aufgabe 3.5 Zunächst sieht man, daß $x = -t$ eine spezielle Lösung $x_p(t)$ ist, da dann $\ddot{x}$ verschwindet. Nach (3.30) ist die allgemeine Lösung der homogenen Gleichung $Ae^t + Be^{-t}$ und man erhält als allgemeine Lösung

$$x = Ae^t + Be^{-t} - t.$$

Dann ist $\dot{x} = Ae^t - Be^{-t} - 1$, und die Anfangsbedingungen ergeben $A + B = 1$, $A - B - 1 = 0$, also $A = 1$ und $B = 0$ und damit

$$x = e^t - t.$$

Zu Aufgabe 3.6 In diesem Fall wird (3.44) zu

$$V(x) = \int\limits_0^x \alpha s \, ds = \frac{1}{2}\alpha x^2,$$

und somit (3.48) zu

$$\pm \int\limits_{x_0}^x \frac{dx}{\sqrt{x_0^2 - x^2}} = \left(\frac{\alpha}{m}\right)^{1/2} t.$$

Mit der Substitution $x = x_0 \cos\theta$ erhält man

$$\mp \int\limits_0^{\cos^{-1}(x/x_0)} \mathrm{d}\theta = \left(\frac{\alpha}{m}\right)^{1/2} t$$

das heißt, daß

$$\cos^{-1}\frac{x}{x_0} = \mp \left(\frac{\alpha}{m}\right)^{1/2},$$

somit ist

$$x = x_0 \cos\left[\left(\frac{\alpha}{m}\right)^{1/2} t\right].$$

Diese Lösung erhält man auch, wenn man $\omega^2 = \alpha/m$ in (3.27) einsetzt und die Beziehung (3.28) zusammen mit den Anfangsbedingungen verwendet.

4 Numerische Verfahren

Zu Aufgabe 4.1 Einfügen von

```
FOR t = 0 TO tm STEP tm/1000
  PSET (t, EXP(t)), 13
NEXT
```

nach der Zeile mit der WINDOWS-Anweisung veranlaßt das Programm, die 'tatsächliche' Kurve in Rosa (13) zu zeichnen.

Der Zusammenbruch der Lösung in Abbildung 4.6(b) wird durch ein kleineres h nur zu größeren Zeiten – etwa proportional zu h^{-2} – verschoben.

Zu Aufgabe 4.2 Das Eulersche Verfahren auf (4.28) angewandt liefert

$$x_{n+1} = x_n + hy_n$$
$$y_{n+1} = y_n + h(-x_n).$$

Beim alternativen Rechenschritt wird jedoch in der zweiten Zeile bereits der neue und nicht der alte Wert für x genommen, er entspräche also

$$x_{n+1} = x_n + hy_n$$
$$y_{n+1} = y_n + h(-x_{n+1}).$$

(Bei der fraglichen Differentialgleichung funktioniert jedoch der Algorithmus ziemlich gut. Selbst für recht große Werte für h ergibt sich kein fehlerhaftes Anwachsen der Amplitude.)

Zu Aufgabe 4.3 Ein geeignetes Programm für das verbesserte Eulersche Verfahren ist in dem Fall $f(x,t) = x$:

```
h = .1 : tm = 1
t = 0 : x = 1
 DO
    c1 = h * (x)
    c2 = h * (x+c1)
    x = x + (c1 + c2)/2
    t = t + h
 LOOP UNTIL ABS(t - tm) < h/2
PRINT h, x, x - EXP(1)
```

Auf meinem eigenen PC erhalte ich damit

0,1	2,714081	$-4{,}201174 \cdot 10^{-3}$
0,01	2,718236	$-4{,}529953 \cdot 10^{-5}$
0,001	2,718281	$-4{,}768372 \cdot 10^{-7}$

als Gegenstück zu Tabelle 4.1. (Unterstreichung zeigt die letzte korrekte Stelle an.)

Ein Programm nach dem Runge-Kutta-Verfahren und mit doppelter Genauigkeit ist

```
DEFDBL C, H, T, X
h = .1# : tm = 1#
t = 0# : x = 1#
 DO
    c1 = h * (x)
    c2 = h * (x + c1/2#)
    c3= h * (x + c2/2#)
    c4 = h * (x + c3)
    x = x + (c1 + 2# * c2 + 2# * c3 + c4)/6#
    t = t + h
LOOP UNTIL ABS(t - tm) < h/2#
PRINT h, x, x - EXP(1#)
```

Auf meinem PC lieferte es

0,1	2.718279744135166	$-2{.}084323879270045 \cdot 10^{-6}$
0,01	2.718281828234403	$-2{.}246416386242345 \cdot 10^{-10}$
0,001	2.718281828459025	$-2{.}042810365310288 \cdot 10^{-14}$

was eindrucksvoll die Genauigkeit des Runge-Kutta-Verfahrens demonstriert. Beachten Sie, daß der Fehler proportional zu h^4 ist.

Zu Aufgabe 4.4 Für einen Integrationsschritt nach dem Runge-Kutta-Verfahren erhält man:

$$c_1 = h \cdot 1 = h$$

$$c_2 = h \left(1 + \frac{1}{2}c_1 \right) = h \left(1 + \frac{1}{2}h \right)$$

$$c_3 = h \left[1 + \frac{1}{2}h \left(1 + \frac{1}{2}h \right) \right]$$

$$c_4 = h \left[1 + h \left\{ 1 + \frac{1}{2}h \left(1 + \frac{1}{2}h \right) \right\} \right]$$

$$x = 1 + \frac{1}{6} \left[h + 2h \left(1 + \frac{1}{2}h \right) + 2h + h^2 \left(1 + \frac{1}{2}h \right) + h + h^2 \left\{ 1 + \frac{1}{2}h \left(1 + \frac{1}{2}h \right) \right\} \right]$$

$$= 1 + \frac{1}{6} \left[6h + 3h^2 + h^3 + \frac{1}{4}h^4 \right]$$

$$= 1 + h + \frac{h^2}{2!} + \frac{h^3}{3!} + \frac{h^4}{4!}$$

Zu Aufgabe 4.5 Die Kurve in Abbildung 4.10, die nach dem Eulerschen Verfahren berechnet wurde, ist nicht richtig. Wiederholen wir die Integration mit einer kleineren Schrittweite als $h = 0{,}035$, zum Beispiel $0{,}02$, so ergibt sich ein ganz anderer Kurvenverlauf.

Das Runge-Kutta-Verfahren besteht unseren 'Test der halbierten Schrittweite' selbst für nicht besonders kleine h. Bei Zweifeln an der Richtigkeit der numerischen Berechnung ist es stets ratsam, mit einem anderen Verfahren die Rechnung zu wiederholen. In unserem Fall liefert das verbesserte Eulersche Verfahren mit $h = 0{,}003$ die selbe Kurve wie das Runge-Kutta-Verfahren in Abbildung 4.10. Selbst mit dem Eulerschen Verfahren kann das Ergebnis reproduziert werden, wenn wir zum Beispiel $h = 0{,}00001$ setzen und das Programm mit doppelter Genauigkeit rechnen lassen, um Rundungsfehler zu minimieren.

Zu Aufgabe 4.6 Mit dem Ansatz der Taylor-Reihe (2.14) hat man

$$x(h) = x(0) + h\dot{x}(0) + \frac{1}{2}h^2\ddot{x}(0) + O(h^3).$$

Die Differentialgleichung selbst liefert $\dot{x} = f(x)$ und $x = x_0$ bei $t = 0$. Also ist $\dot{x}(0) = f(x_0)$. Ableitung nach der Zeit unter Verwendung der Kettenregel (2.9) ergibt

$$\ddot{x} = f'(x)\dot{x} = f'(x)f(x),$$

also ist $\ddot{x}(0) = f'(x_0)f(x_0)$, woraus die gesuchte Beziehung folgt.

Ein Schritt des verbesserten Eulerschen Verfahrens liefert in diesem autonomen Fall

$$c_1 = hf(x_0), \qquad c_2 = hf(x_0 + c_1)$$
$$x(h) = x_0 + \frac{1}{2}(c_1 + c_2)$$

das heißt

$$x(h) = x_0 + \frac{1}{2}h[f(x_0) + f(x_0 + c_1)].$$

Entwicklung als Taylor-Reihe um x_0 liefert, da c_1 in der Größenordnung von h ist,

$$f(x_0 + c_1) = f(x_0) + c_1 f'(x_0) + O(c_1^2)$$
$$= f(x_0) + hf(x_0)f'(x_0) + O(h^2),$$

und somit

$$x(h) = x_0 + hf(x_0) + \frac{1}{2}h^2 f(x_0)f'(x_0) + O(h^3).$$

Das verbesserte Eulersche Verfahren hat also nach einem Schritt einen Fehler von $O(h^3)$.

5 Klassische Schwingungen

Zu Aufgabe 5.1 Der Ansatz $x = e^{mt}$ liefert nach (3.31)

$$m^2 + km + \omega^2 = 0,$$

und somit

$$m = -\frac{k}{2} \pm \left(\frac{k^2}{4} - \omega^2\right)^{1/2}.$$

Wenn $\omega^2 > k^2/4$, so schreibt man besser

$$m = -\frac{k}{2} \pm i \left(\omega^2 - \frac{k^2}{4}\right)^{1/2}.$$

Nach (3.32) ist dann die allgemeine Lösung

$$x = e^{-kt/2} \left(E e^{i\theta} + F e^{-i\theta}\right),$$

wobei $\theta = (\omega^2 - \frac{1}{4}k^2)^{1/2}t$. Unter Verwendung von (2.33) läßt sich der Ausdruck in der Klammer umformen zu $P\cos\theta + Q\sin\theta$, wobei $P = E + F$ und $Q = i(E - F)$ ist. Dies kann man (vergleiche (5.13)) auch schreiben als $C\cos(\theta - D)$.

Das Programm 2XTPHASE zeigt, daß größere Werte für k zu einer schnelleren Dämpfung der Oszillation führen. Der genaue Faktor $e^{-kt/2}$ kann sehr leicht bestätigt werden, indem man die erste PSET-Anweisung ändert in

```
PSET(t, x * exp(.5 * k * t)), 13
```

wodurch die Amplitude der in der x-t-Ebene ausgegebenen Oszillation augenscheinlich konstant wird.

Zu Aufgabe 5.2 Verwenden Sie die Methode vom Ende des Abschnitts 3.4. Der Ansatz mit der speziellen Lösung $x_p = C\cos\Omega t$ führt zum Erfolg. Es zeigt sich, daß $C = a/(\omega^2 - \Omega^2)$ ist. Die allgemeine Lösung ist

$$x = A\cos\omega t + B\sin\omega t + \frac{a}{\omega^2 - \Omega^2}\cos\Omega t.$$

Und aus den Anfangsbedingungen $x = \dot{x} = 0$ bei $t = 0$ folgt $B = 0$ und $A = -a/(\omega^2 - \Omega^2)$ und somit die gesuchte Beziehung.

Obige Lösung gilt natürlich nur für $\Omega \neq \omega$. Für $\Omega = \omega$ nehmen wir die vorgeschlagene Lösung

$$x = \frac{a}{2\omega}t\sin\omega t.$$

Dann ist

$$\dot{x} = \frac{a}{2\omega}(\sin\omega t + \omega t\cos\omega t)$$
$$\ddot{x} = \frac{a}{2\omega}(2\omega\cos\omega t - \omega^2 t\sin\omega t)$$

und damit erfüllt die Lösung $\ddot{x}+\omega^2 x = a\cos\omega t$ und die Anfangsbedingungen $x = \dot{x} = 0$ bei $t = 0$.

Zu Aufgabe 5.3 Die Verallgemeinerung von (5.21) ist

$$\left(2 - \frac{m_1}{\alpha}\omega^2\right) A = B,$$

$$A = \left(2 - \frac{m_2}{\alpha}\omega^2\right) B,$$

und somit

$$\left(2 - \frac{m_1}{\alpha}\omega^2\right)\left(2 - \frac{m_2}{\alpha}\omega^2\right) = 1$$

mit den Wurzeln

$$\frac{\omega^2}{\alpha} = \frac{m_1 + m_2 \pm \left[(m_1 + m_2)^2 - 3m_1 m_2\right]^{1/2}}{m_1 m_2}.$$

Das läßt sich umformen zu

$$m_1 \frac{\omega^2}{\alpha} = 1 + \frac{m_1}{m_2} \pm \left(1 - \frac{m_1}{m_2} + \frac{m_1^2}{m_2^2}\right)^{1/2}.$$

Ist nun $m_1/m_2 \ll 1$, so läßt sich der letzte Term mit der Binomischen Reihe nähern (siehe (2.16)) mit einem Fehler in erster Ordnung von m_1/m_2, und man erhält

$$m_1 \frac{\omega^2}{\alpha} \approx 1 + \frac{m_1}{m_2} \pm \left(1 - \frac{m_1}{2m_2}\right)$$

$$\approx 2 \quad \text{oder} \quad \frac{3m_1}{2m_2}.$$

Die erste Lösung mit $\omega^2 \approx 2\alpha/m_1$ ist die schnelle Mode. Die Beziehung $A = (2 - m_2\omega^2/\alpha)B$ wird näherungsweise zu $B = -m_1 A/2m_2$. Die zweite Masse bewegt sich also im Vergleich zur ersten kaum, und man kann leicht zeigen daß $\omega^2 = 2\alpha/m_1$ die exakte Lösung für das Problem für eine Masse ist, wenn m_2 festgehalten wird.

Die zweite Lösung mit $\omega^2 \approx 3\alpha/2m_2$ ist eine sehr langsame Mode, und beide Ausdrücke für A und B liefern $B \approx 2A$. Auch das macht Sinn. Die beiden sehr unterschiedlichen Massen schwingen mit der gleichen Frequenz. Der Grund dafür, daß die leichtere Masse nicht viel schneller schwingt, liegt darin, daß mit $B \approx 2A$ die Federn auf beiden Seiten der leichteren Masse ungefähr im selben Maße gestreckt und gestaucht werden, daß sich also ihre Kräfte auf die leichte Masse gerade aufheben.

Zu Aufgabe 5.4 `xm = 4 : ym = 4 : tm = 50`

Löschen Sie `w = 1 : k = 0.1`, und definieren Sie

`DEF fng (x, y, t) = -SIN(x)`

Bei der Abfrage geben Sie für x_0 `3.124139`, das sind 179°, und für y_0 0 ein.

Die halbe Periodendauer läßt sich recht leicht ermitteln, indem man $y_0 = 0$ setzt und die Abbruchbedingung zu

`LOOP UNTIL y > 0`

ändert. Mit dem verbesserten Eulerschen Verfahren (`ImpEuler`) und einem h von ungefähr 0,005 erhielt ich folgende Werte

$$\theta_0 = 178° \qquad T = 21,7$$
$$\theta_0 = 179° \qquad T = 24,5$$
$$\theta_0 = 179,5° \qquad T = 27,3$$

Die Werte für die (dimensionslose) Periodendauer T wurden mit dem Programm NXT überprüft, das mit dem Runge-Kutta-Verfahren und doppelter Genauigkeit rechnet. Es sei angemerkt, daß die Periodendauer für die schnelle Mode bei gleichen dimensionslosen Einheiten nur $2\pi \approx 6,3$ beträgt.

Zu Aufgabe 5.5 In dimensionsloser Form wird das Problem durch (5.26) mit $\theta = 0$, $y = \tilde{\Omega}$ bei $t = 0$ beschrieben. Vorgehen wie in Abschnitt 3.5 liefert

$$\frac{d\theta}{dy} = \frac{y}{-\sin\theta}.$$

Nach Trennung der Variablen erhält man

$$-\int \sin\theta \, d\theta = \int y \, dy,$$

und nach Integration

$$\frac{1}{2}y^2 = \cos\theta + \text{Konstante}.$$

Unter den gegebenen Anfangsbedingungen findet man

$$\frac{1}{2}y^2 = \cos\theta - 1 + \frac{1}{2}\tilde{\Omega}^2.$$

Da die linke Seite niemals negativ werden kann, findet man als Bedingung, daß $\cos\theta = -1$, das heißt $\theta = \pi$ werden kann, nur dann wenn $\tilde{\Omega}^2 \geq 4$ ist, also $\tilde{\Omega} \geq 2$. Mit Berücksichtigung von (5.45) folgt die gesuchte Beziehung.

Letzter Teil: $\tilde{\Omega} = 4$ führt zu 4, $\tilde{\Omega} = 10$ zu 14 vollständigen Umdrehungen.

6 Planetenbewegung

Zu Aufgabe 6.1 Mit (6.18) haben wir

$$\frac{d^2u}{d\theta^2} + u = \frac{cu}{mh^2}$$

und mit (6.15) findet man, daß $h = (r\dot\theta)r = (c/md^2)^{1/2}d = (c/m)^{1/2}$. Es ist also $d^2u/d\theta^2 = 0$ und deswegen

$$u = A\theta + B.$$

(6.17) liefert nun $\dot r = -hdu/d\theta = v$ bei $\theta = 0$. Es ist also $-hA = v$ beziehungsweise $A = -v/dv_c$. Weiterhin ist $u = 1/d$, wenn $\theta = 0$, und somit $B = 1/d$ und deswegen

$$r = \frac{d}{1 - \dfrac{v}{v_c}\theta}.$$

Ist $v < 0$, wird der Nenner mit zunehmendem θ immer größer und somit r immer kleiner. Die Masse bewegt sich also auf einer Spirale zum Ursprung. Wenn $v > 0$, fängt die Masse an, sich auf einer Spirale nach außen zu bewegen. Es geht aber $r \to \infty$ für $\theta \to v_c/v$, das heißt, die Bewegung geht über in eine gradlinige Bewegung vom Ursprung weg.

Zu Aufgabe 6.2 Der Schlüssel liegt in allen Fällen in (6.18):

$$\frac{d^2u}{d\theta^2} + u = \frac{f\left(\dfrac{1}{u}\right)}{mh^2u^2}.$$

(a) $r = e^{-k\theta}$ also ist $u = 1/r = e^{k\theta}$. Somit ist

$$\frac{d^2u}{d\theta^2} + u = (k^2+1)e^{k\theta} = (k^2+1)u,$$

und deswegen $f(1/u) \propto u^3$, das heißt $f(r) \propto 1/r^3$.

(b) Der Mittelpunkt des Kreisbogens liege bei $r = a$ und $\theta = 0$. Da Ortsvektor und Durchmesser ein rechtwinkliges Dreieck aufspannen, ist die Gleichung für den Bogen in Polarkoordinaten $r = 2a\cos\theta$. Damit ist

$$u = \frac{1}{2a}\frac{1}{\cos\theta},$$

$$\frac{\mathrm{d}u}{\mathrm{d}\theta} = \frac{1}{2a}\frac{\sin\theta}{\cos^2\theta},$$

$$\frac{\mathrm{d}^2u}{\mathrm{d}\theta^2} = \frac{1}{2a}\left(\frac{1}{\cos\theta} + 2\frac{\sin^2\theta}{\cos^3\theta}\right),$$

und deswegen

$$\frac{\mathrm{d}^2u}{\mathrm{d}\theta^2} + u = \frac{1}{a}\cdot\frac{1}{\cos^3\theta} = 8a^2u^3.$$

Somit ist $f(1/u) \propto u^5$ beziehungsweise $f(r) \propto 1/r^5$.

Zu Aufgabe 6.3 Nach (6.32) ist

$$T = 2\pi\left(\frac{a^3}{GM}\right)^{1/2}.$$

Unter Verwendung von (6.28) und (6.29) formen wir dies um zu

$$T = 2\pi\left(\frac{d^3}{GM}\right)^{1/2}\frac{1}{(2 - v^2/v_c^2)^{3/2}}.$$

Nach (6.35) ist aber die dimensionslose Einheit der Zeit gleich $(d^3/GM)^{1/2}$, somit ist

$$\tilde{T} = \frac{2\pi}{(2 - v^2/v_c^2)^{3/2}}.$$

Dies läßt sich einfach in das angepaßte Programm NPHASE integrieren, indem man nach der INPUT-Anweisung folgende Zeilen einfügt

```
LOCATE 2, 1 : PRINT "Periode"
LOCATE 3, 1 : PRINT 2 * 3.14159/(2-v^2)^1.5
```

Einen groben Vergleich mit der numerischen Integration erhält man, wenn man nach einem vollständigen Umlauf des 'Planeten' mit der PAUSE-Taste das Programm anhält.

Zu Aufgabe 6.4 Die Gravitationskraft auf m_1 ist Gm_1m_2/d^2. Nach (6.4) ist

$$\frac{m_1v_1^2}{r_1} = \frac{Gm_1m_2}{d^2}.$$

C ist der gemeinsame Schwerpunkt, und somit ist $r_1 = (m_2/M)d$. Entsprechendes gilt für die Masse m_2, und man erhält die Beziehung (6.42). Die Winkelgeschwindigkeit von m_1 zum Beispiel ist v_1/r_1, was gleich $(GM/d^3)^{1/2}$ ist.

Zu Aufgabe 6.5 Um herauszufinden, wie sich das System weiterentwickelt, brauchen wir eine variable Schrittweite mit `hscale = 0.1`. Bei $\tilde{t} = 5{,}0$ bilden m_1 und m_2 ein Paar, das jedoch aufgebrochen wird, als m_3 bei $\tilde{t} = 10{,}0$ zurückkehrt und mit m_1 ein sehr langlebiges Paar bildet. Das läßt sich überprüfen, indem man die Integration mit `hscale = 0.05` wiederholt. Mit den selben einfachen Änderungen, die in NXT verwendet werden, lassen sich die beiden Ergebnisse bequem auf dem Bildschirm miteinander vergleichen.

Wird $\tilde{m}_3 = 0{,}1$ gesetzt, so wird die Masse m_3 zunächst weit hinaus in die Richtung geschleudert, aus der sie kam. Sie kehrt aber bei $\tilde{t} = 5$ zurück. Diese Rückkehr und der gesamte weitere Ablauf ändern sich vollständig, wenn für die anfängliche y-Koordinate von m_3 anstatt 0,75 der Wert 0,75075 eingegeben wird.

7 Wellen und Diffusion

Zu Aufgabe 7.1

(a) $\dfrac{\partial z}{\partial x} = 2x,\qquad \dfrac{\partial z}{\partial t} = 0.$

(b) $z = x^2 - 2xct + c^2 t^2$, somit ist

$$\frac{\partial z}{\partial x} = 2x - 2ct = 2(x - ct),$$

$$\frac{\partial z}{\partial t} = -2xc + c^2 t = -2c(x - ct).$$

Wir können auch mit $X = x - ct$ substituieren, haben dann $z = X^2$ und verwenden die Beziehung

$$\frac{\partial z}{\partial x} = \frac{\mathrm{d}z}{\mathrm{d}X}\frac{\partial X}{\partial x},$$

Das ist nichts anderes als die Kettenregel (2.9), da t bei den partiellen Ableitungen $\partial z/\partial x$ und $\partial X/\partial x$ konstant gehalten wird, und somit z und X als Funktionen nur von x behandelt werden.

(c) Substituiere, so daß

$$z = \frac{1}{1 + X^2} \qquad \text{mit}\quad X = x - ct.$$

$$\frac{\partial z}{\partial x} = \frac{dz}{dX}\frac{\partial X}{\partial x} = -\frac{2X}{(1+X^2)^2}, \qquad \text{usw.}$$

Zu Aufgabe 7.2 Es ist

$$\frac{\partial z}{\partial x} = f'(x)\sin\omega t, \qquad \frac{\partial z}{\partial t} = \omega f(x)\cos\omega t,$$

$$\frac{\partial^2 z}{\partial x^2} = f''(x)\sin\omega t, \qquad \frac{\partial^2 z}{\partial t^2} = -\omega^2 f(x)\sin\omega t.$$

Der Faktor $\sin\omega t$ läßt sich somit in (7.2) kürzen, und es bleibt eine gewöhnliche Differentialgleichung für $f(x)$ übrig:

$$T\frac{d^2 f}{dx^2} + \rho\omega^2 f = 0.$$

Das ist eine lineare Differentialgleichung mit konstanten Koeffizienten, und mit (3.27) und (3.28) erhält man

$$f(x) = C\cos\left[\left(\frac{\rho}{T}\right)^{1/2}\omega x\right] + D\sin\left[\left(\frac{\rho}{T}\right)^{1/2}\omega x\right],$$

wobei C und D willkürliche Konstanten sind. Nun sind die Endpunkte der Saite fixiert, das heißt $f(0) = f(l) = 0$. Aus der ersten Bedingung folgt $C = 0$, aus der zweiten folgt entweder, daß $D = 0$ (in diesem Fall schwingt die Saite gar nicht) oder daß

$$\sin\left[\left(\frac{\rho}{T}\right)^{1/2}\omega l\right] = 0,$$

also $(\rho/T)^{1/2}\omega l = N\pi$, wobei N eine natürliche Zahl ist. Die entsprechende Auslenkung ist dann

$$z = D\sin\frac{N\pi x}{l}\sin\omega t.$$

Die Lösung hat überall dort 'Knoten', wo $\sin(N\pi x)/l) = 0$ ist, nämlich bei

$$x = \frac{Ml}{N}, \qquad M = 1,2,\ldots,N-1,$$

und natürlich an den Endpunkten $x = 0, l$.

Zu Aufgabe 7.3

(a) Zu jeder Zeit t ist das Maximum von T offensichtlich bei $x = 0$. Der Wert von T an dieser Stelle ist $T_0/(1 + 4\kappa t/a^2)^{1/2}$, was eine Abnahme mit der Zeit bedeutet. Durch den Faktor $(a^2 + 4\kappa t)^{-1}$ im Exponenten verbreitert sich aber die Kurve.

Um das zu sehen, betrachten wir die Kurve zu einer bestimmten Zeit. T beträgt an den Stellen $|x| = d$ mit $d^2 = (a^2 + 4\kappa t)\log 10$ nur ein Zehntel seines Maximalwertes. Nimmt man $2d$ als Maß für die Breite der Kurve, dann sieht man, daß die Breite proportional zu $t^{1/2}$ anwächst.

(b) Es sei $\phi = -x^2/4\kappa t$.

$$T = \frac{1}{t^{1/2}}e^{\phi}$$

$$\frac{\partial T}{\partial t} = -\frac{1}{2t^{3/2}}e^{\phi} + \frac{1}{t^{1/2}}\frac{\partial \phi}{\partial t}e^{\phi} = \left(-\frac{1}{2t^{3/2}} + \frac{1}{t^{1/2}}\cdot\frac{x^2}{4\kappa t^2}\right)e^{\phi}$$

$$\frac{\partial T}{\partial x} = \frac{1}{t^{1/2}}\frac{\partial \phi}{\partial x}e^{\phi} = \frac{-x}{t^{1/2}2\kappa t}e^{\phi}$$

$$\frac{\partial^2 T}{\partial x^2} = -\frac{1}{2\kappa t^{3/2}}e^{\phi} - \frac{x}{2\kappa t^{3/2}}\left(\frac{-x}{2\kappa t}\right)e^{\phi}$$

$$= \frac{1}{\kappa}\left(-\frac{1}{2t^{3/2}} + \frac{x^2}{4\kappa t^{5/2}}\right)e^{\phi} = \frac{1}{\kappa}\frac{\partial T}{\partial t}$$

Zu Aufgabe 7.5 $\phi(x,y) = xy + y^2$, somit ist

$$\frac{\partial \phi}{\partial x} = y, \qquad \frac{\partial \phi}{\partial y} = x + 2y.$$

Nun ist $x = t$ und $y = t^2$, und deshalb

$$\frac{\partial \phi}{\partial x}\frac{dx}{dt} + \frac{\partial \phi}{\partial y}\frac{dy}{dt} = y\cdot 1 + (x + 2y)\cdot 2t$$

$$= t^2 + (t + 2t^2)2t$$

$$= 3t^2 + 4t^3.$$

Wenn aber ϕ direkt als eine Funktion von t angegeben wäre, so hätten wir $\phi = t^3 + t^4$, und damit

$$\frac{d\phi}{dt} = 3t^2 + 4t^3.$$

Somit konnte – wenigstens für einen Fall – gezeigt werden, daß die Rechenregel richtig ist.

8 Die bestmögliche Welt?

Zu Aufgabe 8.1 Mit den Größen aus Abbildung 8.8 gilt für die benötigte Zeit

$$T = \frac{(x^2 + d_1^2)^{1/2}}{c_1} + \frac{\left[(L-x)^2 + d_2^2\right]^{1/2}}{c_2},$$

und somit

$$\frac{dT}{dx} = \frac{x}{c_1(x^2 + d_1^2)^{1/2}} - \frac{(L-x)}{c_2\left[(L-x)^2 + d_2^2\right]^{1/2}}$$

$$= \frac{\sin\theta_1}{c_1} - \frac{\sin\theta_2}{c_2}.$$

Setzt man die erste Ableitung gleich null, so folgt das Ergebnis. Das Extremum ist ein Minimum, da

$$\frac{d^2T}{dx^2} = \frac{d_1^2}{c_1(x^2 + d_1^2)^{3/2}} + \frac{d_2^2}{c_2\left[(x-L)^2 + d_2^2\right]^{3/2}} > 0$$

Zu Aufgabe 8.2 Für den Seifenfilm gilt

$$\frac{d}{dx}\left\{\frac{y\dot{y}}{(1+\dot{y}^2)^{1/2}}\right\} - (1+\dot{y}^2)^{1/2} =$$

$$\frac{(1+\dot{y}^2)^{1/2}(\dot{y}^2 + y\ddot{y}) - y\dot{y}\frac{1}{2}(1+\dot{y}^2)^{-1/2}2\dot{y}\ddot{y} - (1+\dot{y}^2)^{3/2}}{(1+\dot{y}^2)}$$

Setzt man diesen Ausdruck gleich null, erhält man

$$(1+\dot{y}^2)(\dot{y}^2 + y\ddot{y}) - y\dot{y}^2\ddot{y} - (1+\dot{y}^2)^2 = 0,$$

was sich zu

$$y\ddot{y} - \dot{y}^2 = 1$$

vereinfachen läßt. Um diese Gleichung zu lösen, setzen wir

$$\dot{y} = v$$

$$\dot{v} = \frac{1+v^2}{y}$$

und erhalten damit

$$\frac{dv}{dy} = \frac{1+v^2}{vy},$$

$$\int \frac{vdv}{1+v^2} = \int \frac{dy}{y},$$

$$\frac{1}{2}\log(1+v^2) = \log y + k,$$

$$1+v^2 = Ay^2.$$

Somit ist

$$\dot{y} = \pm(Ay^2-1)^{1/2},$$

$$\int \frac{dy}{(Ay^2-1)^{1/2}} = \pm x.$$

Es ist sinnvoll, die Substition $y = A^{-1/2}\cosh p$ zu machen, da

$$(\cosh^2 p - 1)^{1/2} = \sinh p \qquad \text{und} \qquad \frac{dy}{dp} = \frac{1}{\sqrt{A}}\sinh p.$$

Also ist

$$\frac{p}{\sqrt{A}} = \pm x + d,$$

und mit $c = 1/\sqrt{A}$ erhält man

$$y = c\cosh\left(\pm\frac{x}{c}+l\right).$$

Die Randbedingungen mit $y = 1$ bei $x = \pm a$ erzwingen $l = 0$ und

$$c\cosh\left(\frac{a}{c}\right) = 1,$$

und die Lösung ist

$$y = c\cosh\left(\frac{x}{c}\right).$$

Um zu bestimmen, wann c reell ist, setzen wir $\xi = a/c$ und untersuchen die Gleichung

$$\cosh\xi = \frac{\xi}{a}, \qquad a > 0.$$

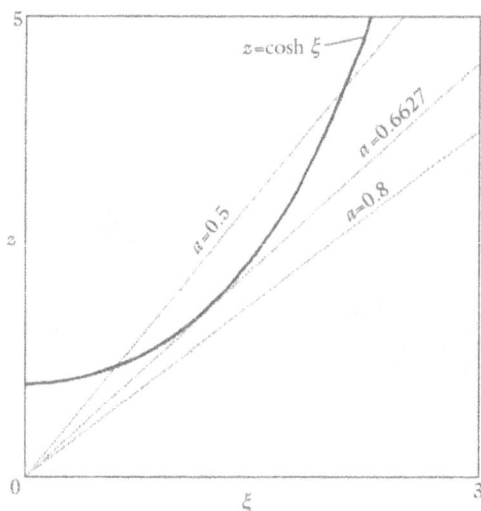

Abbildung C.2: Zu Aufgabe 8.2.

An Abbildung C.2 sieht man, daß die Kurven $z = \cosh\xi$ und $z = \xi/a$ sich nicht schneiden, wenn a zu groß ist. Der kritische Fall ist gegeben, wenn die Gerade die Kurve tangiert, wenn also z und dz/dx übereinstimmen:

$$\cosh\xi = \xi/a \qquad \text{und} \qquad \sinh\xi = 1/a.$$

Das ist gleichbedeutend mit $\coth\xi = \xi$. Numerisch findet man $\xi = 1{,}1997$. Damit erhält man $a = (\sinh\xi)^{-1} = 0{,}6627$.

Für kleinere Werte für a findet man zwei Werte für ξ, bei denen sich die beiden Kurven schneiden (Abbildung C.2). Es zeigt sich aber, daß sich nur bei dem kleineren Wert ein lokales Minimum bezüglich kleinen Variationen für die Fläche des Seifenfilms befindet.

Zu Aufgabe 8.3

(a) $T = \frac{1}{2}m(l\dot\theta)^2$, $V = mgl(1-\cos\theta)$, deshalb ist

$$L = \frac{1}{2}ml^2\dot\theta^2 - mgl(1-\cos\theta).$$

Gleichung (8.20) liefert

$$\frac{d}{dt}\left(\frac{\partial L}{\partial\dot\theta}\right) - \frac{\partial L}{\partial\theta} = 0,$$

und da

$$\frac{\partial L}{\partial \dot\theta} = ml^2\dot\theta, \qquad \frac{\partial L}{\partial \theta} = -mgl\sin\theta,$$

erhalten wir

$$ml^2\ddot\theta + mgl\sin\theta = 0,$$

was sich noch zu (5.2) vereinfachen läßt.

(b) Die Lagrange-Funktion ist

$$L = \frac{1}{2}m\dot{x}_1^2 + \frac{1}{2}m\dot{x}_2^2 - \left[\frac{1}{2}\alpha x_1^2 + \frac{1}{2}\alpha(x_2 - x_1)^2 + \frac{1}{2}\alpha x_2^2\right],$$

wobei wir für die potentielle Energie der drei Federn jeweils den Ausdruck $\frac{1}{2}(\text{Auslenkung})^2$ genommen haben (siehe Aufgabe 3.6).

Gleichung (8.20) liefert zwei Gleichungen

$$\frac{d}{dt}\left(\frac{\partial L}{\partial \dot{x}_1}\right) - \frac{\partial L}{\partial x_1} = 0,$$

$$\frac{d}{dt}\left(\frac{\partial L}{\partial \dot{x}_2}\right) - \frac{\partial L}{\partial x_2} = 0,$$

somit ist

$$m\ddot{x}_1 = -\alpha x_1 + \alpha(x_2 - x_1),$$
$$m\ddot{x}_2 = -\alpha(x_2 - x_1) - \alpha x_2,$$

in Übereinstimmung mit (5.19).

9 Hydrodynamik

Zu Aufgabe 9.1 Bei konstantgehaltenem X, Y, Z ist

$$u = \frac{\partial x}{\partial t}$$
$$= -\Omega X \sin\Omega t - \Omega Y \cos\omega t = -\Omega y.$$

Entsprechend erhält man $v = \Omega x$ und $w = 0$.

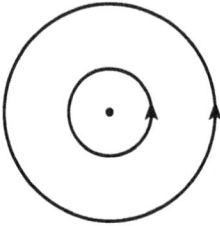

Abbildung C.3: Zu Aufgabe 9.1.

Eine inkompressible Flüssigkeit *kann* auf diese Art fließen, da

$$\frac{\partial u}{\partial x} + \frac{\partial v}{\partial y} + \frac{\partial w}{\partial z} = 0$$

(siehe (9.4)). Jeder einzelne Term ist in diesem Fall gleich null.

$$x^2 + y^2 = (X\cos\Omega t - Y\sin\Omega t)^2 + (Y\cos\Omega t + X\sin\Omega t)^2$$
$$= X^2 + Y^2,$$

das heißt, daß die Flüssigkeitsteilchen sich auf einer Bahn mit konstantem Abstand zu der z-Achse bewegen. Die Strömung erweist sich als eine gleichförmige Rotation mit der konstanten Winkelgeschwindigkeit Ω.

Zu Aufgabe 9.2 Mit $u = \alpha x$, $v = -\alpha y$, $w = 0$ und α konstant haben wir

$$\frac{\partial u}{\partial x} = \alpha, \qquad \frac{\partial u}{\partial y} = 0, \qquad \frac{\partial^2 u}{\partial x^2} = 0, \qquad \frac{\partial^2 u}{\partial y^2} = 0,$$

$$\frac{\partial v}{\partial x} = 0, \qquad \frac{\partial v}{\partial y} = -\alpha, \qquad \frac{\partial^2 v}{\partial x^2} = 0, \qquad \frac{\partial^2 v}{\partial y^2} = 0,$$

somit wird die letzte Gleichung von (9.9) bestimmt erfüllt. Die ersten beiden Gleichungen von (9.9) reduzieren sich auf

$$\rho\alpha^2 x = -\frac{\partial p}{\partial x},$$
$$\rho\alpha^2 y = -\frac{\partial p}{\partial y}.$$

An diesem Punkt stellt sich die ernste Frage, ob eine Funktion $p(x,y)$ existiert, die beide Gleichungen erfüllt. Wenn nicht, wäre die Strömung für eine inkompressible, viskose Flüssigkeit unmöglich. Glücklicherweise findet man in

$$p = c - \frac{1}{2}\rho\alpha^2(x^2 + y^2)$$

eine Funktion, die für eine beliebige Konstante c beide Gleichungen erfüllt.

Zu Aufgabe 9.3 Die Gleichung (9.15) läßt sich lösen, indem man entweder

(a) $v = \mathrm{d}u/\mathrm{d}x$ definiert. Man erhält dann

$$\varepsilon \frac{\mathrm{d}v}{\mathrm{d}x} + v = 1,$$

was eine Differentialgleichung erster Ordnung ist und mittels integrierendem Faktor gelöst werden kann (Abschnitt 3.2).

(b) Oder man behandelt die Gleichung als Differentialgleichung zweiter Ordnung mit konstanten Koeffizienten (Abschnitt 3.4).

In jedem Fall ist die allgemeine Lösung der Differentialgleichung

$$u = A + Be^{-x/\varepsilon} + x,$$

und die Konstanten A und B werden durch die Randbedingungen $u(0) = 0$, $u(1) = 2$ festgelegt.

Ist $\varepsilon < 0$ kann man die Lösung schreiben als

$$u = x + \frac{1 - e^{x/|\varepsilon|}}{1 - e^{1/|\varepsilon|}}.$$

Nun ist $1/|\varepsilon|$ eine große Zahl und $e^{1/|\varepsilon|}$ ist entsprechend riesig. Aus diesem Grund kann die 1 im Nenner vernachlässigt werden, man erhält

$$u \approx x - e^{-1/|\varepsilon|} + e^{(x-1)/|\varepsilon|}.$$

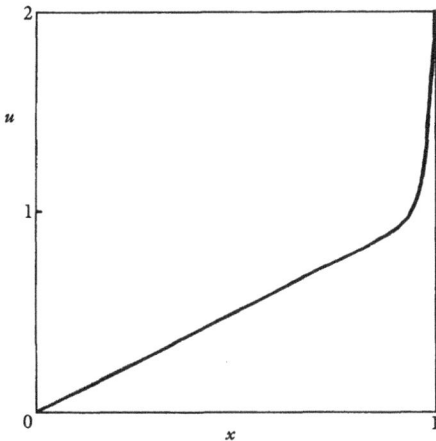

Abbildung C.4: Zu Aufgabe 9.3.

Der zweite Term ist winzig, ebenso der dritte für fast das ganze Intervall $0 \leq x \leq 1$, außer wenn x sehr nahe an der 1 ist. Also ist

$$u \approx x$$

außer für x sehr dicht an der 1, wo der letzte Term seinen Wert schlagartig von fast 0 auf exakt 1 bei $x = 1$ ändert.

Anders als in Abbildung 9.8 befindet sich nun die 'Grenzschicht' am anderen Rand (Abbildung C.4).

Bemerkenswert ist, daß die Lösung des Problems (9.15), (9.16) für $\varepsilon \to +0$ sich ziemlich stark von der Lösung für $\varepsilon \to -0$ unterscheidet. Für $\varepsilon = 0$ existiert keine Lösung für (9.15), (9.16).

Zu Aufgabe 9.4 Die allgemeine Lösung ist

$$u = Ae^{mx} + Be^{-mx} + 1,$$

wobei

$$m = \frac{1}{\varepsilon^{1/2}}.$$

Wählt man A und B, so daß die Randbedingungen erfüllt werden, findet man

$$u = 1 + \frac{(e^{-m} - 1)e^{mx} + (1 - e^m)e^{-mx}}{e^m - e^{-m}}.$$

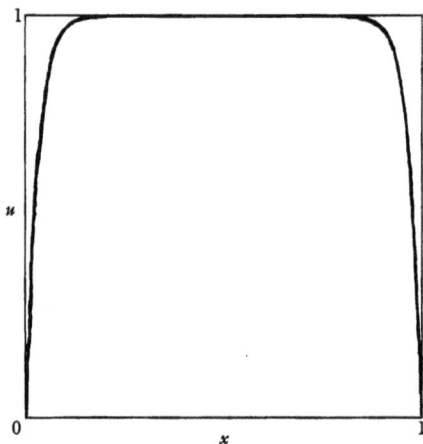

Abbildung C.5: Zu Aufgabe 9.4.

Ist $\varepsilon \ll 1$, dann ist $m \gg 1$, und somit

$$u \approx 1 + \frac{-e^{mx} - e^{m(1-x)}}{e^m},$$

das heißt

$$u \approx 1 - e^{-m(1-x)} - e^{-mx}.$$

Die letzten zwei Terme sind für fast alle x aus dem Intervall $0 \le x \le 1$ vernachlässigbar klein. Von Bedeutung ist jedoch der zweite Term für x nahe 1 und der dritte Term für x nahe 0 (Abbildung C.5).

10 Instabilität und Katastrophe

Zu Aufgabe 10.1 Letzter Teil: Es kommt schließlich in der linken Gleichgewichtslage mit $\theta < 0$ zur Ruhe, nachdem es vorher von der anderen Seite 'zurückgeschleudert' wurde.

Zu Aufgabe 10.2 Für eine Kreisbewegung um den Ursprung ist $\ddot{r} = 0$ und somit $h^2 = c/ma^{n-3}$. Nun ist h definiert als $r^2\dot{\theta}$, was einer gegebenen Kreisbewegung gleich $a^2\Omega$ ist. Damit ist $a^4\Omega^2 = c/ma^{n-3}$.

Unter Berücksichtigung dieser Ergebnisse formen wir die Differentialgleichung um zu

$$\ddot{\eta} - \frac{c}{ma^n}\left(\frac{a}{r}\right)^3 = -\frac{c}{ma^n}\left(\frac{a}{r}\right)^n,$$

beziehungsweise zu

$$\ddot{\eta} - \frac{c}{ma^n}\left(1 + \frac{\eta}{a}\right)^{-3} = -\frac{c}{ma^n}\left(1 + \frac{\eta}{a}\right)^{-n}.$$

Bis jetzt wurde noch keine Näherung eingeführt. Nun gehen wir aber davon aus, daß η/a klein ist, und linearisieren die Gleichung, indem wir die binomische Reihe einsetzen und nur die Terme erster Ordnung verwenden (siehe (2.16)):

$$\ddot{\eta} - \frac{c}{ma^n}\left(1 - \frac{3\eta}{a}\right) = -\frac{c}{ma^n}\left(1 - \frac{n\eta}{a}\right),$$

das heißt

$$\ddot{\eta} + (3 - n)\frac{c}{ma^{n+1}}\eta = 0.$$

Für den Zustand $\eta = 0$ ergeben sich also einfache harmonische Schwingungen für η, wenn $n < 3$, und Instabilität, wenn $n > 3$ ist.

Zu Aufgabe 10.3 Formen Sie (10.22) um zu

$$\ddot{\theta} = \frac{1}{M}\left[\varepsilon - F(\theta)\right].$$

Linearisieren Sie dann mit dem Ansatz $\theta = \theta_0 + \theta_1(t)$, wobei θ_1 klein sein soll:

$$\ddot{\theta}_1 = \frac{1}{M}\left[\varepsilon - F(\theta_0) - \theta_1 F'(\theta_0)\right]$$

(nach der Taylorschen Formel). Die ersten beiden Terme auf der rechten Seite heben sich gegenseitig auf, da die Gleichgewichtsbedingung gerade $\varepsilon = F(\theta_0)$ ist:

$$\ddot{\theta}_1 = -\frac{1}{M}F'(\theta_0)\cdot\theta_1.$$

Das Gleichgewicht ist somit für $F'(\theta_0) > 0$ stabil und für $F'(\theta_0) < 0$ instabil. Daraus folgt, daß die Gleichgewichtszustände in Abbildung 10.12(a) stabil sind, da die Kurve von ε gegen θ eine positive Steigung hat. Gleiches gilt für die Gleichgewichtszustände in Abbildung 10.12(b), bei denen $d\varepsilon/d\theta > 0$ ist. Im mittleren Teil, wo $d\varepsilon/d\theta < 0$ ist, sind die Zustände hingegen instabil. (Die damit verbundenen Behauptungen bezüglich Abbildung 10.13 folgen entsprechend.)

Die Sprünge ereignen sich, wenn ε die kritischen Werte übersteigt beziehungsweise unterschreitet, die mit dem lokalen Minimum respektive Maximum verbunden sind (Abbildung 10.12(b)). Diese liegen, wie im Text bemerkt, bei $\theta_0 = \mp 2^{1/2}(1 - M^{-1})^{1/2}$. Die Werte für ε ergeben sich dann direkt aus (10.23).

Zu Aufgabe 10.4 Eine ruhende Lösung $\theta = \theta_0$ muß der Gleichung

$$\sin\theta_0 = \widetilde{\Gamma}$$

genügen. Dies ist nur möglich, wenn $\widetilde{\Gamma} < 1$ ist. Für jeden Wert von $\widetilde{\Gamma}$ im Intervall $0 < \widetilde{\Gamma} < 1$ gibt es zwei Möglichkeiten, eine mit $\theta_0 < \pi/2$, $\cos\theta_0 > 0$ und eine andere mit $\pi/2 < \theta_0 < \pi$, $\cos\theta_0 < 0$.

Um Stabilität zu untersuchen, werden – unter der Voraussetzung, daß θ_1 klein ist – von der Taylor-Reihe mit dem Entwicklungspunkt θ_0 für $\sin\theta$ nur die Terme bis zur ersten Ordnung genommen. Damit erhält man

$$\ddot{\theta}_1 + \tilde{k}\dot{\theta}_1 + \sin\theta_0 + \cos\theta_0\cdot\theta_1 = \widetilde{\Gamma}$$

und somit

$$\ddot{\theta}_1 + \tilde{k}\dot{\theta}_1 + \cos\theta_0 \cdot \theta_1 = 0.$$

Fehlt die Dämpfung, so daß $\tilde{k} = 0$, dann sieht man sofort, daß der Gleichgewichtszustand mit $\cos\theta_0 > 0$ stabil und der andere instabil ist.

Dämpfung ändert aber nichts an der Stabilität, denn nach (3.32) ist die allgemeine Lösung mit Dämpfung

$$\theta_1 = E e^{m_1 \tilde{t}} + F e^{m_2 \tilde{t}},$$

wobei

$$m_1, m_2 = -\frac{\tilde{k}}{2} \pm \left[\frac{\tilde{k}^2}{4} - \cos\theta_0 \right]^{1/2}.$$

Wenn $\cos\theta_0 < 0$, dann ist entweder m_1 oder m_2 reell und positiv. Damit hat man ein exponentielles Wachstum von θ_1 und somit Instabilität. Ist jedoch $\cos\theta_0 > 0$, dann ist entweder (a) die Wurzel imaginär, und man erhält abnehmende Oszillationen um $\theta = \theta_0$ und damit Stabilität (vergleiche Aufgabe 5.1), oder (b) die Wurzel ist reell, dann ist aber sowohl m_1 als auch m_2 negativ und man erhält eine schwingungsfreie Relaxation von der Störung θ_1 und wiederum Stabilität für den Zustand $\theta = \theta_0$.

11 Nicht-lineare Oszillation und Chaos

Zu Aufgabe 11.1 Wir schlagen folgende Änderung bei NXT vor:

```
n = 2
xm = 3 : tm = 180#
ersetze k = .05# : w = 1# : a = 7.5#   durch eps = .1#
ersetze t = 0# : xc(3) = 0#   durch t = 0#

  f(2)  =  -eps  *  (x(1)^2#  -  1#)  *  x(2)  -  x(1)
```

lösche f(3) = 1#

Lassen Sie das Programm laufen, und geben Sie bei der Abfrage zum Beispiel folgende Werte ein: .01, 0, 0.1, 10. Überprüfen Sie das Ergebnis durch einen erneuten Durchlauf mit halbierter Schrittweite. Geben Sie dazu beispielsweise .01, 0, 0.05, 12 ein.

Für ein größeres ε setzen Sie tm=50# und lassen das Programm mit eps=10# und eps=20# laufen. Die Schrittweite h muß dabei deutlich kleiner sein, damit die schnelle Änderung der Oszillation korrekt integriert wird und konsistente Ergebnisse erzielt werden. Nichtsdestotrotz, selbst für eps=50# erhielt ich sowohl mit h=.005 als auch mit h=.0025 eine Periodendauer von 82,5. Dies ist dem theoretischen Wert von 80,7, den man aus der asymptotischen Näherung mit $1{,}614\varepsilon$ für $\varepsilon \to \infty$ erhält, schon recht ähnlich.

Zu Aufgabe 11.2 Substitution mit $x = r\cos\theta$, $y = r\sin\theta$ liefert

$$\dot{r}\cos\theta - r\sin\theta \cdot \dot{\theta} = r\sin\theta + \varepsilon r(1-r^2)\cos\theta,$$
$$\dot{r}\sin\theta + r\cos\theta \cdot \dot{\theta} = -r\cos\theta + \varepsilon r(1-r^2)\sin\theta.$$

Multipliziert man die erste mit $\cos\theta$ und die zweite mit $\sin\theta$ und addiert beide Gleichungen, so erhält man

$$\dot{r} = \varepsilon r(1-r^2).$$

Ganz ähnlich kann man auch $\dot{r}$ aus den Gleichungen kürzen. Das ergibt

$$\dot{\theta} = -1.$$

Die erste Gleichung läßt sich separieren. Das Integral über r kann man mittels Partialbruchzerlegung lösen

$$\int \frac{1}{r} + \frac{\frac{1}{2}}{1-r} - \frac{\frac{1}{2}}{1+r}\, \mathrm{d}r = \int \varepsilon\, \mathrm{d}t.$$

Das ergibt

$$\log \frac{r}{|1-r^2|^{1/2}} = \varepsilon t + \text{konstant}.$$

Bei der zweiten Gleichung liefert Integration $\theta = \text{Konstante} - t$.

Sei $r = r_0$ und $\theta = \theta_0$ bei $t = 0$, so lassen sich die Konstanten bestimmen und man kann nach r und θ auflösen

$$r = \frac{1}{\left[1 + \left(\frac{1}{r_0^2} - 1\right)e^{-2\varepsilon t}\right]^{1/2}}, \qquad \theta = \theta_0 - t.$$

Für $t \to \infty$ geht $e^{-2\varepsilon t} \to 0$ und damit $r \to 1$. Das heißt, daß jede Bahn sich schließlich dem Einheitskreis annähert und die Bewegung eine Rotation in der Phasenebene um den Ursprung mit der Winkelgeschwindigkeit $\dot{\theta} = -1$ ist.

Im Gegensatz zu dem Van-der-Pol-Oszillator hängt das Endergebnis nicht von ε ab. Der Parameter bestimmt nur wie schnell sich das System dem Endzustand annähert.

Es ist ganz interessant, mittels 2 PHASE sich den Unterschied von zum Beispiel $\varepsilon = 0,1$ und $\varepsilon = 3$ vor Augen führen zu lassen.

Zu Aufgabe 11.3 Nein. Die nicht-autonome Differentialgleichung kann umgeformt werden zu einem autonomen System zweiter Ordnung

$$\dot{x} = f(x,t),$$
$$\dot{t} = 1,$$

und es kann (siehe Abschnitt 11.3) kein Chaos auftreten.

Es gibt tatsächlich sogar zwei erste Integrale der Eulerschen Gleichungen. Eigentlich ganz naheliegend erhält man ein erstes Integral, indem man die Gleichungen mit x, y und z jeweils multipliziert und zusammenaddiert, um

$$Ax\dot{x} + By\dot{y} + Cz\dot{z} = 0$$

zu erhalten. Daraus folgt

$$Ax^2 + By^2 + Cz^2 = \text{konstant}.$$

Aber auch Multiplikation mit Ax, By, Cz und anschließender Addition führt zu einem ersten Integral:

$$A^2x^2 + B^2y^2 + C^2z^2 = \text{konstant}.$$

Die Bahn im Phasenraum ist deshalb als Schnittlinie der beiden Flächen gegeben.

Bereits die Existenz eines ersten Integrals $F(x,y,z) = \text{konstant}$ schließt Chaos aus. Es gibt zwei Wege, das zu sehen: (a) Ein erstes Integral beschränkt die Bewegung im dreidimensionalen Phasenraum auf eine Fläche, was Chaos ausschließt. (b) Die Beziehung $F(x,y,z) = \text{konstant}$ läßt sich dazu verwenden, eine Abhängige, zum Beispiel z, aus dem Gleichungssystem zu eliminieren. Damit erhält man ein autonomes System zweiter Ordnung, und x und y (und damit auch z) können sich nicht chaotisch entwickeln (vergleiche Abschnitt 11.3).

Zu Aufgabe 11.4 Läßt man NSENSIT laufen, so stellt man bei $t \sim 9$ leichte Differenzen bei den Bahnen im Phasenraum fest. Bei $t = 10$ sind die Phasenpunkte schon nicht mehr benachbart und bei $t = 12$ sind die Phasenpunkte über den ganzen Attraktor verstreut. Überprüfen Sie die Verläßlichkeit der numerischen Integration für dieses Zeitintervall, indem Sie für die Schrittweite $h = 0,0015$ anstatt $0,003$ setzen und das Programm nochmals starten.

Um mit NVARY die Rössler-Gleichungen zu untersuchen, ändern Sie Gleichungen
zu

```
f(1) = -x(2) - x(3)
f(2) = x(1) + .2# * x(2)
f(3) = .2# + (x(1) - c) * x(3)
```

Ändern Sie dann den Parameter w, der an verschiedenen Stellen im Programm
auftaucht, in c. Löschen Sie die Zeile k=.1# : b=.04#. Starten Sie das Programm,
und geben Sie c=2.5 ein. Erhöhen Sie dann sukzessive den Wert von c, indem Sie
das Programm mit "q" unterbrechen und bei der Abfrage einen entsprechend höheren
Wert für c eingeben (siehe auch Bemerkung zu diesem Programm in Anhang B).

Das Verhalten des Systems ist im Bereich 4.5 < c < 6 im wesentlichen chaotisch.
Um c=5.3 herum existiert jedoch ein ziemlich breites 'periodisches Fenster', wo sich
die Oszillation nach drei Schwingungen wiederholt. Diese Oszillation fängt bei c $\approx$
5.37 mit einer Periodenverdopplung an. Ein schmaleres Fenster mit einer ähnlichen
Oszillation findet sich bei c $\approx$ 4.7. Diese wiederholt sich jedoch erst nach fünf
Schwingungen.

Zu Aufgabe 11.5 Um die beiden Lösungen in Abbildung 11.1 nachzuvollziehen,
braucht man ein ziemlich kleines h. Mit den Werten h=.05#, .025# und .0125#
habe ich für den gesamten fraglichen Bereich konsistente Ergebnisse erzielt.

Eine Schrittweite von h=.1# reicht hingegen aus, um die Grenzzyklen mit NXTWAIT
zu untersuchen. Verändern Sie die zweite Zeile im Teil 'Initialisierung der Graphik'
zum Beispiel zu

```
xm = 2 : twait = 100# : tm = 100#
```

und ändern Sie natürlich die Parameterwerte zu

```
k = .08# : w = 1# : a = .2#
```

Mit x2=0 als Anfangswert erhält man für verschiedene Anfangswerte von x1 folgende Ergebnisse

1	Periode 2π, größere Amplitude als bei den anderen
0,2	Periode 2π
−0,9	Periode 4π, asymmetrische Bewegung um $x = 0$
−0,7	Periode 4π, asymmetrische Bewegung um $x = 0$
0	Periode 6π

Zu Aufgabe 11.6 Ein geeignetes Programm wäre

```
DEFDBL A, X
a = 3.2#
x = .1#
```

```
FOR n = 1 TO 500
  x = a * x * (1# - x)
  PRINT n, x
NEXT
```

wobei a für λ steht.

Abbildung 11.17 wurde tatsächlich mit einem sehr ähnlichen Programm generiert:

```
DEFDBL A, X

CLS : SCREEN 9
VIEW (10, 10) - (550, 300), 0, 9
WINDOW (2.5, 0) - (4, 1)

FOR a = 2.5# TO 4# STEP .001#

  x = .1#

  FOR n = 1 TO 1000
    x = a * x * (1# - x)
    IF n > 900 THEN
        PSET (a, x)
      END IF
  NEXT

NEXT
```

12 Das verkehrte Pendel

Zu Aufgabe 12.1 Lassen Sie VIBRAPEN mit $\tilde{a} = 0{,}2$ und $\tilde{\omega} = 10$ laufen, und geben Sie zum Beispiel als Startwert für θ (Winkel) 3.1 und für $\dot{\theta}$ (WinGesch) 0 ein. Es lohnt sich, nachzuprüfen, daß der umgedrehte Zustand unter anderem für folgende Werte nicht stabil ist: (a) $\tilde{a} = 0{,}2$; $\tilde{\omega} = 7$ (b) $\tilde{a} = 0{,}1$; $\tilde{\omega} = 10$ (c) $\tilde{a} = 0{,}6$; $\tilde{\omega} = 10$.

Um die 'tanzenden' Oszillationen in Abbildung 12.3 zu reproduzieren, nehmen Sie die Anfangswerte aus der Bildunterschrift. Für deutlich kleinere Anfangswerte von $|\dot{\theta}|$ erzielt man den klassischen Zustand eines umgedrehten Pendels, wie er in Abbildung 12.1 gezeigt ist.

Zu Aufgabe 12.2 Man nehme die Skizze aus Abbildung C.6. R halbiere die Strecke QP. Wie man leicht sieht, ist der Winkel zwischen QP und der Horizontalen gleich dem Winkel $\angle QOR = \alpha$. Damit ergibt sich $d = QP = 2l \sin \alpha$. Nun setzt man den

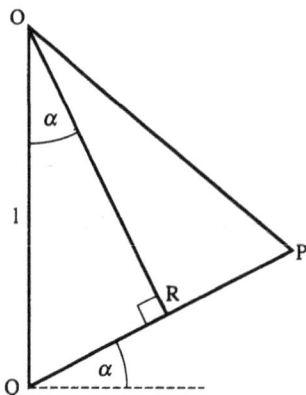

Abbildung C.6: Zu Aufgabe 12.2.

Gewinn an kinetischer Energie mit dem Verlust an potentieller Energie gleich:

$$\frac{1}{2}mv^2 = mg \cdot d \sin \alpha$$

$$= mg \cdot \frac{d^2}{2l}.$$

Da l konstant ist, folgt, daß $v \propto d$.

Zu Aufgabe 12.3 Lassen Sie VIBRAPEN laufen. Geben Sie bei der Abfrage der Parameter $\tilde{a} = 0{,}1, \tilde{\omega} = 2, \theta = 0{,}01$ sowie $\dot{\theta} = 0$ ein. Die Instabilität wird offensichtlich. Bei $\tilde{t} \sim 150$ schwingt das Pendel schließlich mit großer Amplitude hin und her. Hätte man für $\tilde{\omega}$ zum Beispiel die Werte 1,7 oder 2,3 eingegeben, so wäre es nicht zu der Pendelbewegung gekommen, außer man hätte für die Amplitude $\tilde{a}$ des Antriebs einen größeren Wert gewählt.

Die Antwort auf die Frage beim Doppelpendel lautet: ja, vorausgesetzt, daß die Dämpfung nicht zu stark ist. Nach (12.4) sind für $m = 0{,}5$ die geeigneten Antriebsfrequenzen $\tilde{\omega} = 1{,}550$ und $\tilde{\omega} = 3{,}696$. Mit $\tilde{a} = 0{,}1$ und $\tilde{k} = 0{,}1$ wird mit der zweiten Frequenz die schnelle Mode angeregt, wenn wir als Startwert $\theta_1 = 0{,}01$ und $\theta_2 = 0{,}01$ eingeben. Jedoch wird unter diesen Bedingungen nicht die langsame Mode durch die erste Frequenz angeregt. Wenn wir allerdings $\tilde{k}$ zum Beispiel auf 0,03 reduzieren, können beide Moden durch die jeweils entsprechende Antriebsfrequenz angeregt werden.

Zu Aufgabe 12.4 Mit $\tilde{a} = 0{,}1$ sind $\theta_1 = \theta_2 = 0{,}1$, $\dot{\theta}_1 = \dot{\theta}_2 = 0$ geeignete Anfangsbedingungen für den herabhängenden Zustand und $\theta_1 = 1$, $\theta_2 = -1$, $\dot{\theta}_1 = \dot{\theta}_2 = 0$ geeignete Anfangsbedingungen für die Pendelbewegung.

Mit $\tilde{a} = 0{,}25$ sind geeignete Anfangsbedingungen $\theta_1 = 1{,}5$, $\theta_2 = -1{,}5$, $\dot{\theta}_1 = \dot{\theta}_2 = 0$ (Pendeln) und $\theta_1 = \theta_2 = 1$, $\dot{\theta}_1 = \dot{\theta}_2 = 5$ (Rotation).

Zu Aufgabe 12.5 Nehmen Sie zuerst die Werte $\theta_1 = 3{,}1$, $\theta_2 = 3{,}2$. Unter Verwendung von (12.4) werden die Ungleichungen (12.16) zu

$$\tilde{a} < 0{,}45(1 - \sqrt{m}), \qquad \tilde{a}\tilde{\omega} > \sqrt{2}(1 + \sqrt{m})^{1/2},$$

wobei wir die Definition (12.12) verwendet haben. Setzen wir $m = 0{,}5$, so ergibt sich als Stabilitätskriterium

$$\tilde{a} < 0{,}13, \qquad \tilde{a}\tilde{\omega} > 1{,}85,$$

was von $\tilde{a} = 0{,}1$, $\tilde{\omega} = 25$ erfüllt wird.

Da die Antriebsfrequenz recht hoch ist, muß die Schrittweite h der Integration ziemlich klein sein, zum Beispiel $h = 0{,}01$ oder $h = 0{,}02$.

Der umgedrehte Zustand ist erstaunlich stabil gegenüber Störungen, bei denen die beiden Stäbe einigermaßen in einer Linie ausgerichtet sind. Empfindlich reagiert er hingegen, wenn die Winkel θ_1 und θ_2 stark unterschiedlich sind oder verschiedene Vorzeichen haben.

Bei gegebenem Wert von $\tilde{\omega} = 25$ nehmen Sie einmal $\tilde{a} = 0{,}04$ und einmal $\tilde{a} = 0{,}16$, um die beiden verschiedenen Typen des Zusammenbruchs zu simulieren, die in Abbildung 12.13 gezeigt sind. Eine tanzende Oszillation erzielt man bei $\tilde{a} = 0{,}11$ mit $\theta_1 = 3{,}05$, $\theta_2 = 3{,}25$, $\dot{\theta}_1 = \dot{\theta}_2 = 0$.

Index